# テキスト
# 線形代数

小寺平治・著

共立出版株式会社

# まえがき

この本は，主として，大学理工系における〝線形代数〟のテキストです．

私は，完成品としての線形代数を単なる論理の連鎖として天下り的に演繹するという方式は採りませんでした．

**roots・motivation** を大切にして，具体例から入り線形代数の基本概念がどのように形成されるかが明らかになるように努めました．

カレーライスを食べたことのない人に，その味を言葉だけで説明することは不可能に近いと言えましょう．カレーは，実際に試食することで，その味を実感できるものです．

実体不明の空理空論よりも，**数値的具体例**に接し，自分で計算することで，なるほど，そうか！という理解に達するのではないでしょうか．

また，この科目が，物理学はじめ理工系諸分野への基礎科目であることを意識して，あえて複素ベクトルにも言及しました．

**理念は高く　論理は明快　計算は単純**

をモットーに，私は，この本を一所懸命にかきました．未来を生きる若い諸君のお役に立てば幸いです．

共立出版(株)の寿日出男さん・吉村修司さんは，企画・編集・出版をともに歩んで下さいました．同僚 鈴木将史さんから，よきアドバイスをいただきました．心よりお礼を申し上げます．

2002 年 8 月

小 寺 平 治

# 目　　次

## Chapt. 1　行列とその演算

§1　ベクトル　2
§2　行　列　8
§3　行列の乗法　13
§4　行列の除法　20

## Chapt. 2　行列の基本変形

§5　行列の基本変形　28
§6　ベクトルの一次独立性　34
§7　行列の階数　40
§8　連立1次方程式　46
§9　逆行列の計算　53

## Chapt. 3　行　列　式

§10　面積・体積と行列式　60
§11　行列式の基本性質　68
§12　積の行列式　75
§13　逆行列の公式・クラメルの公式　80

## Chapt. 4　ベクトル空間と線形写像

§14　ベクトル空間　88
§15　基底と次元　96

§16　線形写像　104
§17　線形写像の表現行列　112
§18　内積空間　120
§19　ユニタリー変換・直交変換　128

## Chapt. 5　固有値問題

§20　固有値・固有ベクトル　138
§21　行列の対角化　146
§22　行列の三角化　152
§23　正規行列　159
§24　指数行列　166
§25　線形微分方程式　171

**演習問題の解または略解**　176
**索　引**　191

■本書を使用される先生方へ：

各§は，1コマ(90分)の授業のおおよその目安にいたしました．基本事項は〝**ポイント**〟としてまとめ

定義には，■(ハコ)をつけ，

定理には，●(マル)をつけました．

# Chapter 1

# 行列とその演算

行列は，形式的には，加・減・乗・スカラー乗法をもつ長方形状の数の配列にすぎない．

1次元の〝数〟に対して〝ベクトル〟を多次元の量だとすれば，行列は多ベクトルである．

また，行列は線形写像の表現でもある．

行列に多くの説明・解釈が成立し，豊富な応用が期待できるということは，行列がいかに大切で典型的な言語・形式であるかを示すものにほかならない．

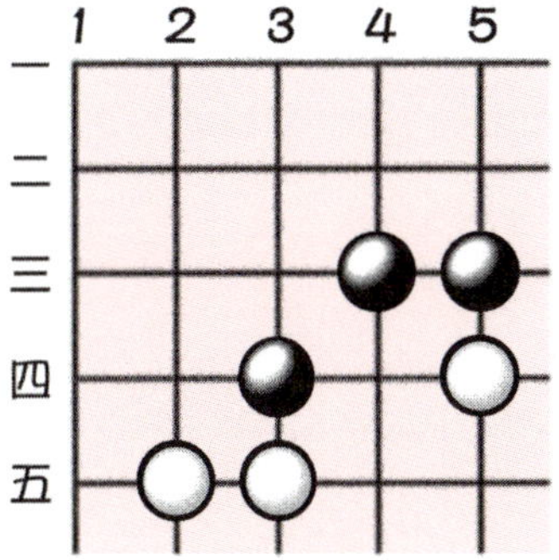


二重添数の偉力


§1　ベクトル …………　2

§2　行　列 …………　8

§3　行列の乗法 ………　13

§4　行列の除法 ………　20

# §1 ベクトル

## 多次元の量とその計算

### ベクトル

あるフルーツショップで，太郎は，なぜか次のような買物をした：

リンゴ ： 3個
ミカン ： 4個
カ　キ ： 2個

いま，上から順に，リンゴ・ミカン・カキの個数を表わすものと約束しておけば，太郎の買物を，

$$\begin{bmatrix} 3 \\ 4 \\ 2 \end{bmatrix}$$

と簡単にかくことができる．また，次郎は，

リンゴ ： 5個
ミカン ： 0個
カ　キ ： 3個

だけの買物をしたとすれば，次郎の買物を，上と同様に，

$$\begin{bmatrix} 5 \\ 0 \\ 3 \end{bmatrix}$$

とかくことができる．ところで，太郎・次郎の二人では，

リンゴ ： 3個＋5個＝8個
ミカン ： 4個＋0個＝4個
カ　キ ： 2個＋3個＝5個

だけの買物をしたことになる．この事実を，

$$\begin{bmatrix} 3 \\ 4 \\ 2 \end{bmatrix}+\begin{bmatrix} 5 \\ 0 \\ 3 \end{bmatrix}=\begin{bmatrix} 3+5 \\ 4+0 \\ 2+3 \end{bmatrix}=\begin{bmatrix} 8 \\ 4 \\ 5 \end{bmatrix}$$

とかけば，簡単で便利である．

また，太郎は，5日間同じだけの買物をしたとすれば，この5日間の買物を，次のように計算することができる：

$$5\begin{bmatrix}3\\4\\2\end{bmatrix}=\begin{bmatrix}5\times 3\\5\times 4\\5\times 2\end{bmatrix}=\begin{bmatrix}15\\20\\10\end{bmatrix}$$

これらの例を見たところで，一般に，ベクトルおよびそれに関するいくつかの概念を，次のように定義する：

$n$ 個の数 $a_1, a_2, \cdots, a_n$ を縦に並べてカッコでくくった形

$$\begin{bmatrix}a_1\\a_2\\\vdots\\a_n\end{bmatrix}$$

を，**$n$ 次元数ベクトル**（または単に**ベクトル**）とよび，ベクトルを構成する数 $a_i$ をこのベクトルの**第 $i$ 成分**という．またベクトルに対して，ふつうの数（実数または複素数）を**スカラー**ということがある．

二つのベクトル $\boldsymbol{a}, \boldsymbol{b}$ が同一次元であって，対応する成分がすべて一致するとき，$\boldsymbol{a}=\boldsymbol{b}$ と記（しる）し，$\boldsymbol{a}$ と $\boldsymbol{b}$ は**等しい**という．

ベクトルの加法・減法・スカラー乗法は，次のように定義される：

**■ポイント**　　**ベクトルの和・差・$s$ 倍**

$$\boldsymbol{a}=\begin{bmatrix}a_1\\a_2\\a_3\end{bmatrix},\quad \boldsymbol{b}=\begin{bmatrix}b_1\\b_2\\b_3\end{bmatrix}\quad \text{のとき，}$$

$$\boldsymbol{a}+\boldsymbol{b}=\begin{bmatrix}a_1+b_1\\a_2+b_2\\a_3+b_3\end{bmatrix},\quad \boldsymbol{a}-\boldsymbol{b}=\begin{bmatrix}a_1-b_1\\a_2-b_2\\a_3-b_3\end{bmatrix},\quad s\boldsymbol{a}=\begin{bmatrix}s\,a_1\\s\,a_2\\s\,a_3\end{bmatrix}$$

▶**注**　簡単のため，3次元の場合を記したが，一般の $n$ 次元の場合も同様である．異なる次元のベクトルには，和・差・$s$ 倍は定義されないし，相等関係 $\boldsymbol{a}=\boldsymbol{b}$ も定義されない．

**例題 1.1　ベクトルの和・差・$s$ 倍**

$$\boldsymbol{a}=\begin{bmatrix} 4 \\ 3 \\ -9 \end{bmatrix},\quad \boldsymbol{b}=\begin{bmatrix} -1 \\ 0 \\ 2 \end{bmatrix},\quad \boldsymbol{c}=\begin{bmatrix} 3 \\ -6 \\ -4 \end{bmatrix}$$

のとき，$3(2\boldsymbol{a}-3\boldsymbol{b}+3\boldsymbol{c})-4(\boldsymbol{a}-5\boldsymbol{b}+2\boldsymbol{c})$　を計算せよ．

---

**【解】**　簡単にしてから，成分を代入する．

$$3(2\boldsymbol{a}-3\boldsymbol{b}+3\boldsymbol{c})-4(\boldsymbol{a}-5\boldsymbol{b}+2\boldsymbol{c})$$

$$=2\boldsymbol{a}+11\boldsymbol{b}+\boldsymbol{c}$$

$$=2\begin{bmatrix} 4 \\ 3 \\ -9 \end{bmatrix}+11\begin{bmatrix} -1 \\ 0 \\ 2 \end{bmatrix}+\begin{bmatrix} 3 \\ -6 \\ -4 \end{bmatrix}$$

$$=\begin{bmatrix} 8 \\ 6 \\ -18 \end{bmatrix}+\begin{bmatrix} -11 \\ 0 \\ 22 \end{bmatrix}+\begin{bmatrix} 3 \\ -6 \\ -4 \end{bmatrix}=\begin{bmatrix} 0 \\ 0 \\ 0 \end{bmatrix}$$

□

**太字体(ボールド)の書き方**

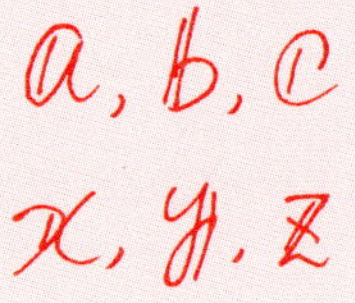


これらの例からも分かるように，ベクトルの計算は，ふつうの数の加法・減法・スカラー乗法を各成分ごとに行っているにすぎないから，**数と同一の計算法則**が成立するハズである：

1°　$\boldsymbol{a}+(\boldsymbol{b}+\boldsymbol{c})=(\boldsymbol{a}+\boldsymbol{b})+\boldsymbol{c}$

2°　$\boldsymbol{a}+\boldsymbol{b}=\boldsymbol{b}+\boldsymbol{a}$

3°　$\boldsymbol{a}+\boldsymbol{0}=\boldsymbol{0}+\boldsymbol{a}=\boldsymbol{a}$

4°　$(\boldsymbol{a}-\boldsymbol{b})+\boldsymbol{b}=\boldsymbol{a}$

5°　$s(\boldsymbol{a}+\boldsymbol{b})=s\boldsymbol{a}+s\boldsymbol{b}$

6°　$(s+t)\boldsymbol{a}=s\boldsymbol{a}+t\boldsymbol{a}$

7°　$(st)\boldsymbol{a}=s(t\boldsymbol{a})$

8°　$1\boldsymbol{a}=\boldsymbol{a}$

▶**注**　成分がすべて 0 のベクトルを**零(ゼロ)ベクトル**とよび，$\boldsymbol{0}$ と記す．

われわれは，以上において，数を縦に並べたベクトルだけを考えたが，こういうベクトルを**列(れつ)ベクトル**（縦ベクトル）とよび，数を横に並べた形

$$[\,a_1\ \ a_2\ \cdots\ a_n\,]$$

を，$n$ 次元**行(ぎょう)ベクトル**（横ベクトル）とよぶことがある．

演算を 3 次元で記せば，

$$[\,a_1\ \ a_2\ \ a_3\,]+[\,b_1\ \ b_2\ \ b_3\,]=[\,a_1+b_1\ \ a_2+b_2\ \ a_3+b_3\,]$$

$$s[\,a_1\ \ a_2\ \ a_3\,]=[\,sb_1\ \ sb_2\ \ sb_3\,]$$

### 内　積

先ほどの太郎の入ったあの店でのリンゴ・ミカン・カキの値段が,

リンゴ ： 200 円/個
ミカン ： 60 円/個
カ　キ ： 150 円/個

であったとする．太郎は，これらの果物を,

リンゴ ： 3 個
ミカン ： 4 個
カ　キ ： 2 個

だけ買ったのであるから，彼の支払うべき代金は,

| | | | | | | | |
|---|---|---|---|---|---|---|---|
| リンゴ | ： | 200 円/個 | × | 3 個 | = | 600 円 |
| ミカン | ： | 60 円/個 | × | 4 個 | = | 240 円 |
| カ　キ | ： | 150 円/個 | × | 2 個 | = | 300 円 |
| 計 | | | | | | 1140 円 |

である．この計算を次のように記し（しる），ベクトルの**内積**とよぶ：

$$\left(\begin{bmatrix} 200 \\ 60 \\ 150 \end{bmatrix}, \begin{bmatrix} 3 \\ 4 \\ 2 \end{bmatrix}\right) = (200\times 3)+(60\times 4)+(150\times 2)=1140$$

ベクトルの内積は,

**単価　×　個数　＝　総額**

という数の積の一般化（多次元化）になっている．

そこで，一般に，**実ベクトル**（成分がすべて実数のベクトル）の内積を次のように定義する：

**■ポイント**　ベクトルの内積

$$\boldsymbol{a}=\begin{bmatrix} a_1 \\ a_2 \\ a_3 \end{bmatrix},\ \boldsymbol{b}=\begin{bmatrix} b_1 \\ b_2 \\ b_3 \end{bmatrix} \text{ のとき, } (\boldsymbol{a}, \boldsymbol{b}) = a_1b_1+a_2b_2+a_3b_3$$

▶**注**　複素ベクトルの内積は，後に扱う．

**例題 1.2**　　**内積の性質**

（1）　実ベクトル　$\boldsymbol{a}=\begin{bmatrix} a_1 \\ a_2 \end{bmatrix}$, $\boldsymbol{b}=\begin{bmatrix} b_1 \\ b_2 \end{bmatrix}$, $\boldsymbol{c}=\begin{bmatrix} c_1 \\ c_2 \end{bmatrix}$

について，次の式が成り立つことを示せ.

1°　$(\boldsymbol{b}, \boldsymbol{a})=(\boldsymbol{a}, \boldsymbol{b})$

2°　$(\boldsymbol{a}, \boldsymbol{b}+\boldsymbol{c})=(\boldsymbol{a}, \boldsymbol{b})+(\boldsymbol{a}, \boldsymbol{c})$

3°　$(s\boldsymbol{a}, \boldsymbol{b})=s(\boldsymbol{a}, \boldsymbol{b})$

4°　$\boldsymbol{a}\neq\boldsymbol{0} \Rightarrow (\boldsymbol{a}, \boldsymbol{a})>0$,　$(\boldsymbol{a}, \boldsymbol{0})=(\boldsymbol{0}, \boldsymbol{b})=0$

（2）　同一次元のベクトル $\boldsymbol{a}, \boldsymbol{b}$ に対して，

$$\|\boldsymbol{a}\|=\sqrt{(\boldsymbol{a}, \boldsymbol{a})}, \quad \|\boldsymbol{b}\|=\sqrt{(\boldsymbol{b}, \boldsymbol{b})}$$

を，ベクトル $\boldsymbol{a}, \boldsymbol{b}$ の**ノルム**（**長さ**）とよび，

$$\cos\theta=\frac{(\boldsymbol{a}, \boldsymbol{b})}{\|\boldsymbol{a}\|\|\boldsymbol{b}\|}, \quad 0\leqq\theta\leqq\pi$$

を満たす $\theta$ を，ベクトル $\boldsymbol{a}, \boldsymbol{b}$ の**交角**（$\boldsymbol{a}, \boldsymbol{b}$ の**なす角**）とよぶ.

次の $\boldsymbol{a}, \boldsymbol{b}$ の交角を求めよ：

$$\boldsymbol{a}=\begin{bmatrix} 1 \\ 2 \\ 2 \end{bmatrix}, \quad \boldsymbol{b}=\begin{bmatrix} 9 \\ -1 \\ 16 \end{bmatrix}$$

---

**【解】**（1）　$\boldsymbol{a}=\begin{bmatrix} a_1 \\ a_2 \end{bmatrix}$, $\boldsymbol{b}+\boldsymbol{c}=\begin{bmatrix} b_1+c_1 \\ b_2+c_2 \end{bmatrix}$, $s\boldsymbol{a}=\begin{bmatrix} sa_1 \\ sa_2 \end{bmatrix}$ だから，

1°　$(\boldsymbol{b}, \boldsymbol{a})=b_1a_1+b_2a_2=a_1b_1+a_2b_2=(\boldsymbol{a}, \boldsymbol{b})$

2°
$$\begin{aligned}(\boldsymbol{a}, \boldsymbol{b}+\boldsymbol{c})&=a_1(b_1+c_1)+a_2(b_2+c_2)\\&=(a_1b_1+a_1c_1)+(a_2b_2+a_2c_2)\\&=(a_1b_1+a_2b_2)+(a_1c_1+a_2c_2)\\&=(\boldsymbol{a}, \boldsymbol{b})+(\boldsymbol{a}, \boldsymbol{c})\end{aligned}$$

3°
$$\begin{aligned}(s\boldsymbol{a}, \boldsymbol{b})&=(sa_1)b_1+(sa_2)b_2\\&=s(a_1b_1+a_2b_2)=s(\boldsymbol{a}, \boldsymbol{b})\end{aligned}$$

4°　$(a_1, a_2)\neq(0, 0) \Rightarrow (\boldsymbol{a}, \boldsymbol{a})=a_1^2+a_2^2>0$

$(\boldsymbol{a}, \boldsymbol{0})=a_10+a_20=0$,　$(\boldsymbol{0}, \boldsymbol{b})=0b_1+0b_2=0$

(2) $\cos\theta = \dfrac{(\boldsymbol{a}, \boldsymbol{b})}{\|\boldsymbol{a}\|\|\boldsymbol{b}\|} = \dfrac{39}{3\times 13\sqrt{2}} = \dfrac{1}{\sqrt{2}}$ $\therefore\ \theta = \dfrac{\pi}{4}$ □

## 演習問題

**1.1** $x\begin{bmatrix} 3 \\ -4 \end{bmatrix} + y\begin{bmatrix} -5 \\ 7 \end{bmatrix} = \begin{bmatrix} 6 \\ -7 \end{bmatrix}$ を満たす $x, y$ を求めよ.

**1.2** 三郎がガールフレンドとのドライブのときの自動車の速度と走行時間は，次のようであった．全走行距離を内積で表わし，その値を求めよ．

| | 都　心 | 高速道路 | 郊　外 |
|---|---|---|---|
| 速　度(km/h) | 30 | 100 | 60 |
| 時　間(h) | 0.9 | 1.3 | 0.8 |

▶**注**　全行程の3時間がすべて郊外ならば，走行距離は，

$$60\ ^{\mathrm{km/h}} \times 3\ ^{\mathrm{h}} = 180\ ^{\mathrm{km}}$$

という〝積〟であるが，実際には，いろいろな道路を走るので，本問のように〝内積〟になる．しかし，現実には，速度は時々刻々変化するので，走行距離は〝積分〟で表わされる．

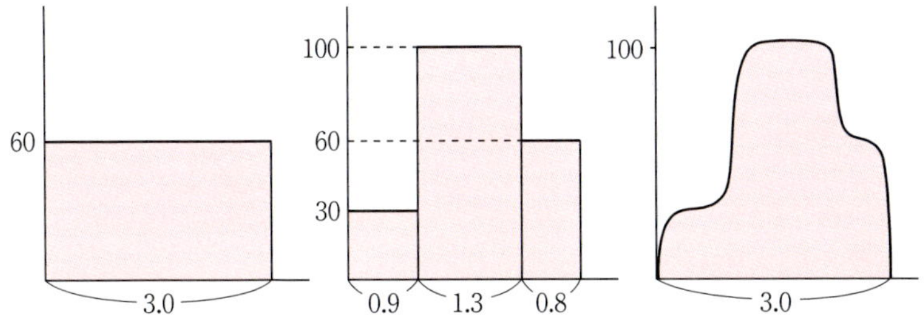


掛け算　　内　積　　積　分

**1.3** ベクトル $\boldsymbol{a} = \begin{bmatrix} 1 \\ 0 \\ 1 \end{bmatrix}$, $\boldsymbol{b} = \begin{bmatrix} 2 \\ -1 \\ 7 \end{bmatrix}$ の交角を求めよ．

# §2 行　列

数のコンテナ

## 行　列

ある高校の男子の生徒数は，下表のようである：

| 組＼学年 | 1 | 2 | 3 |
|---|---|---|---|
| 1 | 23 人 | 20 人 | 18 人 |
| 2 | 24 人 | 21 人 | 17 人 |

これをベクトルのときと同じように，左の柱から，1，2，3 年，上の段から，1，2 組と約束しておけば，各クラスの人数を，

$$\begin{bmatrix} 23 & 20 & 18 \\ 24 & 21 & 17 \end{bmatrix}$$

のように簡単にかくことができる．

一般に，$mn$ 個の数を，長方形状に配列し，カッコでくくった次の形を，$(\boldsymbol{m}, \boldsymbol{n})$ **行列**とよび，$(m, n)$ をこの行列の**型**という．

1列，2列，…，$n$列

1行，2行，…，$m$行

$$\begin{bmatrix} a_{11} & a_{12} & \cdots & a_{1n} \\ a_{21} & a_{22} & \cdots & a_{2n} \\ \vdots & \vdots & & \vdots \\ a_{m1} & a_{m2} & \cdots & a_{mn} \end{bmatrix}$$

**行** … **横の並び**

**列** … **縦の並び**

また，行列を構成する個々の数を行列の**成分**とよび，成分の横の並びを**行**，縦の並びを**列**とよぶ．さらに，$i$ 行と $j$ 列が共有する成分 $a_{ij}$ を，この行列の $(\boldsymbol{i}, \boldsymbol{j})$ **成分**という．

$\boldsymbol{a}_{ij}$

行番号　列番号

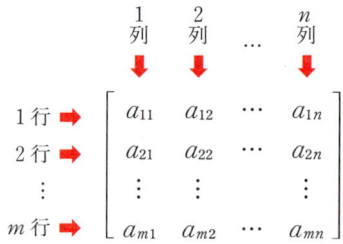

二つの行列 $A$, $B$ が同一の型であって，対応する成分がすべて一致するとき，$A=B$ と記し，$A$ と $B$ は**等しい**という．

### 行列の和・差・スカラー倍

ある高校で男女の生徒数を調べたら，次のようであった：

男　子

| 組＼学年 | 1 | 2 | 3 |
| --- | --- | --- | --- |
| 1 | 24 人 | 23 人 | 22 人 |
| 2 | 25 人 | 23 人 | 21 人 |

女　子

| 組＼学年 | 1 | 2 | 3 |
| --- | --- | --- | --- |
| 1 | 23 人 | 21 人 | 20 人 |
| 2 | 24 人 | 20 人 | 19 人 |

このとき，各クラスごとの生徒数は，

| 組＼学年 | 1 | 2 | 3 |
| --- | --- | --- | --- |
| 1 | 24＋23 人 | 23＋21 人 | 22＋20 人 |
| 2 | 25＋24 人 | 23＋20 人 | 21＋19 人 |

である．この事実を，

$$\begin{bmatrix} 24 & 23 & 22 \\ 25 & 23 & 21 \end{bmatrix}+\begin{bmatrix} 23 & 21 & 20 \\ 24 & 20 & 19 \end{bmatrix}=\begin{bmatrix} 24+23 & 23+21 & 22+20 \\ 25+24 & 23+20 & 21+19 \end{bmatrix}$$
$$=\begin{bmatrix} 47 & 44 & 42 \\ 49 & 43 & 40 \end{bmatrix}$$

とかけば，簡単で便利である．

また，この高校で，学級費を一人 1500 円ずつ集めると各クラスで，

| 組＼学年 | 1 | 2 | 3 |
| --- | --- | --- | --- |
| 1 | 1500×47 円 | 1500×44 円 | 1500×42 円 |
| 2 | 1500×49 円 | 1500×43 円 | 1500×40 円 |

ずつの学級費が集まる．この事実を，

$$1500\begin{bmatrix} 47 & 44 & 42 \\ 49 & 43 & 40 \end{bmatrix} = \begin{bmatrix} 1500\times 47 & 1500\times 44 & 1500\times 42 \\ 1500\times 49 & 1500\times 43 & 1500\times 40 \end{bmatrix}$$
$$= \begin{bmatrix} 70500 & 66000 & 63000 \\ 73500 & 64500 & 60000 \end{bmatrix}$$

とかけば，簡単で便利である．

そこで，一般に，同一の型の行列 $A, B$ の和 $A+B$，差 $A-B$ および スカラー倍 $sA$ を次のように定義する：

**■ポイント**　　**行列の和・差・$s$ 倍**

$$A = \begin{bmatrix} a_{11} & a_{12} & a_{13} \\ a_{21} & a_{22} & a_{23} \end{bmatrix}, \quad B = \begin{bmatrix} b_{11} & b_{12} & b_{13} \\ b_{21} & b_{22} & b_{23} \end{bmatrix}$$

のとき，

$$A+B = \begin{bmatrix} a_{11}+b_{11} & a_{12}+b_{12} & a_{13}+b_{13} \\ a_{21}+b_{21} & a_{22}+b_{22} & a_{23}+b_{23} \end{bmatrix}$$

$$A-B = \begin{bmatrix} a_{11}-b_{11} & a_{12}-b_{12} & a_{13}-b_{13} \\ a_{21}-b_{21} & a_{22}-b_{22} & a_{23}-b_{23} \end{bmatrix}$$

$$sA = \begin{bmatrix} s\,a_{11} & s\,a_{12} & s\,a_{13} \\ s\,a_{21} & s\,a_{22} & s\,a_{23} \end{bmatrix}$$

▶**注**　簡単のため，$(2,3)$ 行列で記したが，一般の場合も同様である．

行列の加法・減法・スカラー乗法は，各成分ごとにこれらの計算を行っているにすぎないから，**数と同一の計算法則**が成立するハズである：

1° $A+(B+C)=(A+B)+C$
2° $A+B=B+A$
3° $A+O=O+A=A$
4° $(A-B)+B=A$
5° $s(A+B)=sA+sB$
6° $(s+t)A=sA+tA$
7° $(st)A=s(tA)$
8° $1A=A$

ここに，$O$ はすべての成分が 0 の行列で，**零**(ゼロ)**行列**とよぶ：

$$O = \begin{bmatrix} 0 & 0 & 0 \\ 0 & 0 & 0 \end{bmatrix}$$

たとえば，女子高の男子生徒数の行列は零行列 $O$ である．

**例題 2.1** **行列の型・成分**

（1） 次の各行列の型は何か．また，行列 $A$ の $(3,2)$ 成分は何か：

$$A=\begin{bmatrix} 1 & 4 & 1 \\ 4 & 2 & -1 \\ 3 & 5 & 6 \\ 2 & -3 & 7 \end{bmatrix},\quad B=\begin{bmatrix} 2 & 7 & 1 \\ 8 & 2 & 8 \\ 1 & 8 & 2 \end{bmatrix},\quad C=\begin{bmatrix} 3 \\ -1 \\ -4 \\ 1 \end{bmatrix}$$

（2） $(i,j)$ 成分が，$(-1)^{i+j}(4i-j)$ であるような $(4,3)$ 行列を具体的にかき下せ．

**【解】** （1） $A$：$(4,3)$ 型，　$B$：$(3,3)$ 型，　$C$：$(4,1)$ 型

行列 $A$ の $(3,2)$ 成分は，5.

（2） たとえば，$(2,3)$ 成分は，次のようである：

$$(-1)^{2+3}(4\times 2-3)=-5$$

このようにして，求める行列は，

$$\begin{bmatrix} (-1)^{1+1}(4\times1-1) & (-1)^{1+2}(4\times1-2) & (-1)^{1+3}(4\times1-3) \\ (-1)^{2+1}(4\times2-1) & (-1)^{2+2}(4\times2-2) & (-1)^{2+3}(4\times2-3) \\ (-1)^{3+1}(4\times3-1) & (-1)^{3+2}(4\times3-2) & (-1)^{3+3}(4\times3-3) \\ (-1)^{4+1}(4\times4-1) & (-1)^{4+2}(4\times4-2) & (-1)^{4+3}(4\times4-3) \end{bmatrix}$$

$$=\begin{bmatrix} 3 & -2 & 1 \\ -7 & 6 & -5 \\ 11 & -10 & 9 \\ -15 & 14 & -13 \end{bmatrix}$$

□

### 正方行列

$(n,n)$ 行列，すなわち，行の個数と列の個数が一致する行列を，***n* 次正方行列**または単に ***n* 次行列**といい，その

$$\begin{bmatrix} a_{11} & a_{12} & \cdots & a_{1n} \\ a_{21} & a_{22} & \cdots & a_{2n} \\ \vdots & \vdots & & \vdots \\ a_{n1} & a_{n2} & \cdots & a_{nn} \end{bmatrix}$$

$(1,1)$ 成分，$(2,2)$ 成分，…，$(n,n)$ 成分を，この行列の**対角成分**という．また，対角成分より下側の成分 $a_{ij}$ $(i>j)$ がすべて 0 の正方行列を**上三角行列**という．

**例題 2.2** **行列の和・差・$s$ 倍**

$$A=\begin{bmatrix} 5 & 9 & -3 \\ -6 & 4 & 2 \end{bmatrix},\quad B=\begin{bmatrix} 2 & 6 & -2 \\ -4 & 1 & 1 \end{bmatrix}$$

のとき，$5(2A+3B)-2(4A+9B)$ を計算せよ．

**【解】** $5(2A+3B)-2(4A+9B)=2A-3B$ ◀簡単にしてから代入する

$$=2\begin{bmatrix} 5 & 9 & -3 \\ -6 & 4 & 2 \end{bmatrix}-3\begin{bmatrix} 2 & 6 & -2 \\ -4 & 1 & 1 \end{bmatrix}$$

$$=\begin{bmatrix} 10 & 18 & -6 \\ -12 & 8 & 4 \end{bmatrix}-\begin{bmatrix} 6 & 18 & -6 \\ -12 & 3 & 3 \end{bmatrix}=\begin{bmatrix} 4 & 0 & 0 \\ 0 & 5 & 1 \end{bmatrix}$$ □

## 演習問題

**2.1** $A=\begin{bmatrix} 1 & 6 & -1 \\ 0 & 1 & 2 \end{bmatrix}$，$B=\begin{bmatrix} 1 & 3 & 2 \\ 3 & 4 & 5 \end{bmatrix}$ のとき，

$5X+A=2X+4B$ を満たす行列 $X$ を求めよ．

**2.2** $\begin{bmatrix} 3a+4 & 4b \\ 5a+b & 6a \end{bmatrix}=\begin{bmatrix} 5a+b & 8a \\ 3a+4 & 3b \end{bmatrix}$ を満たす $a, b$ を求めよ．

**2.3** $(i,j)$ 成分が $2i+(-1)^{i+j}\times 3$ の $(2,3)$ 行列を具体的にかき下せ．

**2.4** $(m,n)$ 行列 $A$ の行と列を入れかえて得られる $(n,m)$ 行列を，$A$ の**転置行列**といい，$A'$ などと記す．たとえば，

$$A=\begin{bmatrix} 3 & 0 & 2 \\ 5 & 4 & 1 \end{bmatrix} \Longrightarrow A'=\begin{bmatrix} 3 & 5 \\ 0 & 4 \\ 2 & 1 \end{bmatrix}$$

次の行列 $A, B$ について，$(A')'=A$，$(A+B)'=A'+B'$ を確かめよ：

$$A=\begin{bmatrix} a_{11} & a_{12} & a_{13} \\ a_{21} & a_{22} & a_{23} \end{bmatrix},\quad B=\begin{bmatrix} b_{11} & b_{12} & b_{13} \\ b_{21} & b_{22} & b_{23} \end{bmatrix}$$

**2.5** $A'=A$ を満たす正方行列 $A$ を**対称行列**という．

$A=\begin{bmatrix} a & b \\ c & d \end{bmatrix}$ について，$B=\dfrac{1}{2}(A+A')$ が対称行列であることを確かめよ．

# §3 行列の乗法

**"単価×個数＝総額"の一般化**

## 行列×行列

あるフルーツショップのリンゴ・ミカン・カキの値段と重さは，

| | リンゴ | ミカン | カキ |
|---|---|---|---|
| 値段 | 200 円/個 | 60 円/個 | 150 円/個 |
| 重さ | 350 g/個 | 100 g/個 | 250 g/個 |

であるとする．この店で，大小の詰合せ篭(カゴ)を売っていて，その内容は，

| | 大 | 小 |
|---|---|---|
| リンゴ | 5 個/カゴ | 2 個/カゴ |
| ミカン | 6 個/カゴ | 3 個/カゴ |
| カキ | 4 個/カゴ | 1 個/カゴ |

であるとしよう．このとき，大小それぞれの詰合せ篭(カゴ)の中味の総額・総重量は，いくらになるだろうか？

| | 大 | 小 |
|---|---|---|
| 値段 | ? 円 | ? 円 |
| 重さ | ? g | ? g |

たとえば，大篭の中の果物の総額・総重量は，各果物ごとに集計して，

値段：(200 円/個×5 個)＋(60 円/個×6 個)＋(150 円/個×4 個)

＝1000 円＋360 円＋600 円＝1960 円

重さ：(350 g/個×5 個)＋(100 g/個×6 個)＋(250 g/個×4 個)

＝1750 g＋600 g＋1000 g＝3350 g

同様に，小篭の中味について集計して，両者まとめて表にすれば，

|  | 大 | 小 |
|---|---|---|
| 値　段 | 1960 円 | 730 円 |
| 重　さ | 3350 g | 1250 g |

となる．この事実を，

$$\begin{bmatrix} 200 & 60 & 150 \\ 350 & 100 & 250 \end{bmatrix} \begin{bmatrix} 5 & 2 \\ 6 & 3 \\ 4 & 1 \end{bmatrix} = \begin{bmatrix} 1960 & 730 \\ 3350 & 1250 \end{bmatrix}$$

という行列の積の形で表わして，行列の**乗法**とよぶ．この乗法も，やはり，

**1あたり量 × いくら分 ＝ 全体の量**

という形になっていることに注意しておく．

いま，簡単な例で説明したが，一般の場合も理屈は同じである．

さて，たとえば，次の二つの行列 $A, B$ の積 $AB$ を計算してみよう：

$$A = \begin{bmatrix} 3 & 4 \\ 7 & 9 \end{bmatrix}, \quad B = \begin{bmatrix} 2 & 5 & 0 \\ 8 & 6 & 1 \end{bmatrix}$$

はじめての諸君は，次の形にかいてみるのも一つの方法であろう．積 $AB$ の型がハッキリ見えてくる：

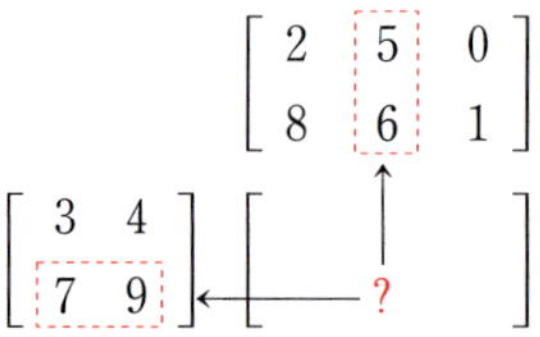

$$\begin{array}{c} \phantom{\begin{bmatrix} 3 & 4 \\ 7 & 9 \end{bmatrix}} \begin{bmatrix} 2 & 5 & 0 \\ 8 & 6 & 1 \end{bmatrix} \\ \begin{bmatrix} 3 & 4 \\ 7 & 9 \end{bmatrix} \begin{bmatrix} \phantom{0} & \phantom{0} & \phantom{0} \\ & ? & \end{bmatrix} \end{array}$$

たとえば，積 $AB$ の ? 印の成分は，$\boxed{7\ 9}$ と $\begin{bmatrix} 5 \\ 6 \end{bmatrix}$ との積和（掛けて加える！）を作って，

$$? = (7 \times 5) + (9 \times 6) = 89$$

である．他の成分も同様で，

$$AB = \begin{bmatrix} 3 & 4 \\ 7 & 9 \end{bmatrix} \begin{bmatrix} 2 & 5 & 0 \\ 8 & 6 & 1 \end{bmatrix}$$

$$
=\begin{bmatrix} (3\times 2)+(4\times 8) & (3\times 5)+(4\times 6) & (3\times 0)+(4\times 1) \\ (7\times 2)+(9\times 8) & (7\times 5)+(9\times 6) & (7\times 0)+(9\times 1) \end{bmatrix}
$$

$$
=\begin{bmatrix} 38 & 39 & 4 \\ 86 & 89 & 9 \end{bmatrix}
$$

いま，積 $AB$ を計算したが，順序を変えた積 $BA$ は，どうであろうか？

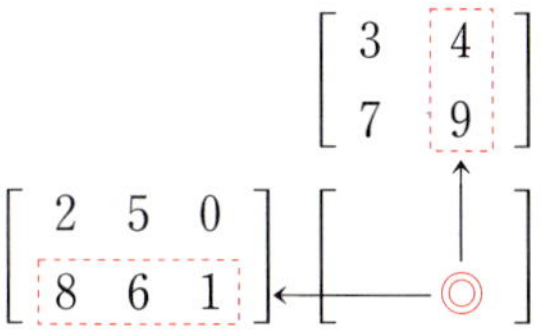


たとえば，$\begin{bmatrix} 8 & 6 & 1 \end{bmatrix}$ と $\begin{bmatrix} 4 \\ 9 \end{bmatrix}$ の積和が作れないので，◎印の成分が計算できない．行列の積 $AB$ が定義されるのは，次の場合だけである：

$$
A \text{ の列の個数} \quad = \quad B \text{ の行の個数}
$$

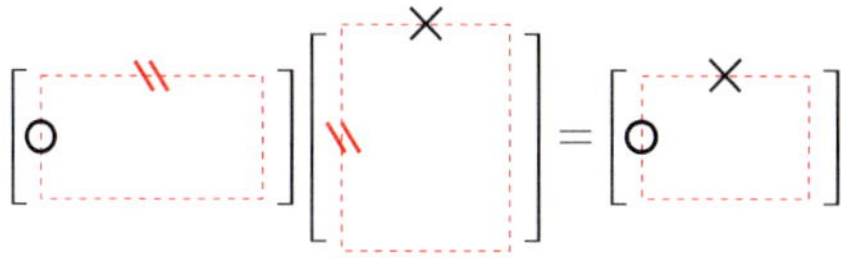

一般に，$(l, m)$ 行列 $A$，$(m, n)$ 行列 $B$

$$
A=\begin{bmatrix} a_{11} & a_{12} & \cdots & a_{1m} \\ a_{21} & a_{22} & \cdots & a_{2m} \\ \vdots & \vdots & & \vdots \\ a_{l1} & a_{l2} & \cdots & a_{lm} \end{bmatrix}, \quad B=\begin{bmatrix} b_{11} & b_{12} & \cdots & b_{1n} \\ b_{21} & b_{22} & \cdots & b_{2n} \\ \vdots & \vdots & & \vdots \\ b_{m1} & b_{m2} & \cdots & b_{mn} \end{bmatrix}
$$

に対して，$(i, j)$ 成分が，

$$
c_{ij} = a_{i1}b_{1j} + a_{i2}b_{2j} + \cdots + a_{im}b_{mj}
$$

であるような $(l, n)$ 行列

$$
C=\begin{bmatrix} c_{11} & c_{12} & \cdots & c_{1n} \\ c_{21} & c_{22} & \cdots & c_{2n} \\ \vdots & \vdots & & \vdots \\ c_{l1} & c_{l2} & \cdots & c_{ln} \end{bmatrix}
$$

を，行列 $A$ と行列 $B$ の**積**とよび，$AB$ と記す．

**例題 3.1** 　**行列の乗法**

次の行列の積を計算せよ．

(1) $\begin{bmatrix} 4 & 16 \\ 3 & 12 \end{bmatrix}\begin{bmatrix} 6 & -8 \\ -9 & 12 \end{bmatrix}$　　(2) $\begin{bmatrix} 6 & -8 \\ -9 & 12 \end{bmatrix}\begin{bmatrix} 4 & 16 \\ 3 & 12 \end{bmatrix}$

(3) $\begin{bmatrix} 3 & 5 \\ 4 & 7 \end{bmatrix}\begin{bmatrix} 1 & 0 \\ 0 & 1 \end{bmatrix}$　　(4) $\begin{bmatrix} 3 & 5 \\ 4 & 7 \end{bmatrix}\begin{bmatrix} 7 & -5 \\ -4 & 3 \end{bmatrix}$

**【解】**　**左はヨコ割り・右はタテ割り**　と憶える．

(1) $\begin{bmatrix} 4 & 16 \\ 3 & 12 \end{bmatrix}\begin{bmatrix} 6 & -8 \\ -9 & 12 \end{bmatrix}$

$$= \begin{bmatrix} 4\times 6+16\times(-9) & 4\times(-8)+16\times 12 \\ 3\times 6+12\times(-9) & 3\times(-8)+12\times 12 \end{bmatrix} = \begin{bmatrix} -120 & 160 \\ -90 & 120 \end{bmatrix}$$

(2) $\begin{bmatrix} 6 & -8 \\ -9 & 12 \end{bmatrix}\begin{bmatrix} 4 & 16 \\ 3 & 12 \end{bmatrix} = \begin{bmatrix} 0 & 0 \\ 0 & 0 \end{bmatrix}$

(3) $\begin{bmatrix} 3 & 5 \\ 4 & 7 \end{bmatrix}\begin{bmatrix} 1 & 0 \\ 0 & 1 \end{bmatrix} = \begin{bmatrix} 3 & 5 \\ 4 & 7 \end{bmatrix}$

(4) $\begin{bmatrix} 3 & 5 \\ 4 & 7 \end{bmatrix}\begin{bmatrix} 7 & -5 \\ -4 & 3 \end{bmatrix} = \begin{bmatrix} 1 & 0 \\ 0 & 1 \end{bmatrix}$　□

この例題の (1), (2) から，次のことが分かる：

●行列の乗法では，交換法則 $AB=BA$ は一般には成立しない．

また，(2) から，次が分かる：

●$A \neq O$, $B \neq O$ であっても，$AB=O$ となることがある．このような行列 $A, B$ を**零因子**(ゼロの因数の意味)という．

ところで，対角成分がすべて 1 で，それ以外の成分がすべて 0 の正方行列を**単位行列**とよび，$E$ または $I$ などと記す．たとえば，

$$E = \begin{bmatrix} 1 & 0 & 0 \\ 0 & 1 & 0 \\ 0 & 0 & 1 \end{bmatrix}$$

は，3 次単位行列である．単位行列は，すべての $A$ について，

$$AE = EA = A$$

を満たし，数の１に相当する行列である．（例題3.1（３）は，その一例）

### 数と行列の計算法則

数と行列の計算法則を比較してみよう：

**数の計算**

| | 加　法 | 乗　法 |
|---|---|---|
| 結合法則 | $(a+b)+c = a+(b+c)$ | $(ab)c = a(bc)$ |
| 交換法則 | $a+b = b+a$ | $ab = ba$ |
| 分配法則 | $\begin{cases} a(b+c) = ab+ac \\ (a+b)c = ac+bc \end{cases}$ | |
| 単 位 元 | $a+0 = 0+a = a$ | $a \times 1 = 1 \times a = a$ |

**行列の計算**

| | 加　法 | 乗　法 |
|---|---|---|
| 結合法則 | $(A+B)+C = A+(B+C)$ | $(AB)C = A(BC)$ |
| 交換法則 | $A+B = B+A$ | **成立しない** |
| 分配法則 | $\begin{cases} A(B+C) = AB+AC \\ (A+B)C = AC+BC \end{cases}$ | |
| 単 位 元 | $A+O = O+A = A$ | $AE = EA = A$ |

このように，数の計算と行列の計算との相違点は，**乗法の交換法則が成立しない**ことと，**零因子の存在**である．

したがって，同じ型の正方行列 $A, B$ について，たとえば，

$$\begin{aligned}(A+B)^2 &= (A+B)(A+B) = A(A+B) + B(A+B) \\ &= A^2 + AB + BA + B^2\end{aligned}$$

というところまでは計算できるけれども，$AB = BA$ は一般には成立しないから，この式をさらに次のようにまとめることはできない：

$$= A^2 + 2AB + B^2$$

ただし，単位行列は，どんな行列 $A$ とも交換可能 $AE = EA$ だから，

$$\begin{aligned}(A+E)^2 &= (A+E)(A+E) \\ &= A^2 + AE + EA + E^2 = A^2 + 2A + E\end{aligned}$$

のように自由に計算することができる．

なお，とくに，$AB=BA$ が成立するとき，$A, B$ は**可換**であるという．

また，行列の乗法には零因子があるから，数や式と同じように，

$$(X-A)(X-B)=O \qquad \therefore \quad X=A \ \text{または} \ X=B$$

というふうにすることはできない．

次に，行列の乗法が結合法則 $(AB)C=A(BC)$ を満たすことを確かめよう．成分計算により形式的に証明することもできるが，意味を考えよう．

ところで，本節冒頭に登場したフルーツショップで，太郎・次郎・三郎の悪友三人は，なぜか大小の詰合せ篭を，次の数だけ買った：

| | 太郎 | 次郎 | 三郎 |
|---|---|---|---|
| 大 | 3 カゴ | 1 カゴ | 4 カゴ |
| 小 | 2 カゴ | 5 カゴ | 3 カゴ |

これを行列 $C$ で表わそう．また，先ほどの

リンゴ・ミカン・カキの値段と重さを表わす行列を，$A$，

大小詰合せ篭の三種類の果物の個数を表わす行列を，$B$

とおこう：

$$A=\begin{bmatrix} 200 & 60 & 150 \\ 350 & 100 & 250 \end{bmatrix}, \quad B=\begin{bmatrix} 5 & 2 \\ 6 & 3 \\ 4 & 1 \end{bmatrix}, \quad C=\begin{bmatrix} 3 & 1 & 4 \\ 2 & 5 & 3 \end{bmatrix}$$

このとき，三人の買った果物の〝合計金額〟と〝総重量〟を求めるには，

行列 $A$，$B$，$C$ の積

を作ればよい．このとき，まず，大小の篭の値段と重さを計算し，その後，太郎・次郎・三郎の買物の個数について集計すれば，

$$(AB)C$$

を計算したことになる．また，三人の買った三種類の果物の個数 $BC$ を求めてから，単価と1個の重さを掛けて合計すれば，

$$A(BC)$$

を計算したことになる．これらは，どちらも同じ結果になるハズだから，

$$(AB)C = A(BC)$$

が成立することが分かる.

## 演習問題

**3.1** 次の行列の積を計算せよ.

(1) $\begin{bmatrix} a & 1-a^2 \\ 1 & -a \end{bmatrix}\begin{bmatrix} a & 1-a^2 \\ 1 & -a \end{bmatrix}$　(2) $\begin{bmatrix} a_1 & b_1 & c_1 \\ a_2 & b_2 & c_2 \\ a_3 & b_3 & c_3 \end{bmatrix}\begin{bmatrix} 1 & 0 & 0 \\ 0 & 1 & 0 \\ s & 0 & 1 \end{bmatrix}$

(3) $\begin{bmatrix} 3 & 4 & 1 \end{bmatrix}\begin{bmatrix} 2 \\ -3 \\ 6 \end{bmatrix}$　(4) $\begin{bmatrix} 2 \\ -3 \\ 6 \end{bmatrix}\begin{bmatrix} 3 & 4 & 1 \end{bmatrix}$

**3.2** 次の行列 $A$ について, $A^n$ を計算せよ.

(1) $\begin{bmatrix} 3 & 1 \\ -6 & -2 \end{bmatrix}$　(2) $\begin{bmatrix} a & 0 \\ 0 & b \end{bmatrix}$

(3) $\begin{bmatrix} a & 1 \\ 0 & a \end{bmatrix}$　(4) $\begin{bmatrix} 0 & 1 & 0 \\ 0 & 0 & 1 \\ 0 & 0 & 0 \end{bmatrix}$

**3.3** $A = \begin{bmatrix} a & b \\ c & d \end{bmatrix}$ のとき, 次の等式が成立することを示せ:

$$A^2 - (a+d)A + (ad-bc)E = O$$

**3.4** 複素数 $\alpha = a_1 + a_2 i$ ($a_1, a_2$: 実数, $i^2 = -1$) に対して,

$$C(\alpha) = \begin{bmatrix} a_1 & a_2 \\ -a_2 & a_1 \end{bmatrix}$$

とおくとき, 次が成立することを示せ.

(1) $C(\alpha) = C(\beta)$ ならば, $\alpha = \beta$.

(2) $C(\alpha+\beta) = C(\alpha) + C(\beta)$

(3) $C(\alpha\beta) = C(\alpha)C(\beta)$

**3.5** (1) $A = \begin{bmatrix} 1 & 0 \\ 0 & 0 \end{bmatrix}$ と可換な行列は, どんな形の行列か.

(2) すべての 2 次正方行列と可換な行列を求めよ.

# §4 行列の除法

なぜ $B \div A$ とかかないのか

### 正則行列

行列の四則のうち，加・減・乗まで一応すんだので，次は除法である．

除法は，交換法則を満たさない乗法の逆演算だから，これまたいろいろと数の除法と異なった現象が起こるにちがいない．

割り算は掛け算の逆だといっても，勝手な行列 $A, B$ をもってきたとき，

$$AX = B, \quad YA = B$$

なる行列 $X, Y$ がいつも存在するとはかぎらない．また，このような $X$, $Y$ が存在する場合でも，$X = Y$ であるかどうか分からない．

ごく簡単な例を挙げると，

$$A = \begin{bmatrix} 1 & 0 \\ 0 & 0 \end{bmatrix}, \quad B = \begin{bmatrix} 1 & 0 \\ 0 & 1 \end{bmatrix}$$

に対して，$AX = B$ を満たす行列 $X$ は存在しない．実際，

$$X = \begin{bmatrix} x_1 & y_1 \\ x_2 & y_2 \end{bmatrix}$$

とおけば，$AX = B$ は，

$$\begin{bmatrix} 1 & 0 \\ 0 & 0 \end{bmatrix}\begin{bmatrix} x_1 & y_1 \\ x_2 & y_2 \end{bmatrix} = \begin{bmatrix} 1 & 0 \\ 0 & 1 \end{bmatrix}$$

左辺の積を作ると，

$$\begin{bmatrix} x_1 & y_1 \\ 0 & 0 \end{bmatrix} = \begin{bmatrix} 1 & 0 \\ 0 & 1 \end{bmatrix}$$

この等式が成立しないことは明白である．

また，たとえば，

$$A = \begin{bmatrix} 1 & 1 \\ 2 & 3 \end{bmatrix}, \quad B = \begin{bmatrix} 3 & 4 \\ 5 & 6 \end{bmatrix}$$

のとき，

$$X=\begin{bmatrix}4 & 6\\ -1 & -2\end{bmatrix},\quad Y=\begin{bmatrix}1 & 1\\ 3 & 1\end{bmatrix}$$

とおけば，等式 $AX=B$，$YA=B$ は，

$$\begin{bmatrix}1 & 1\\ 2 & 3\end{bmatrix}\begin{bmatrix}4 & 6\\ -1 & -2\end{bmatrix}=\begin{bmatrix}3 & 4\\ 5 & 6\end{bmatrix}$$

$$\begin{bmatrix}1 & 1\\ 3 & 1\end{bmatrix}\begin{bmatrix}1 & 1\\ 2 & 3\end{bmatrix}=\begin{bmatrix}3 & 4\\ 5 & 6\end{bmatrix}$$

のように成立するが，$X=Y$ ではない．単に，$B\div A$ とかいたのでは，

$AX=B$ なる $X$ のことか，$YA=B$ なる $Y$ のことか，

どちらを表わすのか分からない．行列の除法は，数の場合より精密なのだ．

数の計算では，$a\neq 0$ のとき，$ax=b$ なる $x$ は，

$$x=\frac{b}{a}=\frac{1}{a}\times b=a^{-1}b$$

のように，$a$ の逆数 $1/a=a^{-1}$ を掛ければよいのであった．

そこで，行列の割り算も〝逆数〟を求めることから始めよう．

一般に，$n$ 次正方行列 $A$ に対して，

$$AX=XA=E \qquad (*)$$

なる行列 $X$ が存在するとき，行列 $A$ は**正則**であるといい，正則でないとき，**特異**であるという．

前ページで見たように，たとえば，$A=\begin{bmatrix}1 & 0\\ 0 & 0\end{bmatrix}$ は正則ではないから，〝$A$ は正則〟という性質は〝$A\neq O$〟より強い性質である．

行列 $A$ が正則であるとき，上の $(*)$ を満たす行列 $X$ はただ一つしかないことが，次のように簡単に分かる：

いま，$X_1$ も $X_2$ も $(*)$ を満たせば，$X_1A=E$，$AX_2=E$ だから，

$$X_1=X_1E=X_1(AX_2)=(X_1A)X_2=EX_2=X_2$$

そこで，行列 $A$ が正則のとき，$(*)$を満たすただ一つの $X$ を，行列 $A$ の**逆行列**とよび，$A^{-1}$ と記す．たとえば，

$$A=\begin{bmatrix}3 & 4\\ 5 & 7\end{bmatrix},\quad X=\begin{bmatrix}7 & -4\\ -5 & 3\end{bmatrix}$$

は，$AX = XA = E$ を満たすから，$A$ の逆行列は，

$$A^{-1} = \begin{bmatrix} 7 & -4 \\ -5 & 3 \end{bmatrix}$$

逆行列の定義と基本的な性質をまとめておく．

**■ポイント** **逆行列**

**定義** $AA^{-1} = A^{-1}A = E$

**性質** （1） $(A^{-1})^{-1} = A$

（2） $(AB)^{-1} = B^{-1}A^{-1}$ ［積の順序に注意］

これらの性質は，次の等式と逆行列の一意性によって明らか：

（1） $A^{-1}A = AA^{-1} = E$

（2） $(AB)(B^{-1}A^{-1}) = A(BB^{-1})A^{-1} = AA^{-1} = E,$

$(B^{-1}A^{-1})(AB) = B^{-1}(A^{-1}A)B = B^{-1}B = E$

行列 $A$ が正則のとき，逆行列を用いて，次のように〝行列の除法〟が可能になる：

$AX = B$ の両辺に左から $A^{-1}$ を掛けて，$X = A^{-1}B$

$YA = B$ の両辺に右から $A^{-1}$ を掛けて，$Y = BA^{-1}$

▶ **注** 逆行列の具体的な計算方法は，☞ §9，§13.

## 行列のブロック分割

ある文学サークルの太郎・次郎・花子が通う学生街の喫茶店アリンコでのある月の注文は，次のようであった：

| | コーヒー | 紅 茶 | ミルク | ケーキ |
|---|---|---|---|---|
| 太 郎 | 5 杯 | 2 杯 | 1 杯 | 1 個 |
| 次 郎 | 3 杯 | 4 杯 | 0 杯 | 0 個 |
| 花 子 | 1 杯 | 7 杯 | 1 杯 | 5 個 |

ただし，表の中の点線は，男性・女性および，飲物・菓子という分類のためのものである．

三人の注文は，次のような行列で表わすことができる：

$$\left[\begin{array}{ccc|c} 5 & 2 & 1 & 1 \\ 3 & 4 & 0 & 0 \\ \hline 1 & 7 & 1 & 5 \end{array}\right]$$

このように，一つの行列 $A$ を，何本かの水平線と垂線でいくつかの小さい行列に分割することがある：

$$A = \left[\begin{array}{c|c|c|c} A_{11} & A_{12} & \cdots & A_{1n} \\ \hline A_{21} & A_{22} & \cdots & A_{2n} \\ \hline \vdots & \vdots & & \vdots \\ \hline A_{m1} & A_{m2} & \cdots & A_{mn} \end{array}\right]$$

これを，行列 $A$ の**ブロック分割**とよび，各ブロック $A_{ij}$ は行列である．

上の喫茶店アリンコの行列では，次のようである：

$$\left[\begin{array}{ccc|c} 5 & 2 & 1 & 1 \\ 3 & 4 & 0 & 0 \\ \hline 1 & 7 & 1 & 5 \end{array}\right] = \begin{bmatrix} A_{11} & A_{12} \\ A_{21} & A_{22} \end{bmatrix}, \quad A_{11} = \begin{bmatrix} 5 & 2 & 1 \\ 3 & 4 & 0 \end{bmatrix}, \quad A_{12} = \begin{bmatrix} 1 \\ 0 \end{bmatrix}$$
$$A_{21} = [\,1 \quad 7 \quad 1\,], \quad A_{22} = [\,5\,]$$

行列のブロック分割では，各ブロックを，あたかも数のように考えて計算することができる．

●**加法**　$A, B$ の対応するブロックが同じ型であるとき，

$$\begin{bmatrix} A_{11} & A_{12} \\ A_{21} & A_{22} \end{bmatrix} + \begin{bmatrix} B_{11} & B_{12} \\ B_{21} & B_{22} \end{bmatrix} = \begin{bmatrix} A_{11}+B_{11} & A_{12}+B_{12} \\ A_{21}+B_{21} & A_{22}+B_{22} \end{bmatrix}$$

●**乗法**　$A_{ij}$ の列の個数 $=$ $B_{jk}$ の行の個数　のように分割されているとき，

$$\begin{bmatrix} A_{11} & A_{12} \\ A_{21} & A_{22} \end{bmatrix} \begin{bmatrix} B_{11} & B_{12} \\ B_{21} & B_{22} \end{bmatrix} = \begin{bmatrix} A_{11}B_{11}+A_{12}B_{21} & A_{11}B_{12}+A_{12}B_{22} \\ A_{21}B_{11}+A_{22}B_{21} & A_{21}B_{12}+A_{22}B_{22} \end{bmatrix}$$

次の形も，行列計算で，しばしば利用される：

$$A[\,\boldsymbol{b}_1 \;\; \boldsymbol{b}_2 \;\; \boldsymbol{b}_3\,] = [\,A\boldsymbol{b}_1 \;\; A\boldsymbol{b}_2 \;\; A\boldsymbol{b}_3\,]$$

とくに，

$$A[\,\boldsymbol{e}_1 \;\; \boldsymbol{e}_2 \;\; \boldsymbol{e}_3\,] = AE = A$$

したがって，

$$A\boldsymbol{e}_i = \text{行列 } A \text{ の } i \text{ 列}$$

この事実は自明ながら，実用的である．

**例題 4.1** **行列の分割乗法**

次のようにブロック分割して，行列の積 $AB$ を計算せよ：

$$A=\left[\begin{array}{cc|c} 3 & 2 & 7 \\ 4 & 5 & 0 \\ \hline 1 & 6 & 2 \end{array}\right],\qquad B=\left[\begin{array}{c|cc} 2 & 1 & 0 \\ 1 & 0 & 1 \\ \hline 4 & 3 & 8 \end{array}\right]$$

**【解】** 各ブロックをあたかも成分のように考えて掛け算を行う．

$$AB=\left[\begin{array}{cc|c} 3 & 2 & 7 \\ 4 & 5 & 0 \\ \hline 1 & 6 & 2 \end{array}\right]\left[\begin{array}{c|cc} 2 & 1 & 0 \\ 1 & 0 & 1 \\ \hline 4 & 3 & 8 \end{array}\right]$$

$$=\left[\begin{array}{c|c} \begin{bmatrix} 3 & 2 \\ 4 & 5 \end{bmatrix}\begin{bmatrix} 2 \\ 1 \end{bmatrix}+\begin{bmatrix} 7 \\ 0 \end{bmatrix}\begin{bmatrix} 4 \end{bmatrix} & \begin{bmatrix} 3 & 2 \\ 4 & 5 \end{bmatrix}\begin{bmatrix} 1 & 0 \\ 0 & 1 \end{bmatrix}+\begin{bmatrix} 7 \\ 0 \end{bmatrix}\begin{bmatrix} 3 & 8 \end{bmatrix} \\ \hline \begin{bmatrix} 1 & 6 \end{bmatrix}\begin{bmatrix} 2 \\ 1 \end{bmatrix}+\begin{bmatrix} 2 \end{bmatrix}\begin{bmatrix} 4 \end{bmatrix} & \begin{bmatrix} 1 & 6 \end{bmatrix}\begin{bmatrix} 1 & 0 \\ 0 & 1 \end{bmatrix}+\begin{bmatrix} 2 \end{bmatrix}\begin{bmatrix} 3 & 8 \end{bmatrix} \end{array}\right]$$

$$=\left[\begin{array}{c|c} \begin{bmatrix} 8 \\ 13 \end{bmatrix}+\begin{bmatrix} 28 \\ 0 \end{bmatrix} & \begin{bmatrix} 3 & 2 \\ 4 & 5 \end{bmatrix}+\begin{bmatrix} 21 & 56 \\ 0 & 0 \end{bmatrix} \\ \hline \begin{bmatrix} 8 \end{bmatrix}+\begin{bmatrix} 8 \end{bmatrix} & \begin{bmatrix} 1 & 6 \end{bmatrix}+\begin{bmatrix} 6 & 16 \end{bmatrix} \end{array}\right]$$

$$=\left[\begin{array}{c|cc} 36 & 24 & 58 \\ 13 & 4 & 5 \\ \hline 16 & 7 & 22 \end{array}\right]$$

□

## 演習問題

**4.1** (1) $A=\begin{bmatrix} a & b \\ c & d \end{bmatrix}$ に対して，$\tilde{A}=\begin{bmatrix} d & -b \\ -c & a \end{bmatrix}$ とおくとき，積 $A\tilde{A}$，$\tilde{A}A$ および逆行列 $A^{-1}$ を求めよ．ただし，$ad-bc \neq 0$．

(2) $B=\begin{bmatrix} 2 & 3 \\ 3 & 4 \end{bmatrix}$，$C=\begin{bmatrix} 4 & -7 \\ -3 & 5 \end{bmatrix}$ のとき，逆行列 $B^{-1}$，$C^{-1}$ および $(B^{-1})^{-1}$，$(BC)^{-1}$，$B^{-1}C^{-1}$，$C^{-1}B^{-1}$ を求めよ．

**4.2** 次の行列 $A$ について，行列 $B=(E-A)(E+A)^{-1}$ を計算せよ．

（1） $A=\begin{bmatrix} 0 & a \\ -a & 0 \end{bmatrix}$ ただし，$a^2+1 \neq 0$，$E=\begin{bmatrix} 1 & 0 \\ 0 & 1 \end{bmatrix}$．

（2） $A=\begin{bmatrix} \cos 2\theta & -\sin 2\theta \\ \sin 2\theta & \cos 2\theta \end{bmatrix}$ ただし，$\theta \neq \left(\text{整数}+\frac{1}{2}\right)\pi$

**4.3** 次の行列 $E$，$I$，$J$，$K$ を考える：

$$E=\begin{bmatrix} 1 & 0 & 0 & 0 \\ 0 & 1 & 0 & 0 \\ 0 & 0 & 1 & 0 \\ 0 & 0 & 0 & 1 \end{bmatrix}, \qquad I=\begin{bmatrix} 0 & -1 & 0 & 0 \\ 1 & 0 & 0 & 0 \\ 0 & 0 & 0 & -1 \\ 0 & 0 & 1 & 0 \end{bmatrix},$$

$$J=\begin{bmatrix} 0 & 0 & -1 & 0 \\ 0 & 0 & 0 & 1 \\ 1 & 0 & 0 & 0 \\ 0 & -1 & 0 & 0 \end{bmatrix}, \quad K=\begin{bmatrix} 0 & 0 & 0 & -1 \\ 0 & 0 & -1 & 0 \\ 0 & 1 & 0 & 0 \\ 1 & 0 & 0 & 0 \end{bmatrix}$$

適当な行列のブロック分割を考えて，次の等式が成立することを示せ：

$I^2=J^2=K^2=-E$,

$JK=-KJ=I$，$KI=-IK=J$，$IJ=-JI=K$

**4.4** （1） $B, C$ が，それぞれ $m$ 次および $n$ 次の正則行列のとき，

$A=\begin{bmatrix} B & D \\ O & C \end{bmatrix}$ は正則で，$A^{-1}=\begin{bmatrix} B^{-1} & -B^{-1}DC^{-1} \\ O & C^{-1} \end{bmatrix}$

であることを示せ．ここに，$O$ は零行列である．

（2） $A=\begin{bmatrix} 2 & 3 & 1 & 1 \\ 3 & 4 & 1 & 0 \\ 0 & 0 & 4 & -7 \\ 0 & 0 & 3 & -5 \end{bmatrix}$ の逆行列 $A^{-1}$ を求めよ．

**4.5** 次の積を計算せよ．ただし，$A, B$ および各 $A_{ij}, B_{ij}$ は $(2,2)$ 行列，各 $\boldsymbol{a}_i$ は $(1,2)$ 行列，各 $\boldsymbol{b}_i$ は $(2,1)$ 行列とする．

（1） $A[\,\boldsymbol{b}_1 \;\; \boldsymbol{b}_2\,]$ 　　（2） $\begin{bmatrix} \boldsymbol{a}_1 \\ \boldsymbol{a}_2 \end{bmatrix} B$

（3） $\begin{bmatrix} \boldsymbol{a}_1 \\ \boldsymbol{a}_2 \end{bmatrix}[\,\boldsymbol{b}_1 \;\; \boldsymbol{b}_2\,]$ 　　（4） $\begin{bmatrix} A_{11} & A_{12} \\ O & A_{22} \end{bmatrix}\begin{bmatrix} B_{11} & B_{12} \\ O & B_{22} \end{bmatrix}$

Chapter 2

# 行列の基本変形

行列の**基本変形のルーツ**は，中学生も知っている連立１次方程式の**加減法**であり，

行列の階数（ランク）の計算

連立１次方程式の解法

逆行列の計算

などに，ほぼ類似のアルゴリズムを与える．

線形代数の**マスターキー**の一つとして，理論的にも実用的にも，近年ますますその重要性が認められてきた．

基本変形はマスターキー

§５　行列の基本変形 ……… 28
§６　ベクトルの一次独立性　34
§７　行列の階数 …………… 40
§８　連立１次方程式 ……… 46
§９　逆行列の計算 ………… 53

# §5　行列の基本変形

行列のシェイプアップ

### 基本変形

行列の基本変形のルーツは，連立 1 次方程式の**加減法**である．

いま，試みに，加減法によって次の連立方程式を解いてみよう：

$$\begin{cases} 4x+5y=18 & \cdots\cdots\cdots\cdots\cdots\cdots\cdots\ ① \\ 3x+9y=\ \ 3 & \cdots\cdots\cdots\cdots\cdots\cdots\cdots\ ② \end{cases}$$

ところで，方程式を解くときの関心は，もちろん，$x=\square$，$y=\triangle$ という解の値であるが，式変形による係数の変化とそれが解におよぼす影響が基本になる．

そこで，加減法による解法の進行状況を，右側に係数だけを取り出して，行列の形で眺めてみよう．

$$\begin{cases} 4x+5y=18 & \cdots\cdots\ ① \\ 3x+9y=\ \ 3 & \cdots\cdots\ ② \end{cases} \qquad \left[\begin{array}{cc|c} 4 & 5 & 18 \\ 3 & 9 & 3 \end{array}\right]$$

②×(−4/3) を ① に加えると，　　2 行×(−4/3) を 1 行に加えると，

$$\begin{cases} \quad\ -7y=14 & \cdots\cdots\ ①' \\ 3x+9y=\ \ 3 & \cdots\cdots\ ②' \end{cases} \qquad \left[\begin{array}{cc|c} 0 & -7 & 14 \\ 3 & 9 & 3 \end{array}\right]$$

①′×9/7 を ②′ に加えると，　　1 行×9/7 を 2 行に加えると，

$$\begin{cases} \quad\ -7y=14 & \cdots\cdots\ ①'' \\ 3x \qquad\ =21 & \cdots\cdots\ ②'' \end{cases} \qquad \left[\begin{array}{cc|c} 0 & -7 & 14 \\ 3 & 0 & 21 \end{array}\right]$$

①″ と ②″ を交換すると，　　1 行と 2 行を交換すると，

$$\begin{cases} 3x \qquad\ =21 & \cdots\cdots\ ①''' \\ \quad\ -7y=14 & \cdots\cdots\ ②''' \end{cases} \qquad \left[\begin{array}{cc|c} 3 & 0 & 21 \\ 0 & -7 & 14 \end{array}\right]$$

①‴ を 1/3 倍，②‴ を −1/7 倍し，　　1 行を 1/3 倍，2 行を −1/7 倍し，

$$\begin{cases} x \qquad =\ \ \ 7 & \cdots\cdots\ ①'''' \\ \qquad y=-2 & \cdots\cdots\ ②'''' \end{cases} \qquad \left[\begin{array}{cc|c} 1 & 0 & 7 \\ 0 & 1 & -2 \end{array}\right]$$

以上の解法の手順をよく見ると，与えられた方程式に対して，次の式変形

を適宜くり返し施しているにすぎない：

（1）　ある方程式を定数（≠0）倍する．

（2）　ある方程式の定数倍を他の方程式に加える．

（3）　二つの方程式を交換する．

これらの〝方程式の変形〟に対応する〝行列の変形〟は，

**■ポイント**　　**行基本変形**

Ⅰ．　ある行を定数（≠0）倍する．

Ⅱ．　ある行の定数倍を他の行に加える．

Ⅲ．　二つの行を変換する．

これらの変形 Ⅰ，Ⅱ，Ⅲ を，**行基本変形**という．ただし，行基本変形 Ⅲ は，Ⅰ，Ⅱ の適当な組み合わせで表わすことができる．（☞ 演習問題 5.2）

行列への基本変形の順次施行を表(ひょう)の形で記すと便利である．たとえば，上の連立 1 次方程式の解法に対応する行基本変形は，次のようになる：

| | | | 行基本変形 | 行 |
|---|---|---|---|---|
| 4 | 5 | 18 | | ① |
| 3 | 9 | 3 | | ② |
| 0 | −7 | 14 | ①＋②×（−4/3） | ①′ |
| 3 | 9 | 3 | ② | ②′ |
| 0 | −7 | 14 | ①′ | ①″ |
| 3 | 0 | 21 | ②′＋①′×9/7 | ②″ |
| 3 | 0 | 21 | ②″ | ①‴ |
| 0 | −7 | 14 | ①″ | ②‴ |
| 1 | 0 | 7 | ①‴×1/3 | ①⁗ |
| 0 | 1 | −2 | ②‴×（−1/7） | ②⁗ |

### 基本行列

$n$ 次単位行列に，行基本変形を一度だけ施して得られる行列を，その基本変形の**基本行列**といい，次の行列である：

$$E_n(i\,;\,s)=\begin{bmatrix}1 & & & & \\ & \ddots & & & \\ & & s & & \\ & & & \ddots & \\ & & & & 1\end{bmatrix}\begin{matrix}\\ \\ i\text{ 行}\\ \\ n\text{ 行}\end{matrix}$$

$$E_n(i,j\,;\,s)=\begin{bmatrix}1 & & & & & & \\ & \ddots & & & & & \\ & & 1 & \cdots & s & & \\ & & & \ddots & \vdots & & \\ & & & & 1 & & \\ & & & & & \ddots & \\ & & & & & & 1\end{bmatrix}\begin{matrix}\\ \\ i\text{ 行}\\ \\ j\text{ 行}\\ \\ n\text{ 行}\end{matrix}$$

$$E_n(i,j)=\begin{bmatrix}1 & & & & & & \\ & \ddots & & & & & \\ & & 0 & \cdots & 1 & & \\ & & \vdots & \ddots & \vdots & & \\ & & 1 & \cdots & 0 & & \\ & & & & & \ddots & \\ & & & & & & 1\end{bmatrix}\begin{matrix}\\ \\ i\text{ 行}\\ \\ j\text{ 行}\\ \\ n\text{ 行}\end{matrix}$$

（空白の成分は0とする）

これらの基本行列と行基本変形との関係を述べる前に，いくつかの手近かな例を挙げてみよう：

（1）
$$\begin{bmatrix}1 & 0 & 0\\ 0 & 1 & 0\\ 0 & 0 & s\end{bmatrix}\begin{bmatrix}a_1 & a_2 & a_3\\ b_1 & b_2 & b_3\\ c_1 & c_2 & c_3\end{bmatrix}=\begin{bmatrix}a_1 & a_2 & a_3\\ b_1 & b_2 & b_3\\ sc_1 & sc_2 & sc_3\end{bmatrix}$$

（2）
$$\begin{bmatrix}1 & 0 & s\\ 0 & 1 & 0\\ 0 & 0 & 1\end{bmatrix}\begin{bmatrix}a_1 & a_2 & a_3\\ b_1 & b_2 & b_3\\ c_1 & c_2 & c_3\end{bmatrix}=\begin{bmatrix}a_1+sc_1 & a_2+sc_2 & a_3+sc_3\\ b_1 & b_2 & b_3\\ c_1 & c_2 & c_3\end{bmatrix}$$

（3）
$$\begin{bmatrix}1 & 0 & 0\\ 0 & 0 & 1\\ 0 & 1 & 0\end{bmatrix}\begin{bmatrix}a_1 & a_2 & a_3\\ b_1 & b_2 & b_3\\ c_1 & c_2 & c_3\end{bmatrix}=\begin{bmatrix}a_1 & a_2 & a_3\\ c_1 & c_2 & c_3\\ b_1 & b_2 & b_3\end{bmatrix}$$

これらを，一般化すると，

（1）　$E_n(i\,;s)A$ 　は，行列 $A$ の $i$ 行を $s$ 倍して得られる行列．

（2）　$E_n(i,j\,;s)A$ は，行列 $A$ の $j$ 行×$s$ を $i$ 行に加えてできる行列．

（3）　$E_n(i,j)A$ 　は，行列 $A$ の $i$ 行と $j$ 行を交換してできる行列．

したがって，次の大切な事実が得られた：

　行列の**行**基本変形は，その基本行列を**左から**掛けることで実現される

それでは，基本行列を〝右から〟掛けたらどうだろうか？

具体例で実験してみると，

$$\begin{bmatrix} a_1 & a_2 & a_3 \\ b_1 & b_2 & b_3 \\ c_1 & c_2 & c_3 \end{bmatrix}\begin{bmatrix} 1 & 0 & 0 \\ 0 & 1 & 0 \\ 0 & 0 & s \end{bmatrix} = \begin{bmatrix} a_1 & a_2 & s\,a_3 \\ b_1 & b_2 & s\,b_3 \\ c_1 & c_2 & s\,c_3 \end{bmatrix}$$

$$\begin{bmatrix} a_1 & a_2 & a_3 \\ b_1 & b_2 & b_3 \\ c_1 & c_2 & c_3 \end{bmatrix}\begin{bmatrix} 1 & 0 & s \\ 0 & 1 & 0 \\ 0 & 0 & 1 \end{bmatrix} = \begin{bmatrix} a_1 & a_2 & a_3+s\,a_1 \\ b_1 & b_2 & b_3+s\,b_1 \\ c_1 & c_2 & c_3+s\,c_1 \end{bmatrix}$$

$$\begin{bmatrix} a_1 & a_2 & a_3 \\ b_1 & b_2 & b_3 \\ c_1 & c_2 & c_3 \end{bmatrix}\begin{bmatrix} 1 & 0 & 0 \\ 0 & 0 & 1 \\ 0 & 1 & 0 \end{bmatrix} = \begin{bmatrix} a_1 & a_3 & a_2 \\ b_1 & b_3 & b_2 \\ c_1 & c_3 & c_2 \end{bmatrix}$$

こうしてみると，いままで行列の〝行〟について施していた変形を〝列〟について施していることが分かる．

そこで，行列について，次の変形を考える：

**■ポイント**　　　　**列基本変形**

> Ⅰ′．ある列を定数（$\neq 0$）倍する．
>
> Ⅱ′．ある列の定数倍を他の列に加える．
>
> Ⅲ′．二つの列を交換する．

行基本変形の場合と同様に，次が成立する：

　行列の**列**基本変形は，その基本行列を**右から**掛けることで実現される

ここに，単位行列に列基本変形を一度だけ施して得られる行列を，この列基本変形の**基本行列**という．

行基本変形と列基本変形は，単に**基本変形**と総称される．

**例題 5.1　基本変形**

行列 $A=\begin{bmatrix} 3 & 6 & -3 & 9 \\ 2 & 4 & 3 & 4 \\ 5 & 8 & -2 & 10 \end{bmatrix}$ に，次の基本変形を番号順に施せ：

（1）　1 行×(−2/3) を 2 行に加える.

（2）　1 行×(−5/3) を 3 行に加える.

（3）　2 行と 3 行を交換する.

（4）　2 列×(− 3/2) を 4 列に加える.

**【解】**　次のように表にまとめる：

| | | | | 基本変形 | 行 |
|---|---|---|---|---|---|
| 3 | 6 | −3 | 9 | | ① |
| 2 | 4 | 3 | 4 | | ② |
| 5 | 8 | −2 | 10 | | ③ |
| 3 | 6 | −3 | 9 | ① | ①′ |
| 0 | 0 | 5 | −2 | ②＋①×(−2/3) | ②′ |
| 5 | 8 | −2 | 10 | ③ | ③′ |
| 3 | 6 | −3 | 9 | ①′ | ①″ |
| 0 | 0 | 5 | −2 | ②′ | ②″ |
| 0 | −2 | 3 | −5 | ③′＋①′×(−5/3) | ③″ |
| 3 | 6 | −3 | 9 | ①″ | ①‴ |
| 0 | −2 | 3 | −5 | ③″ | ②‴ |
| 0 | 0 | 5 | −2 | ②″ | ③‴ |
| 3 | 6 | −3 | 0 | | ①⁗ |
| 0 | −2 | 3 | −2 | 4 列＋2 列×(−3/2) | ②⁗ |
| 0 | 0 | 5 | −2 | | ③⁗ |

□

▶**注**　基本変形 (1) の計算：

| | | | | |
|---|---|---|---|---|
| 2行 | 2 | 4 | 3 | 4 |
| 1行×$(-\frac{2}{3})$ | −2 | −4 | 2 | −6 |
| | 0 | 0 | 5 | −2 |

## 演習問題

**5. 1**　行列 $A=\begin{bmatrix} 3 & -6 & 9 \\ -4 & 8 & -12 \\ 2 & -4 & 7 \end{bmatrix}$ に，次の基本変形を番号順に施せ：

（1）　1行×4/3 を2行に加える．

（2）　1行×(−2/3) を3行に加える．

（3）　2行と3行を交換する．

（4）　2列と3列を交換する．

（5）　2行×(−9) を1行に加える．

（6）　1行を1/3倍する．

（7）　1列×2 を3列に加える．

**5. 2**　行列 $A=\begin{bmatrix} a_1 & a_2 \\ b_1 & b_2 \\ c_1 & c_2 \end{bmatrix}$ に，次の基本変形を番号順に施せ．また，この結果から何が分かるか．

（1）　1行×(−1) を3行に加える．

（2）　3行×1 を1行に加える．

（3）　1行×(−1) を3行に加える．

（4）　3行を−1倍する．

**5. 3**　基本行列の逆行列について，次の等式が成立することを示せ．

（1）　$E_n(i\,;\,s)^{-1}=E_n(i\,;\,1/s)$

（2）　$E_n(i,j\,;\,s)^{-1}=E_n(i,j\,;\,-s)$

（3）　$E_n(i,j)^{-1}=E_n(i,j)$

▶**注**　基本変形の逆変形は，**同種の基本変形**である．行基本変形

$$i\text{行}\times s,\quad j\text{行}+i\text{行}\times s,\quad i\text{行と}j\text{行を交換}$$

の逆変形は，それぞれ，

$$i\text{行}\times 1/s,\quad j\text{行}+i\text{行}\times(-s),\quad i\text{行と}j\text{行を交換}$$

である．

本問の（1）～（3）は，これらの事実を行列で表現したものにほかならない．

# §6　ベクトルの一次独立性

ムダを含まないベクトルたち

## 一次従属・一次独立

2本の幾何ベクトル $\boldsymbol{a}, \boldsymbol{b}$ が共線(一つの直線に平行)のとき，このうちの少なくとも一方，たとえば，$\boldsymbol{b}$ は，

$$\boldsymbol{b} = s\boldsymbol{a} \quad (s：スカラー)$$

とかける．

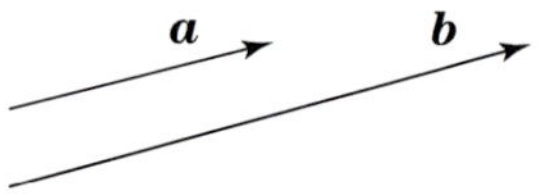


また，3本の幾何ベクトル $\boldsymbol{a}, \boldsymbol{b}, \boldsymbol{c}$ が共面(一つの平面に平行)のとき，このうちのどれか少なくとも1本，たとえば，$\boldsymbol{c}$ は，

$$\boldsymbol{c} = s\boldsymbol{a} + t\boldsymbol{b}$$

とかける．

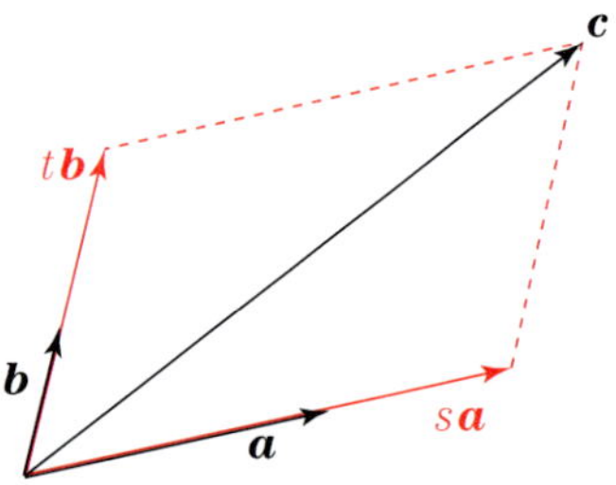


このように，2本のベクトルが共線のとき，3本のベクトルが共面のとき，それらのベクトルのうちのどれか少なくとも1本は，残りのベクトルの一次結合として表わされる．

この〝共線〟・〝共面〟を一般化したものが〝一次従属〟の概念で，その否定が，〝一次独立〟である．

> $$s_1\boldsymbol{a}_1 + s_2\boldsymbol{a}_2 + \cdots + s_k\boldsymbol{a}_k$$
> を，$\boldsymbol{a}_1, \boldsymbol{a}_2, \cdots, \boldsymbol{a}_k$ の**一次結合**という．

**■ポイント** ―― 一次従属・一次独立

同一次元の $k$ 個のベクトル $\boldsymbol{a}_1, \boldsymbol{a}_2, \cdots, \boldsymbol{a}_k$ について，

**一次従属** $\Longleftrightarrow$ どれか一つが，残りのベクトルの一次結合になっている

**一次独立** $\Longleftrightarrow$ どのベクトルも残りのベクトルの一次結合にならない

▶**注**　$\boldsymbol{a}_1, \boldsymbol{a}_2, \cdots, \boldsymbol{a}_k$ が一次独立だというのは，この $k$ 個のどのベクトルも，残りの $k-1$ 個がいかに協力しても代行できないということ，すなわち各自が独自の役割をもっているということである．

なお，無限個のベクトルの一次独立性については，

**一次従属**　$\Longleftrightarrow$　一次従属な有限個のベクトルを含んでいる

**一次独立**　$\Longleftrightarrow$　いかなる有限個のベクトルをとっても一次独立

と定義する．

また，一次従属・一次独立を，それぞれ，**線形従属**・**線形独立**ということもある．

簡単な例を挙げよう．たとえば，

$$\boldsymbol{a} = \begin{bmatrix} 1 \\ -1 \\ 0 \end{bmatrix}, \quad \boldsymbol{b} = \begin{bmatrix} 1 \\ 2 \\ 3 \end{bmatrix}, \quad \boldsymbol{c} = \begin{bmatrix} -1 \\ 3 \\ 2 \end{bmatrix}$$

のとき，

$$5\boldsymbol{a} + 3\boldsymbol{c} = 5\begin{bmatrix} 1 \\ -1 \\ 0 \end{bmatrix} + 3\begin{bmatrix} -1 \\ 3 \\ 2 \end{bmatrix} = \begin{bmatrix} 2 \\ 4 \\ 6 \end{bmatrix} = 2\begin{bmatrix} 1 \\ 2 \\ 3 \end{bmatrix} = 2\boldsymbol{b}$$

$$\therefore \quad \boldsymbol{b} = \frac{5}{2}\boldsymbol{a} + \frac{3}{2}\boldsymbol{c}$$

のように，ベクトル $\boldsymbol{b}$ が残りのベクトル $\boldsymbol{a}, \boldsymbol{c}$ の一次結合で表わされるから，三つのベクトル $\boldsymbol{a}, \boldsymbol{b}, \boldsymbol{c}$ は一次従属である．

この等式は，次のようにもかける：

$$5\boldsymbol{a} - 2\boldsymbol{b} + 3\boldsymbol{c} = \boldsymbol{0}$$

したがって，ベクトルの一次独立性を次のようにいうこともできる：

**●ポイント**　　**一次従属・一次独立**

同一次元の $k$ 個のベクトル $\boldsymbol{a}_1, \boldsymbol{a}_2, \cdots, \boldsymbol{a}_k$ について，

$$s_1\boldsymbol{a}_1 + s_2\boldsymbol{a}_2 + \cdots + s_k\boldsymbol{a}_k = \boldsymbol{0}$$

が成立することが，

$s_1 = s_2 = \cdots = s_k = 0$ 以外にもある　$\Longleftrightarrow$　一次従属

$s_1 = s_2 = \cdots = s_k = 0$ 以外にはない　$\Longleftrightarrow$　一次独立

▶**注**　$k$ 個のベクトル $\boldsymbol{a}_1, \boldsymbol{a}_2, \cdots, \boldsymbol{a}_k$ のあいだの

$$s_1\boldsymbol{a}_1 + s_2\boldsymbol{a}_2 + \cdots + s_k\boldsymbol{a}_k = \boldsymbol{0}$$

という関係を**線形関係**という．$\boldsymbol{a}_1, \boldsymbol{a}_2, \cdots, \boldsymbol{a}_k$ はつねに，

$$0\boldsymbol{a}_1 + 0\boldsymbol{a}_2 + \cdots + 0\boldsymbol{a}_k = \boldsymbol{0}$$

を満たすが，これを**自明な**線形関係という．この言葉を使えば，

一次従属 $\iff$ 自明でない線形関係を満たす

一次独立 $\iff$ 自明な線形関係しか満たさない

さて，一次従属・一次独立の定義から，次の性質は明らかであろう：

●一次従属なベクトルに，何個かのベクトルを追加しても一次従属．

●一次独立なベクトルの一部は，やはり一次独立である．

●とくに，1 個のベクトルについては，

$$\boldsymbol{a}：\ 一次従属 \iff \boldsymbol{a} = \boldsymbol{0}$$

［**例**］　次のベクトルは，一次従属か一次独立か．

（1）　$\boldsymbol{a} = \begin{bmatrix} 3 \\ -4 \end{bmatrix}$，　$\boldsymbol{b} = \begin{bmatrix} -7 \\ 9 \end{bmatrix}$

（2）　$\boldsymbol{a} = \begin{bmatrix} 3 \\ -4 \end{bmatrix}$，　$\boldsymbol{b} = \begin{bmatrix} -7 \\ 9 \end{bmatrix}$，　$\boldsymbol{c} = \begin{bmatrix} -1 \\ 2 \end{bmatrix}$

（3）　$\boldsymbol{a} = \begin{bmatrix} 12 \\ -9 \end{bmatrix}$，　$\boldsymbol{b} = \begin{bmatrix} -20 \\ 15 \end{bmatrix}$

**解**　（1）　$s\boldsymbol{a} + t\boldsymbol{b} = \boldsymbol{0}$　を成分で表わすと，

$$s\begin{bmatrix} 3 \\ -4 \end{bmatrix} + t\begin{bmatrix} -7 \\ 9 \end{bmatrix} = \begin{bmatrix} 0 \\ 0 \end{bmatrix} \qquad \therefore \begin{cases} 3s - 7t = 0 \\ -4s + 9t = 0 \end{cases}$$

$$\therefore \quad s = 0，\ t = 0$$

よって，$\boldsymbol{a}, \boldsymbol{b}$ は，自明な線形関係しか満たさないから，一次独立．

（2）　$s\boldsymbol{a} + t\boldsymbol{b} + r\boldsymbol{c} = \boldsymbol{0}$　を成分で表わすと，

$$s\begin{bmatrix} 3 \\ -4 \end{bmatrix} + t\begin{bmatrix} -7 \\ 9 \end{bmatrix} + r\begin{bmatrix} -1 \\ 2 \end{bmatrix} = \begin{bmatrix} 0 \\ 0 \end{bmatrix} \qquad \therefore \begin{cases} 3s - 7t - r = 0 \\ -4s + 9t + 2r = 0 \end{cases}$$

$$\therefore \quad s = 5r，\ t = 2r$$

よって，$\boldsymbol{a}, \boldsymbol{b}, \boldsymbol{c}$ は，たとえば，

$$5\boldsymbol{a}+2\boldsymbol{b}+\boldsymbol{c}=\boldsymbol{0}$$

という自明でない線形関係を満たすから，一次従属．

（3）　$s\boldsymbol{a}+t\boldsymbol{b}=\boldsymbol{0}$　を成分で表わすと，

$$s\begin{bmatrix}12\\-9\end{bmatrix}+t\begin{bmatrix}-20\\15\end{bmatrix}=\begin{bmatrix}0\\0\end{bmatrix}\qquad\therefore\quad\begin{cases}12s-20t=0\\-9s+15t=0\end{cases}$$

$$\therefore\quad 3s-5t=0$$

よって，$\boldsymbol{a},\boldsymbol{b}$ は，たとえば，

$$5\boldsymbol{a}+3\boldsymbol{b}=\boldsymbol{0}$$

という自明でない線形関係を満たすから，一次従属．　□

最後に，次の大切な性質を述べておく：

●ベクトル $\boldsymbol{a}_1,\boldsymbol{a}_2,\cdots,\boldsymbol{a}_k$ が一次独立で，$\boldsymbol{a}_1,\boldsymbol{a}_2,\cdots,\boldsymbol{a}_k,\boldsymbol{b}$ が一次従属ならば，ベクトル $\boldsymbol{b}$ は，$\boldsymbol{a}_1,\boldsymbol{a}_2,\cdots,\boldsymbol{a}_k$ の一次結合として表わされ，その表わし方は，ただ一通りである．

**証明**　$\boldsymbol{a}_1,\boldsymbol{a}_2,\cdots,\boldsymbol{a}_k,\boldsymbol{b}$ が一次従属だから，自明でない線形関係

$$s_1\boldsymbol{a}_1+s_2\boldsymbol{a}_2+\cdots+s_k\boldsymbol{a}_k+t\boldsymbol{b}=\boldsymbol{0}\qquad(*)$$

が成立する．いま，$t=0$ と仮定すると，自明でない線形関係

$$s_1\boldsymbol{a}_1+s_2\boldsymbol{a}_2+\cdots+s_k\boldsymbol{a}_k=\boldsymbol{0}$$

が成立し，$\boldsymbol{a}_1,\boldsymbol{a}_2,\cdots,\boldsymbol{a}_k$ が一次独立という仮定に反するので，$t\neq 0$．

このとき，（＊）より，

$$\boldsymbol{b}=\left(-\frac{s_1}{t}\right)\boldsymbol{a}_1+\left(-\frac{s_2}{t}\right)\boldsymbol{a}_2+\cdots+\left(-\frac{s_k}{t}\right)\boldsymbol{a}_k$$

いま，$\boldsymbol{b}$ が $\boldsymbol{a}_1,\boldsymbol{a}_2,\cdots,\boldsymbol{a}_k$ の一次結合として二通りに表わされたとする：

$$\boldsymbol{b}=s_1\boldsymbol{a}_1+s_2\boldsymbol{a}_2+\cdots+s_k\boldsymbol{a}_k$$
$$\boldsymbol{b}=r_1\boldsymbol{a}_1+r_2\boldsymbol{a}_2+\cdots+r_k\boldsymbol{a}_k$$

辺ごとに引けば，

$$(s_1-r_1)\boldsymbol{a}_1+(s_2-r_2)\boldsymbol{a}_2+\cdots+(s_k-r_k)\boldsymbol{a}_k=\boldsymbol{0}$$

ところが，$\boldsymbol{a}_1,\boldsymbol{a}_2,\cdots,\boldsymbol{a}_k$ は一次独立だから，

$$s_1-r_1=0,\quad s_2-r_2=0,\quad\cdots,\quad s_k-r_k=0$$
$$\therefore\quad s_1=r_1,\quad s_2=r_2,\quad\cdots,\quad s_k=r_k$$

□

**例題 6.1　　一次従属・一次独立**

次の 3 次元ベクトルを考える：

$$\boldsymbol{a}_1 = \begin{bmatrix} 1 \\ -3 \\ 4 \end{bmatrix}, \quad \boldsymbol{a}_2 = \begin{bmatrix} -2 \\ 5 \\ -3 \end{bmatrix}, \quad \boldsymbol{b} = \begin{bmatrix} -2 \\ 3 \\ 7 \end{bmatrix}$$

（1）　$\boldsymbol{a}_1, \boldsymbol{a}_2$ は一次独立であることを示せ.

（2）　$\boldsymbol{a}_1, \boldsymbol{a}_2, \boldsymbol{b}$ は一次従属であることを示し，$\boldsymbol{b}$ を $\boldsymbol{a}_1, \boldsymbol{a}_2$ の一次結合として表わせ.

---

**【解】**（1）　$s\boldsymbol{a}_1 + t\boldsymbol{a}_2 = \boldsymbol{0}$　を成分で表わすと，

$$s\begin{bmatrix} 1 \\ -3 \\ 4 \end{bmatrix} + t\begin{bmatrix} -2 \\ 5 \\ -3 \end{bmatrix} = \begin{bmatrix} 0 \\ 0 \\ 0 \end{bmatrix}$$

$$\therefore \begin{cases} s - 2t = 0 \\ -3s + 5t = 0 \\ 4s - 3t = 0 \end{cases} \qquad \therefore \quad s = 0, \quad t = 0$$

よって，$\boldsymbol{a}_1, \boldsymbol{a}_2$ は自明な線形関係しか満たさないから，**一次独立.**

（2）　$s\boldsymbol{a}_1 + t\boldsymbol{a}_2 + r\boldsymbol{b} = \boldsymbol{0}$　を成分で表わすと，

$$s\begin{bmatrix} 1 \\ -3 \\ 4 \end{bmatrix} + t\begin{bmatrix} -2 \\ 5 \\ -3 \end{bmatrix} + r\begin{bmatrix} -2 \\ 3 \\ 7 \end{bmatrix} = \begin{bmatrix} 0 \\ 0 \\ 0 \end{bmatrix}$$

$$\therefore \begin{cases} s - 2t - 2r = 0 & \cdots\cdots\cdots\cdots ① \\ -3s + 5t + 3r = 0 & \cdots\cdots\cdots\cdots ② \\ 4s - 3t + 7r = 0 & \cdots\cdots\cdots\cdots ③ \end{cases}$$

これを解くために，②＋①×3，③＋①×（−4）を作ると，

$$\begin{cases} s - 2t - 2r = 0 & \cdots\cdots\cdots\cdots ①' \\ - t - 3r = 0 & \cdots\cdots\cdots\cdots ②' \\ 5t + 15r = 0 & \cdots\cdots\cdots\cdots ③' \end{cases}$$

②′，③′ は，明らかに同値.

①′＋②′×（−2）を作ると，

$$\begin{cases} s \quad\quad +4r=0 & \cdots\cdots\cdots\cdots\cdots\cdots ①'' \\ \quad -t-3r=0 & \cdots\cdots\cdots\cdots\cdots\cdots ②'' \end{cases}$$

$$\therefore \quad s=-4r,\ t=-3r$$

したがって，$\boldsymbol{a}_1, \boldsymbol{a}_2, \boldsymbol{b}$ は，たとえば，自明でない線形関係

$$-4\boldsymbol{a}_1-3\boldsymbol{a}_2+\boldsymbol{b}=\boldsymbol{0}$$

を満たすから，**一次従属**である．このとき，

$$\boldsymbol{b}=4\boldsymbol{a}_1+3\boldsymbol{a}_2$$

□

## 演習問題

**6.1**　$\boldsymbol{a}_1=\begin{bmatrix} 1 \\ 3 \\ -2 \end{bmatrix}$，$\boldsymbol{a}_2=\begin{bmatrix} 2 \\ 9 \\ -6 \end{bmatrix}$，$\boldsymbol{b}=\begin{bmatrix} 1 \\ -6 \\ 4 \end{bmatrix}$ のとき，

（1）　$\boldsymbol{a}_1, \boldsymbol{a}_2$ は一次独立であることを示せ．

（2）　$\boldsymbol{a}_1, \boldsymbol{a}_2, \boldsymbol{b}$ は一次従属であることを示し，$\boldsymbol{b}$ を $\boldsymbol{a}_1, \boldsymbol{a}_2$ の一次結合として表わせ．

**6.2**　（1）　$\boldsymbol{a}=\begin{bmatrix} a \\ c \end{bmatrix}$，$\boldsymbol{b}=\begin{bmatrix} b \\ d \end{bmatrix}$ のとき，次を示せ：

$$\boldsymbol{a}, \boldsymbol{b} \text{ は一次独立} \iff ad-bc \neq 0$$

（2）　$\boldsymbol{a}=\begin{bmatrix} 6 \\ -9 \end{bmatrix}$，$\boldsymbol{b}=\begin{bmatrix} -9 \\ 12 \end{bmatrix}$，$\boldsymbol{c}=\begin{bmatrix} 12 \\ -16 \end{bmatrix}$，$\boldsymbol{d}=\begin{bmatrix} -4 \\ 6 \end{bmatrix}$

とする．$\boldsymbol{e}=\begin{bmatrix} 1 \\ 0 \end{bmatrix}$ をこの中の一次独立な二つのベクトルの一次結合として表わせ．

（3）　2 次元のベクトルを 3 個以上とると，つねに一次従属になることを示せ．

**6.3**　$\boldsymbol{a}_1, \boldsymbol{a}_2$ を一次独立な 2 次元ベクトル，$A$ を $(2,2)$ 行列とするとき，次を示せ：

$$[\,\boldsymbol{a}_1\ \boldsymbol{a}_2\,]A=O \implies A=O$$

# §7 行列の階数

**本質的に異なる方向の列ベクトルは何本？**

## 行列の階数

行列 $A$ の一次独立な列ベクトルの最大個数を，行列 $A$ の**階数**または**ランク**とよび，$\mathrm{rank}\,A$ などと記す．たとえば，

$$A=\begin{bmatrix}2&4&2&4\\3&6&3&6\\0&0&1&1\end{bmatrix}$$

の 4 個の列ベクトルを，

$$\boldsymbol{a}_1=\begin{bmatrix}2\\3\\0\end{bmatrix},\quad \boldsymbol{a}_2=\begin{bmatrix}4\\6\\0\end{bmatrix},\quad \boldsymbol{a}_3=\begin{bmatrix}2\\3\\1\end{bmatrix},\quad \boldsymbol{a}_4=\begin{bmatrix}4\\6\\1\end{bmatrix}$$

とおけば，

$\boldsymbol{a}_1, \boldsymbol{a}_3$ は，一次独立

という 2 個のベクトル $\boldsymbol{a}_1, \boldsymbol{a}_3$ は確かに存在する．しかし，よく見ると，

$$\boldsymbol{a}_2=2\boldsymbol{a}_1, \qquad \boldsymbol{a}_4=\boldsymbol{a}_1+\boldsymbol{a}_3$$

となっている．したがって，3 個以上の列ベクトルをとると必ず一次従属になってしまうので，

$$\mathrm{rank}\,A=2$$

ということになる．

## 階段行列

上の行列 $A$ は，その階級(ランク)が暗算でも求められるような特殊な形の行列であったが，一般には，行列の階数をその定義だけから求めることは，面倒で難しい．

そこで，与えられた行列と同一の階数をもち，階数の値が見やすい行列への変形を考えよう．

ところが，じつに嬉しいことに，行列の階数は，

**行列の階数は基本変形によって変わらない**

という性質をもっているのである．

したがって，与えられた行列に，行および列の基本変形を上手に何回か施して，階数のよく分かる行列に変形してしまうことである．

たとえば，行列

$$A = \begin{bmatrix} 1 & 2 & 0 & -3 & 0 \\ -2 & -3 & -5 & 6 & 3 \\ 3 & 6 & 0 & -7 & 4 \\ 1 & 0 & 10 & -3 & -6 \end{bmatrix}$$

に，順次基本変形を施してみよう：

$$A = \begin{bmatrix} 1 & 2 & 0 & -3 & 0 \\ -2 & -3 & -5 & 6 & 3 \\ 3 & 6 & 0 & -7 & 4 \\ 1 & 0 & 10 & -3 & -6 \end{bmatrix} \xrightarrow{①} \begin{bmatrix} 1 & 2 & 0 & -3 & 0 \\ 0 & 1 & -5 & 0 & 3 \\ 0 & 0 & 0 & 2 & 4 \\ 0 & -2 & 10 & 0 & -6 \end{bmatrix}$$

$$\xrightarrow{②} \begin{bmatrix} 1 & 2 & 0 & -3 & 0 \\ 0 & 1 & -5 & 0 & 3 \\ 0 & 0 & 0 & 2 & 4 \\ 0 & 0 & 0 & 0 & 0 \end{bmatrix} \xrightarrow{③} \begin{bmatrix} 1 & 0 & 0 & 0 & 0 \\ 0 & 1 & -5 & 0 & 3 \\ 0 & 0 & 0 & 2 & 4 \\ 0 & 0 & 0 & 0 & 0 \end{bmatrix}$$

$$\xrightarrow{④} \begin{bmatrix} 1 & 0 & 0 & 0 & 0 \\ 0 & 1 & 0 & 0 & 0 \\ 0 & 0 & 0 & 2 & 0 \\ 0 & 0 & 0 & 0 & 0 \end{bmatrix} \xrightarrow{⑤} \begin{bmatrix} 1 & 0 & 0 & 0 & 0 \\ 0 & 1 & 0 & 0 & 0 \\ 0 & 0 & 1 & 0 & 0 \\ 0 & 0 & 0 & 0 & 0 \end{bmatrix}$$

ただし，各段階での基本変形は，次の通りである：

① ： 2 行＋1 行×2，　3 行＋1 行×(−3)，　4 行＋1 行×(−1)

② ： 4 行＋2 行×2

③ ： 2 列＋1 列×(−2)，　4 列＋1 列×3

④ ： 3 列＋2 列×5，　5 列＋2 列×(−3)，　5 列＋4 列×(−2)

⑤ ： 4 列×1/2，　3 列と 4 列を交換

ところで，〝行列の階数は基本変形によって変わらない〟のであれば，上の変形から，求める行列 $A$ の階数は，最後の行列の階数に等しいハズである．

この最後の行列は，3 本の一次独立な列ベクトル

$$\begin{bmatrix}1\\0\\0\\0\end{bmatrix},\quad \begin{bmatrix}0\\1\\0\\0\end{bmatrix},\quad \begin{bmatrix}0\\0\\1\\0\end{bmatrix}$$

をもち，残りは零ベクトルだから，

$$\mathrm{rank}\, A = 3$$

だと分かる．

ところで，上の基本変形をよく見ると，階数を知るためならば，この最後の行列まで変形する必要はなく，変形②を終了した段階

$$\begin{bmatrix}1 & 2 & 0 & -3 & 0\\0 & 1 & -5 & 0 & 3\\0 & 0 & 0 & 2 & 4\\0 & 0 & 0 & 0 & 0\end{bmatrix} \qquad (*)$$

までの変形で十分である．③以下の列基本変形は，具体的にかき下さなくても，一番左から何本かの単位列ベクトルが並び，残りが零ベクトルの形の行列に変形されることは，ほぼ明らかであろう．

この（$*$）のような行列を**階段行列**という：

**■ポイント**　　階段行列

ある行までは，行番号が増すにつれて左端から連続して並ぶ 0 の個数が増え，その行より下はすべての成分が 0 であるような行列を**階段行列**という．

このとき，行列 $A$ を基本変形により階段行列まで変形したとき，**0 でない成分が残っている行の数**は変形の仕方によらず一定で，この値が行列 $A$ の階数 $\mathrm{rank}\, A$ なのである．たとえば，

$$A = \begin{bmatrix}0 & 2 & 3 & 0\\0 & 0 & 0 & 5\\0 & 0 & 0 & 0\\0 & 0 & 0 & 0\end{bmatrix},\quad B = \begin{bmatrix}3 & 0 & 5 & 7\\0 & 4 & 0 & 6\\0 & 0 & 0 & 2\end{bmatrix},\quad C = \begin{bmatrix}0 & 0\\0 & 0\end{bmatrix}$$

は，それぞれ，$\mathrm{rank}\, A = 2$，$\mathrm{rank}\, B = 3$，$\mathrm{rank}\, C = 0$ の階段行列である．

## 基本変形と行列の階数

●行列 $A$ の階数は基本変形によって変わらない．

この大切な事実を証明してみよう．

理屈は同じであるから，簡単のため，たとえば，次の場合を考える：

$$A=\begin{bmatrix} a_1 & a_2 & a_3 \\ b_1 & b_2 & b_3 \end{bmatrix},\quad \boldsymbol{a}_1=\begin{bmatrix} a_1 \\ b_1 \end{bmatrix},\quad \boldsymbol{a}_2=\begin{bmatrix} a_2 \\ b_2 \end{bmatrix},\quad \boldsymbol{a}_3=\begin{bmatrix} a_3 \\ b_3 \end{bmatrix}$$

$\boldsymbol{a}_1, \boldsymbol{a}_2$ は一次独立，$\boldsymbol{a}_3=s_1\boldsymbol{a}_1+s_2\boldsymbol{a}_2$．$\mathrm{rank}\,A=2$

いま，行列 $A$ が行基本変形 II によって，たとえば，

$$B=\begin{bmatrix} a_1+t\,b_1 & a_2+t\,b_2 & a_3+t\,b_3 \\ b_1 & b_2 & b_3 \end{bmatrix}$$

に変形されたとする．このとき，この行列 $B$ の列ベクトルは，

$$\begin{bmatrix} a_3+t\,b_3 \\ b_3 \end{bmatrix}=s_1\begin{bmatrix} a_1+t\,b_1 \\ b_1 \end{bmatrix}+s_2\begin{bmatrix} a_2+t\,b_2 \\ b_2 \end{bmatrix}$$

を満たすから，行列 $B$ の一次独立な列ベクトルの個数は行列 $A$ のそれを越えない（$\mathrm{rank}\,B \leqq \mathrm{rank}\,A$）．

これは，行基本変形 I，III の場合も同様である．ゆえに，次が得られた：

行基本変形によって行列の階数は増えない

また，行列 $A=[\,\boldsymbol{a}_1\ \ \boldsymbol{a}_2\ \ \boldsymbol{a}_3\,]$（ただし，$\boldsymbol{a}_3=s_1\boldsymbol{a}_1+s_2\boldsymbol{a}_2$）が列基本変形によって，たとえば，

$$B=[\,\boldsymbol{a}_1\ \ \boldsymbol{a}_2+t\,\boldsymbol{a}_3\ \ \boldsymbol{a}_3\,]$$

に変形されたとする．この $B$ の三つの列ベクトルは，自明でない線形関係

$$s_1\boldsymbol{a}_1+s_2(\boldsymbol{a}_2+t\,\boldsymbol{a}_3)-(1+t\,s_2)\,\boldsymbol{a}_3=\boldsymbol{0}$$

を満たすから，一次従属になってしまう．したがって，

列基本変形によって行列の階数は増えない

以上から，次が得られた：

行・列いずれの基本変形によっても行列の階数は増えない

ところで，基本変形の逆変形（これも基本変形！）を考えれば，同様に，

$$\mathrm{rank}\,A \leqq \mathrm{rank}\,B$$

が得られるから，

$$\mathrm{rank}\,A=\mathrm{rank}\,B \qquad \square$$

**例題 7.1**　　**行列の階数**

次の行列 $A$ の階数を求めよ：

$$A=\begin{bmatrix} 0 & -1 & 3 & -5 \\ 3 & 6 & -12 & 9 \\ 2 & 3 & -5 & 1 \\ -2 & 2 & -10 & 24 \end{bmatrix}$$

**【解】**　行列 $A$ を階段行列にまで変形する：

| | | | | 基　本　変　形 | 行 |
|---|---|---|---|---|---|
| 0 | −1 | 3 | −5 | | ① |
| 3 | 6 | −12 | 9 | | ② |
| 2 | 3 | −5 | 1 | | ③ |
| −2 | 2 | −10 | 24 | | ④ |
| 3 | 6 | −12 | 9 | ② | ①′ |
| 0 | −1 | 3 | −5 | ① | ②′ |
| 2 | 3 | −5 | 1 | ③ | ③′ |
| −2 | 2 | −10 | 24 | ④ | ④′ |
| 3 | 6 | −12 | 9 | ①′ | ①″ |
| 0 | −1 | 3 | −5 | ②′ | ②″ |
| 0 | −1 | 3 | −5 | ③′＋①′×(−2/3) | ③″ |
| 0 | 6 | −18 | 30 | ④′＋①′×2/3 | ④″ |
| 3 | 6 | −12 | 9 | ①″ | ①‴ |
| 0 | −1 | 3 | −5 | ②″ | ②‴ |
| 0 | 0 | 0 | 0 | ③″＋②″×(−1) | ③‴ |
| 0 | 0 | 0 | 0 | ④″＋②″×6 | ④‴ |

2本

したがって，

$$\mathrm{rank}\,A=2$$

□

↑ これが rank

さて，一般に，行列 $A$ は，適当な基本変形によって，

$$A \longrightarrow \begin{bmatrix} 1 & & & & \\ & 1 & & & \\ & & \ddots & & \\ & & & 1 & \\ & & & & \end{bmatrix}$$（空白の成分はすべて 0）

の形にまで変形される．（これを行列 $A$ の**標準形**ということがある．）

したがって，

**●ポイント** ―― **rank $A$ の五面相**

次は，いずれも，行列 $A$ の階数 $\mathrm{rank}\,A$ に一致する：

（1） 行列 $A$ の標準形の対角線上に並ぶ 1 の個数

（2） 行列 $A$ の一次独立な列ベクトルの最大個数

（3） 行列 $A$ の一次独立な行ベクトルの最大個数

（4） 行列 $A$ の 0 でない小行列式の最大次数

（5） 線形写像 $F(\boldsymbol{x}) = A\boldsymbol{x}$ の像空間 $\mathrm{Im}\,F$ の次元

▶ **注** （4）は $\mathrm{rank}\,A$ の古典的定義． ☞ p. 74 （5）によって，$\mathrm{rank}\,A$ の意味が明らかになる（後述）．

## 演習問題

**7. 1** 次の中から階段行列を選び出せ：

$$A = \begin{bmatrix} 2 & 3 & 4 \\ 0 & 5 & 7 \\ 0 & 0 & 2 \\ 0 & 1 & 0 \end{bmatrix}, \quad B = \begin{bmatrix} 2 & 3 & 4 \\ 3 & 4 & 5 \\ 0 & 1 & 6 \\ 0 & 0 & 7 \end{bmatrix}, \quad C = \begin{bmatrix} 2 \\ 0 \\ 0 \\ 0 \end{bmatrix}$$

**7. 2** 次の行列の階数を求めよ．

（1） $\begin{bmatrix} 0 & 0 & 1 & 2 \\ 4 & -1 & -6 & 0 \\ -1 & -1 & 5 & 7 \\ 1 & 1 & -2 & -1 \end{bmatrix}$ （2） $\begin{bmatrix} 3 & -2 & 4 & -1 \\ -1 & 1 & -1 & 1 \\ 4 & -3 & 5 & -2 \\ -2 & 1 & -3 & 0 \end{bmatrix}$

# §8 連立1次方程式

連立1次方程式は表で解こう

### 連立1次方程式

たとえば，次の連立1次方程式を考えよう：

$$\begin{cases} 3x_1 - 6x_2 + 3x_3 + 9x_4 = 3 & \cdots\cdots\cdots\cdots ① \\ -2x_1 + 4x_2 - x_3 - 8x_4 = 1 & \cdots\cdots\cdots\cdots ② \\ 4x_1 - 8x_2 + 9x_3 + 2x_4 = 19 & \cdots\cdots\cdots\cdots ③ \end{cases}$$

いま，この1次方程式の係数および定数項の行列（**拡大係数行列**という）

$$A = \left[\begin{array}{cccc:c} 3 & -6 & 3 & 9 & 3 \\ -2 & 4 & -1 & -8 & 1 \\ 4 & -8 & 9 & 2 & 19 \end{array}\right]$$

に，次のような行基本変形を施してみる：

$$A \xrightarrow{①} \left[\begin{array}{cccc:c} 3 & -6 & 3 & 9 & 3 \\ 0 & 0 & 1 & -2 & 3 \\ 0 & 0 & 5 & -10 & 15 \end{array}\right]$$

$$\xrightarrow{②} \left[\begin{array}{cccc:c} 3 & -6 & 0 & 15 & -6 \\ 0 & 0 & 1 & -2 & 3 \\ 0 & 0 & 0 & 0 & 0 \end{array}\right]$$

$$\xrightarrow{③} \left[\begin{array}{cccc:c} 1 & -2 & 0 & 5 & -2 \\ 0 & 0 & 1 & -2 & 3 \\ 0 & 0 & 0 & 0 & 0 \end{array}\right]$$

ただし，各段階での行基本変形は，次のようである：

① ： 2行＋1行×2/3，　3行＋1行×（－4/3）

② ： 1行＋2行×（－3），3行＋2行×（－5）

③ ： 1行×1/3

ところで，行基本変形は逆変形をもち，それも行基本変形だから，拡大係数行列に行基本変形を施すことは，連立1次方程式の同値変形に相当する．

したがって，はじめに与えられた連立1次方程式は，次と同値である：

$$\begin{cases} 1x_1 - 2x_2 + 0x_3 + 5x_4 = -2 & \cdots\cdots\cdots\cdots\cdots \text{①}' \\ 0x_1 + 0x_2 + 1x_3 - 2x_4 = \phantom{-}3 & \cdots\cdots\cdots\cdots\cdots \text{②}' \\ 0x_1 + 0x_2 + 0x_3 + 0x_4 = \phantom{-}0 & \cdots\cdots\cdots\cdots\cdots \text{③}' \end{cases}$$

自明な③′をカットして，ふつうのかき方をすれば，

$$\begin{cases} x_1 - 2x_2 \qquad + 5x_4 = -2 \\ \qquad\qquad x_3 - 2x_4 = \phantom{-}3 \end{cases}$$

のように2個の独立な方程式から成る連立1次方程式が得られる．

したがって，2個の未知数，たとえば $x_1, x_3$ について解けて，

$$\begin{cases} x_1 = 2x_2 - 5x_4 - 2 \\ x_3 = \qquad\ \ 2x_4 + 3 \end{cases}$$

未知数 $x_1, x_2, x_3, x_4$ のうち，$x_2, x_4$ は，どんな値でもよく，$x_2, x_4$ が決まると，それに応じて $x_1, x_3$ の値も決まってしまうから，与えられた連立1次方程式の解は，次のようになる：

$$\begin{cases} x_1 = 2s - 5t - 2 \\ x_2 = \ \ s \\ x_3 = \qquad\ \ 2t + 3 \\ x_4 = \qquad\quad t \end{cases} \quad (s, t：\text{任意の値})$$

これを，次のようにかくこともできる：

$$\begin{bmatrix} x_1 \\ x_2 \\ x_3 \\ x_4 \end{bmatrix} = s\begin{bmatrix} 2 \\ 1 \\ 0 \\ 0 \end{bmatrix} + t\begin{bmatrix} -5 \\ 0 \\ 2 \\ 1 \end{bmatrix} + \begin{bmatrix} -2 \\ 0 \\ 3 \\ 0 \end{bmatrix}$$

これらの解に現われる $s, t$ を**任意定数**とよび，任意定数を含んだ解を**一般解**，一般解に具体的な数値を与えた解を**特殊解**という．

▶ **注**　一般解の表示は，一意的ではない．たとえば，次も，はじめに与えられた連立1次方程式の一般解である：

$$\begin{bmatrix} x_1 \\ x_2 \\ x_3 \\ x_4 \end{bmatrix} = s\begin{bmatrix} 2 \\ 1 \\ 0 \\ 0 \end{bmatrix} + r\begin{bmatrix} -5 \\ 0 \\ 2 \\ 1 \end{bmatrix} + \begin{bmatrix} 3 \\ 0 \\ 1 \\ -1 \end{bmatrix}$$

## 例題 8.1　　連立 1 次方程式・1

次の連立 1 次方程式を解け：
$$\begin{cases} 2x-4y+6z=-2 \\ 3x+2y-7z=\ \ 13 \\ 5x-7y+9z=\ \ \ 1 \end{cases}$$

**【解】** 次のように表（ひょう）にまとめると便利：

| $x$ | $y$ | $z$ | 定数項 | 行基本変形 | 行 |
|---|---|---|---|---|---|
| 2 | −4 | 6 | −2 | | ① |
| 3 | 2 | −7 | 13 | | ② |
| 5 | −7 | 9 | 1 | | ③ |
| 1 | −2 | 3 | −1 | ①×1/2 | ①′ |
| 0 | 8 | −16 | 16 | ②+①×(−3/2) | ②′ |
| 0 | 3 | −6 | 6 | ③+①×(−5/2) | ③′ |
| 1 | 0 | −1 | 3 | ①′+②′×1/4 | ①″ |
| 0 | 1 | −2 | 2 | ②′×1/8 | ②″ |
| 0 | 0 | 0 | 0 | ③′+②′×(−3/8) | ③″ |

この結果は，与えられた方程式が次と同値であることを示している：
$$\begin{cases} 1x+0y-1z=3 \\ 0x+1y-2z=2 \\ 0x+0y+0z=0 \end{cases} \qquad \text{すなわち,} \quad \begin{cases} x=\ \ z+3 \\ y=2z+2 \end{cases}$$

ゆえに，求める一般解は，
$$\begin{cases} x=\ \ t+3 \\ y=2t+2 \quad (t：任意の数) \\ z=\ \ t \end{cases}$$

連立1次方程式を解け

↓

すべての解(一般解)を求める

▶**注**　次のように表記することも多い．
$$\begin{bmatrix} x \\ y \\ z \end{bmatrix} = t\begin{bmatrix} 1 \\ 2 \\ 1 \end{bmatrix} + \begin{bmatrix} 3 \\ 2 \\ 0 \end{bmatrix}$$

空間座標でいえば，本問は，問題の三つの１次方程式で表わされる三枚の平面が，

同一直線を共有する

場合で，上の一般解は，この直線の**パラメータ表示**になっている．（表示法は一意的ではない．）

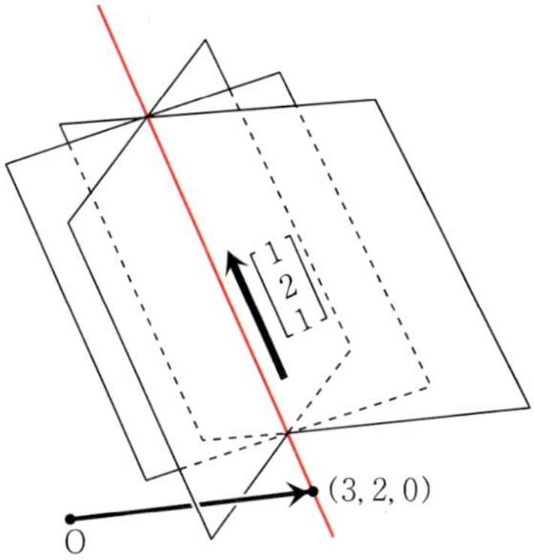


## $\boldsymbol{Ax}=\boldsymbol{b}$ の解の存在条件

いま，たとえば，次の連立１次方程式を考えてみる：

$$\begin{cases} x+3y-2z=3 \\ 2x+5y-3z=6 \\ 4x+7y-3z=1 \end{cases}$$

これを解くために，いつものように表を作ってみよう：

| $x$ | $y$ | $z$ | 定数項 | 行 基 本 変 形 | 行 |
|---|---|---|---|---|---|
| 1 | 3 | −2 | 3 | | ① |
| 2 | 5 | −3 | 6 | | ② |
| 4 | 7 | −3 | 1 | | ③ |
| 1 | 3 | −2 | 3 | ① | ①′ |
| 0 | −1 | 1 | 0 | ②＋①×(−2) | ②′ |
| 0 | −5 | 5 | 1 | ③＋①×(−4) | ③′ |
| 1 | 0 | 1 | 3 | ①′＋②′×3 | ①″ |
| 0 | 1 | −1 | 0 | ②′×(−1) | ②″ |
| 0 | 0 | 0 | 1 | ③′＋②′×(−5) | ③″ |

この表の一番下の欄の③″は，方程式

$$0x+0y+0z=1$$

を意味するから，与えられた連立1次方程式は解をもたない．

さて，この例を見たところで，一般に，$(m, n)$ 行列 $A$，$m$ 次元ベクトル $\boldsymbol{b}$ に対して，1次方程式

$$A\boldsymbol{x} = \boldsymbol{b}$$

の解の存在条件を考えよう．

存在条件だけなら簡単で，$A = [\,\boldsymbol{a}_1\ \boldsymbol{a}_2\ \cdots\ \boldsymbol{a}_n\,]$，$\boldsymbol{x} = \begin{bmatrix} x_1 \\ \vdots \\ x_n \end{bmatrix}$ とすると，

$A\boldsymbol{x} = \boldsymbol{b}$ なる $\boldsymbol{x}$ が存在すれば，

$$x_1\boldsymbol{a}_1 + x_2\boldsymbol{a}_2 + \cdots + x_n\boldsymbol{a}_n = \boldsymbol{b}$$

ベクトル $\boldsymbol{b}$ は，$\boldsymbol{a}_1, \boldsymbol{a}_2, \cdots, \boldsymbol{a}_n$ の一次結合になるから，

$$\begin{aligned} \operatorname{rank} A &= \operatorname{rank}[\,\boldsymbol{a}_1\ \boldsymbol{a}_2\ \cdots\ \boldsymbol{a}_n\,] \\ &= \operatorname{rank}[\,\boldsymbol{a}_1\ \boldsymbol{a}_2\ \cdots\ \boldsymbol{a}_n\ \boldsymbol{b}\,] = \operatorname{rank}[\,A\ \boldsymbol{b}\,] \end{aligned}$$

さらに，解について，くわしく考えよう．

いま，$\operatorname{rank} A = r$ とすると，適当な行基本変形と列の交換（未知数の入れかえ）のくり返しによって，拡大係数行列は，

$$[\,A\ \boldsymbol{b}\,] \longrightarrow \begin{bmatrix} 1 & & & & c_{1\,r+1} & \cdots & c_{1n} & d_1 \\ & 1 & & & c_{2\,r+1} & \cdots & c_{2n} & d_2 \\ & & \ddots & & \vdots & & \vdots & \vdots \\ & & & 1 & c_{r\,r+1} & \cdots & c_{rn} & d_r \\ & & & & & & & d_{r+1} \\ & & & & & & & \vdots \\ & & & & & & & d_m \end{bmatrix}$$

の形に到達する（空白の成分は0とする）．これから，次が得られる：

**●ポイント**　　**$A\boldsymbol{x} = \boldsymbol{b}$ の解の存在条件**

未知数が $n$ 個の連立1次方程式 $A\boldsymbol{x} = \boldsymbol{b}$ について，

（1）　解をもつ　$\Longleftrightarrow$　$\operatorname{rank} A = \operatorname{rank}[\,A\ \boldsymbol{b}\,]$

（2）　このとき，解は $n - r$ 個の任意定数を含む．（$r = \operatorname{rank} A$）

この $n - r$ 個の任意定数を含んだ解を，$A\boldsymbol{x} = \boldsymbol{b}$ の**一般解**といい，一般解の任意定数に具体的数値を与えて得られる個々の解を**特殊解**という．

**連立1次方程式の解の構造**

連立1次方程式

$$A\boldsymbol{x} = \boldsymbol{b} \quad \cdots\cdots ①$$

の定数項 $\boldsymbol{b}$ を $\boldsymbol{0}$ に換えて得られる1次方程式

$$A\boldsymbol{x} = \boldsymbol{0} \quad \cdots\cdots ①^*$$

を，①に対応する**同次方程式**などとよぶ．

いま，$\boldsymbol{x}_0$ を①の特殊解，$\boldsymbol{x}_*$ を同次方程式①$^*$ の解とすれば，

$$A\boldsymbol{x}_0 = \boldsymbol{b}$$

$$A\boldsymbol{x}_* = \boldsymbol{0}$$

これらの二つの式を辺ごとに加えると，

$$A(\boldsymbol{x}_0 + \boldsymbol{x}_*) = \boldsymbol{b}$$

これは，$\boldsymbol{x} = \boldsymbol{x}_0 + \boldsymbol{x}_*$ が1次方程式①の解であることを示している．

とくに，$\boldsymbol{x}_*$ として同次方程式①$^*$ の一般解をとると，

$$\boldsymbol{x} = \boldsymbol{x}_0 + \boldsymbol{x}_*$$

は，$\boldsymbol{x}_*$ と同じく $n-r$ 個の任意定数（ただし，$\boldsymbol{x} \in \boldsymbol{R}^n$，$\mathrm{rank}\,A = r$）を含んでいるから，1次方程式①の一般解である．こうして，次の大切な性質が得られた：

**●ポイント** 非同次方程式の一般解

$A\boldsymbol{x} = \boldsymbol{b}$ の一般解

（$A\boldsymbol{x} = \boldsymbol{b}$ の特殊解）＋（$A\boldsymbol{x} = \boldsymbol{0}$ の一般解）

非同次方程式 $A\boldsymbol{x} = \boldsymbol{b}$ の解は，どれも，同次方程式 $A\boldsymbol{x} = \boldsymbol{0}$ の解を，

$\boldsymbol{x}_0$ だけ平行移動

したものになっている．

ちなみに，同次方程式に対して，$A\boldsymbol{x} = \boldsymbol{b}$ を**非同次方程式**ということがある．

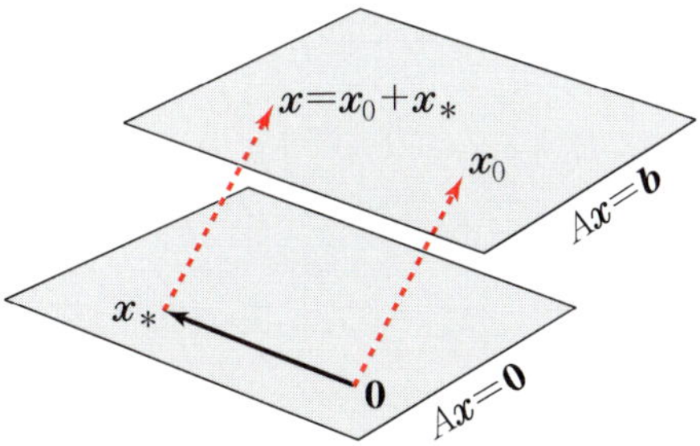

［**例**］　係数の一致する次の二つの連立1次方程式を解け：

（1）$\begin{cases} 5x-15y+10z=0 \\ -2x+6y-4z=0 \\ 3x-9y+6z=0 \end{cases}$　（2）$\begin{cases} 5x-15y+10z=20 \\ -2x+6y-4z=-8 \\ 3x-9y+6z=12 \end{cases}$

**解**　まず，（1）の一般解を求める．

| $x$ | $y$ | $z$ | 定数項 | 行基本変形 | 行 |
|---|---|---|---|---|---|
| 5 | −15 | 10 | 0 | | ① |
| −2 | 6 | −4 | 0 | | ② |
| 3 | −9 | 6 | 0 | | ③ |
| 1 | −3 | 2 | 0 | ①×1/5 | ①′ |
| 0 | 0 | 0 | 0 | ②＋①×2/5 | ②′ |
| 0 | 0 | 0 | 0 | ③＋①×(−3/5) | ③′ |

また，$(x,y,z)=(4,0,0)$ は，（2）の一つの解だから，求める解は，

（1）$\begin{bmatrix} x \\ y \\ z \end{bmatrix}=s\begin{bmatrix} 3 \\ 1 \\ 0 \end{bmatrix}+t\begin{bmatrix} -2 \\ 0 \\ 1 \end{bmatrix}$

（2）$\begin{bmatrix} x \\ y \\ z \end{bmatrix}=s\begin{bmatrix} 3 \\ 1 \\ 0 \end{bmatrix}+t\begin{bmatrix} -2 \\ 0 \\ 1 \end{bmatrix}+\begin{bmatrix} 4 \\ 0 \\ 0 \end{bmatrix}$　□

## 演習問題

**8.1**　次の連立1次方程式を解け．

（1）$\begin{cases} x-2y+3z=3 \\ 2x-3y+4z=5 \\ x-5y+9z=6 \end{cases}$　（2）$\begin{cases} 2x+6y-4z=6 \\ -x-3y+2z=-3 \\ 3x+9y-6z=9 \end{cases}$

（3）$\begin{cases} 2x+2y-4z=4 \\ -x+3y+2z=10 \\ 3x+4y-6z=9 \end{cases}$　（4）$\begin{cases} 2x-3y+4z=1 \\ 3x-4y+5z=2 \\ 5x-9y+13z=3 \end{cases}$

# §9 逆行列の計算

逆行列も表(ひょう)で求める

## 基本変形と逆行列

いま，たとえば，

$$A=\begin{bmatrix} 3 & -5 \\ -4 & 7 \end{bmatrix} \text{ の逆行列を，} A^{-1}=\begin{bmatrix} x_1 & x_2 \\ y_1 & y_2 \end{bmatrix}$$

とすれば，$AA^{-1}=E$ より，

$$\begin{bmatrix} 3 & -5 \\ -4 & 7 \end{bmatrix}\begin{bmatrix} x_1 & x_2 \\ y_1 & y_2 \end{bmatrix}=\begin{bmatrix} 3x_1-5y_1 & 3x_2-5y_2 \\ -4x_1+7y_1 & -4x_2+7y_2 \end{bmatrix}=\begin{bmatrix} 1 & 0 \\ 0 & 1 \end{bmatrix}$$

したがって，

$$\begin{cases} 3x_1-5y_1=1 \\ -4x_1+7y_1=0 \end{cases}, \quad \begin{cases} 3x_2-5y_2=0 \\ -4x_2+7y_2=1 \end{cases}$$

という係数の一致した二つの連立１次方程式を解けばよい．

| $x$ | $y$ | 定(1) | 定(2) | 行基本変形 | 行 |
|---|---|---|---|---|---|
| 3 | −5 | 1 | 0 | | ① |
| −4 | 7 | 0 | 1 | | ② |
| 3 | −5 | 1 | 0 | ① | ①′ |
| 0 | 1/3 | 4/3 | 1 | ②＋①×4/3 | ②′ |
| 3 | 0 | 21 | 15 | ①′＋②′×15 | ①″ |
| 0 | 1/3 | 4/3 | 1 | ②′ | ②″ |
| 1 | 0 | 7 | 5 | ①″×1/3 | ①‴ |
| 0 | 1 | 4 | 3 | ②″×3 | ②‴ |

$$\therefore \quad \begin{cases} x_1=7 \\ y_1=4 \end{cases}, \quad \begin{cases} x_2=5 \\ y_2=3 \end{cases}$$

したがって，

$$A^{-1}=\begin{bmatrix} x_1 & x_2 \\ y_1 & y_2 \end{bmatrix}=\begin{bmatrix} 7 & 5 \\ 4 & 3 \end{bmatrix}$$

以上の考察から，**逆行列の計算方法**が得られた.

問題の行列 $A$ と単位行列を並べた行列 $[A\ E]$ を行基本変形だけで $[E\ X]$ の形に変形できたとき，有難いことに，この行列の右半分 $X$ が求める逆行列 $A^{-1}$ になっている！のだ.

$$[A \mid E]$$

$$\Downarrow$$

$$[E \mid A^{-1}]$$

**行列の正則条件**

それでは，次の行列はどうであろうか：

$$A = \begin{bmatrix} 1 & -3 & 5 \\ -3 & 8 & -4 \\ 5 & -12 & -8 \end{bmatrix}$$

表を作ってみると，

| | | | | | | 行基本変形 | 行 |
|---|---|---|---|---|---|---|---|
| 1 | −3 | 5 | 1 | 0 | 0 | | ① |
| −3 | 8 | −4 | 0 | 1 | 0 | | ② |
| 5 | −12 | −8 | 0 | 0 | 1 | | ③ |
| 1 | −3 | 5 | 1 | 0 | 0 | ① | ①′ |
| 0 | −1 | 11 | 3 | 1 | 0 | ②＋①×3 | ②′ |
| 0 | 3 | −33 | −5 | 0 | 1 | ③＋①×(−5) | ③′ |
| 1 | 0 | −28 | −8 | −3 | 0 | ①′＋②′×(−3) | ①″ |
| 0 | −1 | 11 | 3 | 1 | 0 | ②′ | ②″ |
| 0 | 0 | 0 | 4 | 3 | 1 | ③′＋②′×3 | ③″ |

この最後の枠の3行が，0　0　0　4　3　1　となってしまったので，これ以上どんなに上手に行基本変形を施しても，左半分を単位行列 $E$ に変形することはできない.

なぜ？　理由は，階数を考えてみれば明らかだ.

$$\operatorname{rank} A = \operatorname{rank}\begin{bmatrix} 1 & 0 & -28 \\ 0 & -1 & 11 \\ 0 & 0 & 0 \end{bmatrix} = 2$$

$$\operatorname{rank} E = \operatorname{rank}\begin{bmatrix} 1 & 0 & 0 \\ 0 & 1 & 0 \\ 0 & 0 & 1 \end{bmatrix} = 3$$

だから，$\operatorname{rank} A \neq \operatorname{rank} E$．行列の階数は基本変形によって不変であったから，問題の行列 $A$ を行基本変形のくり返しによって，単位行列に変形することはできない．行列 $A$ は逆行列をもたない（正則ではない）．

最後に，$n$ 次正方行列 $A$ が正則である条件を整理しておく．

**●ポイント**　　**行列の正則条件**

$n$ 次正方行列 $A$ について，次の条件は互いに同値である：

（1）　$A$ は正則である（逆行列をもつ）．

（2）　連立 1 次方程式 $A\boldsymbol{x} = \boldsymbol{b}$ は，ただ一組の解をもつ．

（3）　$\operatorname{rank} A = n$　（$A$ の $n$ 個の列ベクトルは一次独立）

（4）　行基本変形を適当に何回か施せば，$A \to \cdots \to E$ と変形できる．

（5）　$A$ は何個かの基本行列の積で表わされる．

（6）　$|A| \neq 0$　（行列式 $\neq 0$）

（1）⇒（2）：　$A$ が正則ならば，$A\boldsymbol{x} = \boldsymbol{b}$ の解は $\boldsymbol{x} = A^{-1}\boldsymbol{b}$ だけ．

（2）⇒（3）：　解がただ一つならば，

任意定数は，$n - r = 0$ 個．よって，$n = r = \operatorname{rank} A$．

（3）⇒（4）：　$\operatorname{rank} A = n$ より，行基本変形だけで，

$$A \to \begin{bmatrix} 1 & * & \cdots & * \\ & 1 & \cdots & * \\ & & \ddots & \vdots \\ & & & 1 \end{bmatrix} \to \begin{bmatrix} 1 & & & \\ & 1 & & \\ & & \ddots & \\ & & & 1 \end{bmatrix} = E$$

（4）⇒（5）：　$A \to \cdots \to E$（行基本変形）は，$A$ にいくつかの基本行列を左から掛けて $E$ が得られることを示す：

$$F_k \cdots F_2 F_1 A = E \qquad \therefore \quad A = F_1^{-1} F_2^{-1} \cdots F_k^{-1}$$

もちろん，$F_1^{-1}, F_2^{-1}, \cdots, F_k^{-1}$ も基本行列である．

（5）⇒（1）：　基本行列は正則だから，それらの積も正則である．

▶**注**　（6）の行列式は，Chapter 3 で扱う．

## 例題 9.1 逆行列の計算

次の行列 $A$ は逆行列をもつか．もつならば，それを求めよ．

（1）$\begin{bmatrix} 2 & -3 & 4 \\ 2 & -4 & 5 \\ -1 & 1 & -2 \end{bmatrix}$　　（2）$\begin{bmatrix} 2 & -3 & 4 \\ 2 & -4 & 5 \\ -4 & 3 & -5 \end{bmatrix}$

**【解】**（1） 次のような表を作る：

| A (=) | | | E (=) | | | 行基本変形 | 行 |
|---|---|---|---|---|---|---|---|
| 2 | −3 | 4 | 1 | 0 | 0 | | ① |
| 2 | −4 | 5 | 0 | 1 | 0 | | ② |
| −1 | 1 | −2 | 0 | 0 | 1 | | ③ |
| 2 | −3 | 4 | 1 | 0 | 0 | ① | ①′ |
| 0 | −1 | 1 | −1 | 1 | 0 | ②＋①×(−1) | ②′ |
| 0 | −1/2 | 0 | 1/2 | 0 | 1 | ③＋①×1/2 | ③′ |
| 2 | 0 | 1 | 4 | −3 | 0 | ①′＋②′×(−3) | ①″ |
| 0 | −1 | 1 | −1 | 1 | 0 | ②′ | ②″ |
| 0 | 0 | −1/2 | 1 | −1/2 | 1 | ③′＋②′×(−1/2) | ③″ |
| 2 | 0 | 0 | 6 | −4 | 2 | ①″＋③″×2 | ①‴ |
| 0 | −1 | 0 | 1 | 0 | 2 | ②″＋③″×2 | ②‴ |
| 0 | 0 | −1/2 | 1 | −1/2 | 1 | ③″ | ③‴ |
| 1 | 0 | 0 | 3 | −2 | 1 | ①‴×1/2 | ①⁗ |
| 0 | 1 | 0 | −1 | 0 | −2 | ②‴×(−1) | ②⁗ |
| 0 | 0 | 1 | −2 | 1 | −2 | ③‴×(−2) | ③⁗ |

（= E）　（= $A^{-1}$）

ゆえに，$A$ は逆行列をもち，

$$A^{-1} = \begin{bmatrix} 3 & -2 & 1 \\ -1 & 0 & -2 \\ -2 & 1 & -2 \end{bmatrix}$$

（2） これも，表を作る：

| | | | | | | 行基本変形 | 行 |
|---|---|---|---|---|---|---|---|
| 2 | −3 | 4 | 1 | 0 | 0 | | ① |
| 2 | −4 | 5 | 0 | 1 | 0 | | ② |
| −4 | 3 | −5 | 0 | 0 | 1 | | ③ |
| 2 | −3 | 4 | 1 | 0 | 0 | ① | ①′ |
| 0 | −1 | 1 | −1 | 1 | 0 | ②＋①×(−1) | ②′ |
| 0 | −3 | 3 | 2 | 0 | 1 | ③＋①×2 | ③′ |
| 2 | 0 | 1 | 4 | −3 | 0 | ①′＋②′×(−3) | ①″ |
| 0 | −1 | 1 | −1 | 1 | 0 | ②′ | ②″ |
| 0 | 0 | 0 | 5 | −3 | 1 | ③′＋②′×(−3) | ③″ |

この表から，rank $A=2$ だから，行基本変形によって，$A\to\cdots\to E$ とすることはできない．行列 $A$ は，逆行列をもたない． □

## 演習問題

**9.1** 行列の基本変形によって，次の行列の逆行列を計算せよ．

（1） $\begin{bmatrix} 2 & -3 \\ 5 & -7 \end{bmatrix}$ （2） $\begin{bmatrix} 1 & -4 & 5 \\ 2 & -7 & 9 \\ -3 & 6 & -8 \end{bmatrix}$

**9.2** 行列 $A=\begin{bmatrix} 2 & -3 \\ 5 & -7 \end{bmatrix}$ を，いくつかの基本行列の積で表わせ．（ただ一通りだけ示せばよい．）

▶**ヒント** 何回かの基本変形で，$A\to E$ としてみよ．

# Chapter 3

# 行　列　式

行列式 $|A|$ は，線形変換 $\boldsymbol{y}=A\boldsymbol{x}$ による面積・体積の拡大率であり，行列の理論には行列式の一般論を必ずしも必要としない．

論理的には，行列 → 行列式だが，歴史的には，行列式（Leibniz（ライプニッツ） 1646 - 1716）が先で，行列（Cayley（ケーリー） 1821 - 1895）が後である．

行列と行列式は，**歴史と論理が逆転している**珍らしい例の一つである．

歴史的順位

§10　面積・体積と行列式 … 60
§11　行列式の基本性質 …… 68
§12　積の行列式 …………… 75
§13　逆行列の公式・クラメルの公式 … 80

# §10　面積・体積と行列式

えっ？　面積が負数（マイナス）？

## 正負の面積

いま，平面上で，ベクトル $\boldsymbol{a}, \boldsymbol{b}$ を二隣辺とする平行四辺形の面積を，

$$\boldsymbol{a} \wedge \boldsymbol{b}$$

とかくことにする．

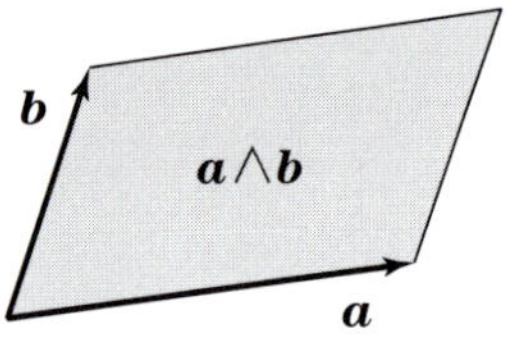


このとき，面積 $\boldsymbol{a} \wedge \boldsymbol{b}$ が次の性質をもつことは，ほぼ明らかであろう．

**1° 線形性**

（1） 一つの辺を $s$ 倍すると，面積も $s$ 倍になる：

$$(s\boldsymbol{a}) \wedge \boldsymbol{b} = s(\boldsymbol{a} \wedge \boldsymbol{b})$$
$$\boldsymbol{a} \wedge (s\boldsymbol{b}) = s(\boldsymbol{a} \wedge \boldsymbol{b})$$

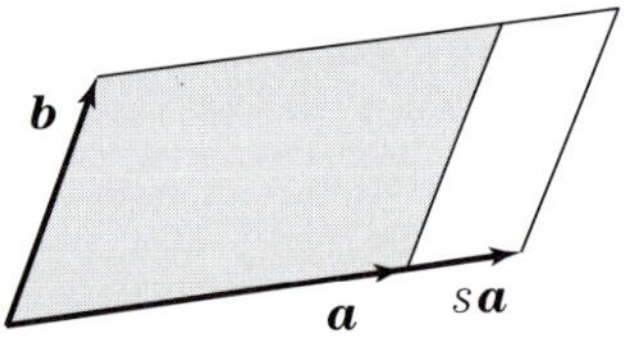


（2） **分配法則**が成立する：

$$\boldsymbol{a} \wedge (\boldsymbol{b} + \boldsymbol{c}) = (\boldsymbol{a} \wedge \boldsymbol{b}) + (\boldsymbol{a} \wedge \boldsymbol{c})$$
$$(\boldsymbol{a} + \boldsymbol{b}) \wedge \boldsymbol{c} = (\boldsymbol{a} \wedge \boldsymbol{c}) + (\boldsymbol{b} \wedge \boldsymbol{c})$$

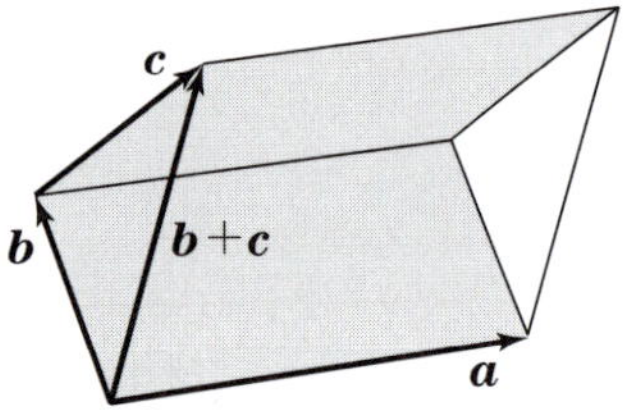


**2° 交代性**

二隣辺が一致すれば，面積は 0：

$$\boldsymbol{a} \wedge \boldsymbol{a} = 0$$

これは，平行四辺形がペチャンコにつぶれた場合である．

**3° 正規性**

単位正方形の面積は 1：

$$\boldsymbol{e}_1 \wedge \boldsymbol{e}_2 = 1$$

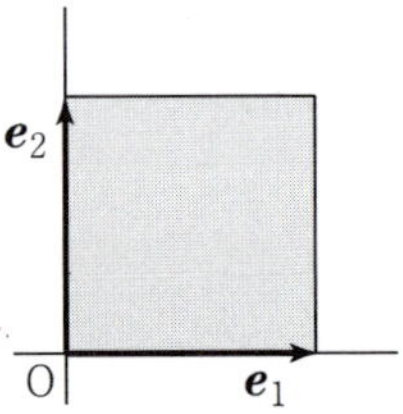


こう言われると，善良な市民は，「なるほど，そうだ」と信用してしまう．

しかし，たとえば，次の図のような場合はどうだろう？　この場合，はたして，分配法則

$$\boldsymbol{a}\wedge(\boldsymbol{b}+\boldsymbol{c})=(\boldsymbol{a}\wedge\boldsymbol{b})+(\boldsymbol{a}\wedge\boldsymbol{c})$$

は成立しているだろうか？

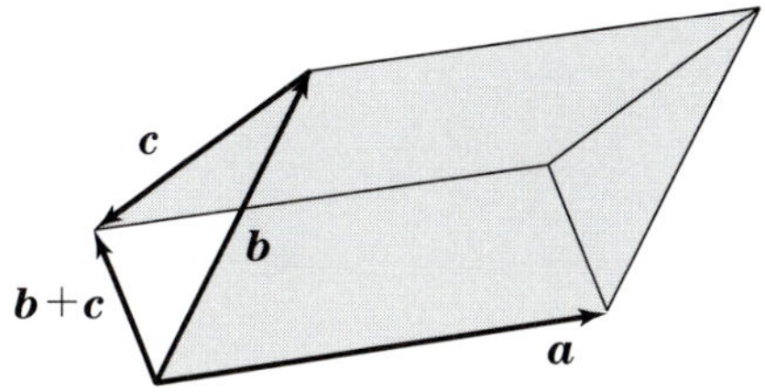


答えは，明らかに〝ノー〟である．さあ，どうしよう．

このような場合，一般的には，分配法則を取り下げることはしないで，面積 $\boldsymbol{a}\wedge\boldsymbol{b}$ というものの意味を一段と深めて分配法則を生かすのが普通である．分配法則という美しい法則に対して，面積は正数(プラス)だという認識は浅薄だったのだ．

百聞ハ実験ニ如(シ)カズ．いま，試みに，$(\boldsymbol{a}+\boldsymbol{b})\wedge(\boldsymbol{a}+\boldsymbol{b})$ を，上の性質1°を用いて展開してみよう．

$$\begin{aligned}(\boldsymbol{a}+\boldsymbol{b})\wedge(\boldsymbol{a}+\boldsymbol{b})&=\boldsymbol{a}\wedge(\boldsymbol{a}+\boldsymbol{b})+\boldsymbol{b}\wedge(\boldsymbol{a}+\boldsymbol{b})\\&=(\boldsymbol{a}\wedge\boldsymbol{a})+(\boldsymbol{a}\wedge\boldsymbol{b})+(\boldsymbol{b}\wedge\boldsymbol{a})+(\boldsymbol{b}\wedge\boldsymbol{b})\\&=(\boldsymbol{a}\wedge\boldsymbol{b})+(\boldsymbol{b}\wedge\boldsymbol{a})\end{aligned}$$

ところで，$(\boldsymbol{a}+\boldsymbol{b})\wedge(\boldsymbol{a}+\boldsymbol{b})=0$ だから，分配法則や交代性を認めるならば，ぜひとも，

$$(\boldsymbol{a}\wedge\boldsymbol{b})+(\boldsymbol{b}\wedge\boldsymbol{a})=0$$

$$\therefore\quad \boldsymbol{b}\wedge\boldsymbol{a}=-(\boldsymbol{a}\wedge\boldsymbol{b})$$

でなければならないことになる．

すなわち，〝長さ〟や〝角〟に正負の符号を考えたように，面積 $\boldsymbol{a}\wedge\boldsymbol{b}$ にも符号を考えるわけである．その場合，

ベクトル $\boldsymbol{a}$ の方向に向って $\boldsymbol{b}$ が左側にあれば，

$$\boldsymbol{a}\wedge\boldsymbol{b}>0$$

ベクトル $\boldsymbol{a}$ の方向に向って $\boldsymbol{b}$ が右側にあれば，

$$\boldsymbol{a} \wedge \boldsymbol{b} < 0$$

と約束すると，先ほどの $\boldsymbol{a} \wedge \boldsymbol{b}$ の性質は，すべて満たされる．

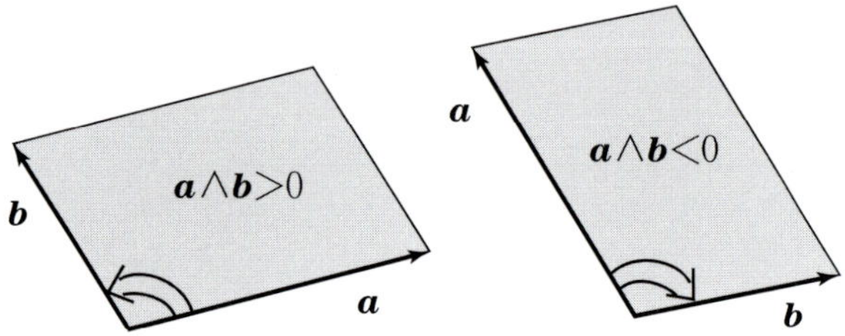


**2 次の行列式**

さて，次に，先ほどの面積の性質 1°～3° だけを用いて，ベクトル

$$\boldsymbol{a} = \begin{bmatrix} a_1 \\ a_2 \end{bmatrix} = a_1\boldsymbol{e}_1 + a_2\boldsymbol{e}_2, \qquad \boldsymbol{b} = \begin{bmatrix} b_1 \\ b_2 \end{bmatrix} = b_1\boldsymbol{e}_1 + b_2\boldsymbol{e}_2$$

を二隣辺とする平行四辺形の面積を求めてみよう．

$$\begin{aligned} \boldsymbol{a} \wedge \boldsymbol{b} &= (a_1\boldsymbol{e}_1 + a_2\boldsymbol{e}_2) \wedge (b_1\boldsymbol{e}_1 + b_2\boldsymbol{e}_2) \\ &= a_1\boldsymbol{e}_1 \wedge (b_1\boldsymbol{e}_1 + b_2\boldsymbol{e}_2) + a_2\boldsymbol{e}_2 \wedge (b_1\boldsymbol{e}_1 + b_2\boldsymbol{e}_2) \\ &= a_1b_1(\boldsymbol{e}_1 \wedge \boldsymbol{e}_1) + a_1b_2(\boldsymbol{e}_1 \wedge \boldsymbol{e}_2) + a_2b_1(\boldsymbol{e}_2 \wedge \boldsymbol{e}_1) + a_2b_2(\boldsymbol{e}_2 \wedge \boldsymbol{e}_2) \\ &= (a_1b_2 - a_2b_1)(\boldsymbol{e}_1 \wedge \boldsymbol{e}_2) \end{aligned}$$

ところが，$\boldsymbol{e}_1 \wedge \boldsymbol{e}_2 = 1$ だから，

$$\boldsymbol{a} \wedge \boldsymbol{b} = a_1b_2 - a_2b_1$$

この値を，行列 $A = [\,\boldsymbol{a}\ \ \boldsymbol{b}\,] = \begin{bmatrix} a_1 & b_1 \\ a_2 & b_2 \end{bmatrix}$

の **2 次の行列式**とよび，

$$\det A, \qquad |A|, \qquad \begin{vmatrix} a_1 & b_1 \\ a_2 & b_2 \end{vmatrix}$$

などと記す：

$$\begin{vmatrix} a_1 & b_1 \\ a_2 & b_2 \end{vmatrix} = a_1b_2 - a_2b_1$$

この結果を図示すれば，右のようである．

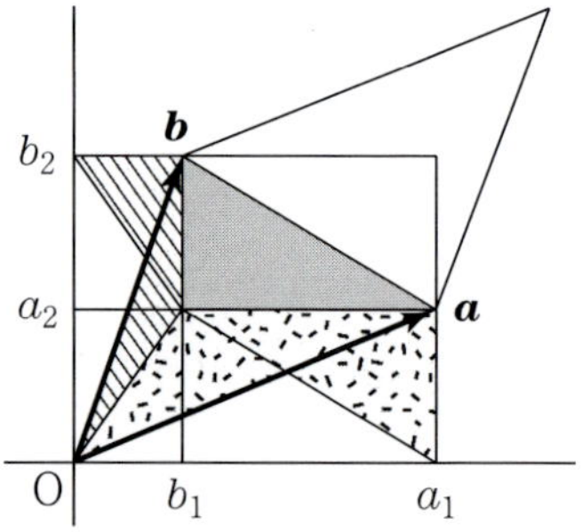

### 3 次の行列式

今度は，3 次元空間で考える．

三本のベクトル $\boldsymbol{a}, \boldsymbol{b}, \boldsymbol{c}$ を三隣辺とする平行六面体の体積を，

$$\boldsymbol{a} \wedge \boldsymbol{b} \wedge \boldsymbol{c}$$

とかくことにすれば，次の性質は明らかであろう：

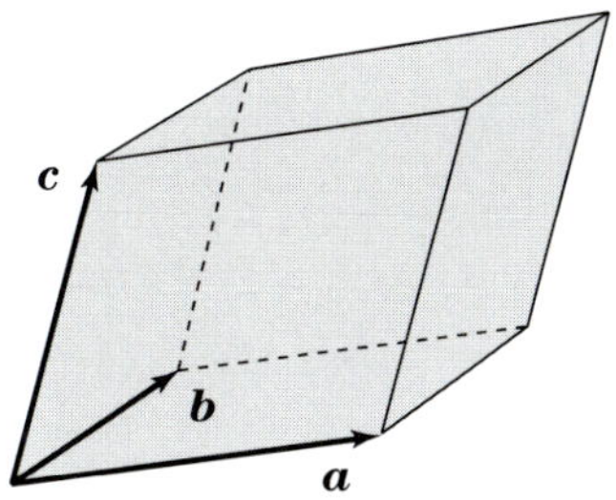


**1°　線形性**

（1）　一つの辺を $s$ 倍すると，体積も $s$ 倍になる：

$$(s\boldsymbol{a}) \wedge \boldsymbol{b} \wedge \boldsymbol{c} = \boldsymbol{a} \wedge (s\boldsymbol{b}) \wedge \boldsymbol{c} = \boldsymbol{a} \wedge \boldsymbol{b} \wedge (s\boldsymbol{c}) = s(\boldsymbol{a} \wedge \boldsymbol{b} \wedge \boldsymbol{c})$$

（2）　**分配法則**が成立する：

$$(\boldsymbol{a}_1 + \boldsymbol{a}_2) \wedge \boldsymbol{b} \wedge \boldsymbol{c} = (\boldsymbol{a}_1 \wedge \boldsymbol{b} \wedge \boldsymbol{c}) + (\boldsymbol{a}_2 \wedge \boldsymbol{b} \wedge \boldsymbol{c})$$
$$\boldsymbol{a} \wedge (\boldsymbol{b}_1 + \boldsymbol{b}_2) \wedge \boldsymbol{c} = (\boldsymbol{a} \wedge \boldsymbol{b}_1 \wedge \boldsymbol{c}) + (\boldsymbol{a} \wedge \boldsymbol{b}_2 \wedge \boldsymbol{c})$$
$$\boldsymbol{a} \wedge \boldsymbol{b} \wedge (\boldsymbol{c}_1 + \boldsymbol{c}_2) = (\boldsymbol{a} \wedge \boldsymbol{b} \wedge \boldsymbol{c}_1) + (\boldsymbol{a} \wedge \boldsymbol{b} \wedge \boldsymbol{c}_2)$$

**2°　交代性**

二つの辺を入れかえると符号が変わる：

$$\boldsymbol{a} \wedge \boldsymbol{c} \wedge \boldsymbol{b} = \boldsymbol{c} \wedge \boldsymbol{b} \wedge \boldsymbol{a} = \boldsymbol{b} \wedge \boldsymbol{a} \wedge \boldsymbol{c} = -(\boldsymbol{a} \wedge \boldsymbol{b} \wedge \boldsymbol{c})$$

**3°　正規性**

単位立方体の体積は 1：

$$\boldsymbol{e}_1 \wedge \boldsymbol{e}_2 \wedge \boldsymbol{e}_3 = 1$$

ただし，体積にも正負の符号を考える．

ベクトル $\boldsymbol{a}$ から $\boldsymbol{b}$ の方へ右ネジに回わしたとき，ベクトル $\boldsymbol{c}$ が $\boldsymbol{a}, \boldsymbol{b}$ の作る平面に対してネジの進行方向と，

同じ側にあれば，$\boldsymbol{a} \wedge \boldsymbol{b} \wedge \boldsymbol{c} > 0$

反対側にあれば，$\boldsymbol{a} \wedge \boldsymbol{b} \wedge \boldsymbol{c} < 0$

とする．

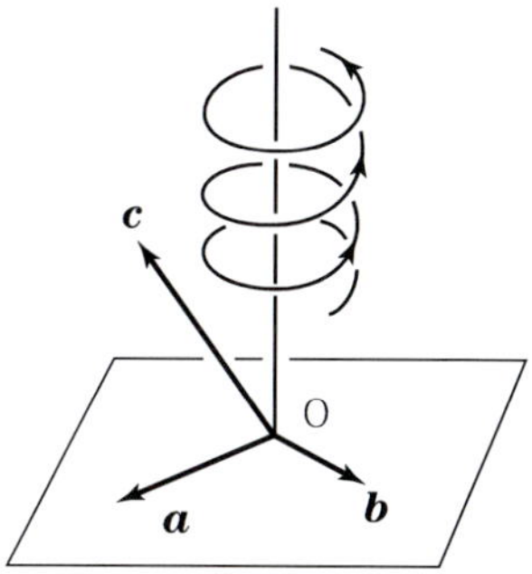


右ねじ

面積の場合と同様に〝交代性〟から，次のことがいえる：

$\boldsymbol{a}, \boldsymbol{b}, \boldsymbol{c}$ のどれか二つを入れかえると，符号だけ変わる

$\boldsymbol{a}, \boldsymbol{b}, \boldsymbol{c}$ の中に等しいものがあれば，$\boldsymbol{a} \wedge \boldsymbol{b} \wedge \boldsymbol{c} = 0$

さて，以上の性質 1°～3° だけを用いて，ベクトル

$$\boldsymbol{a} = \begin{bmatrix} a_1 \\ a_2 \\ a_3 \end{bmatrix}, \quad \boldsymbol{b} = \begin{bmatrix} b_1 \\ b_2 \\ b_3 \end{bmatrix}, \quad \boldsymbol{c} = \begin{bmatrix} c_1 \\ c_2 \\ c_3 \end{bmatrix}$$

を三隣辺とする平行六面体の体積 $\boldsymbol{a} \wedge \boldsymbol{b} \wedge \boldsymbol{c}$ を計算してみよう．

$$\boldsymbol{a} = a_1\boldsymbol{e}_1 + a_2\boldsymbol{e}_2 + a_3\boldsymbol{e}_3$$

$$\boldsymbol{b} = b_1\boldsymbol{e}_1 + b_2\boldsymbol{e}_2 + b_3\boldsymbol{e}_3$$

$$\boldsymbol{c} = c_1\boldsymbol{e}_1 + c_2\boldsymbol{e}_2 + c_3\boldsymbol{e}_3$$

だから，$\boldsymbol{a} \wedge \boldsymbol{b} \wedge \boldsymbol{c}$ に分配法則をくり返し用いれば，ついには，

$$a_i b_j c_k (\boldsymbol{e}_i \wedge \boldsymbol{e}_j \wedge \boldsymbol{e}_k)$$

という形の項の27個の和になってしまう．ところが，番号 $i, j, k$ のうちに等しいものがあれば，$\boldsymbol{e}_i \wedge \boldsymbol{e}_j \wedge \boldsymbol{e}_k = 0$ になってしまうから，けっきょく，$i, j, k$ が相異なる次の $3! = 6$ 個の項だけが残る：

$$a_1b_2c_3(\boldsymbol{e}_1 \wedge \boldsymbol{e}_2 \wedge \boldsymbol{e}_3) \quad a_1b_3c_2(\boldsymbol{e}_1 \wedge \boldsymbol{e}_3 \wedge \boldsymbol{e}_2) \quad a_2b_1c_3(\boldsymbol{e}_2 \wedge \boldsymbol{e}_1 \wedge \boldsymbol{e}_3)$$

$$a_2b_3c_1(\boldsymbol{e}_2 \wedge \boldsymbol{e}_3 \wedge \boldsymbol{e}_1) \quad a_3b_1c_2(\boldsymbol{e}_3 \wedge \boldsymbol{e}_1 \wedge \boldsymbol{e}_2) \quad a_3b_2c_1(\boldsymbol{e}_3 \wedge \boldsymbol{e}_2 \wedge \boldsymbol{e}_1)$$

これらの各項は，$\boldsymbol{e}_i, \boldsymbol{e}_j, \boldsymbol{e}_k$ の

偶数回の入れかえで，$\boldsymbol{e}_1 \wedge \boldsymbol{e}_2 \wedge \boldsymbol{e}_3$ になれば，$\boldsymbol{e}_i \wedge \boldsymbol{e}_j \wedge \boldsymbol{e}_k = \phantom{-}1$

奇数回の入れかえで，$\boldsymbol{e}_1 \wedge \boldsymbol{e}_2 \wedge \boldsymbol{e}_3$ になれば，$\boldsymbol{e}_i \wedge \boldsymbol{e}_j \wedge \boldsymbol{e}_k = -1$

入れかえの回数は，次のアミダくじを使うと分かりよい：

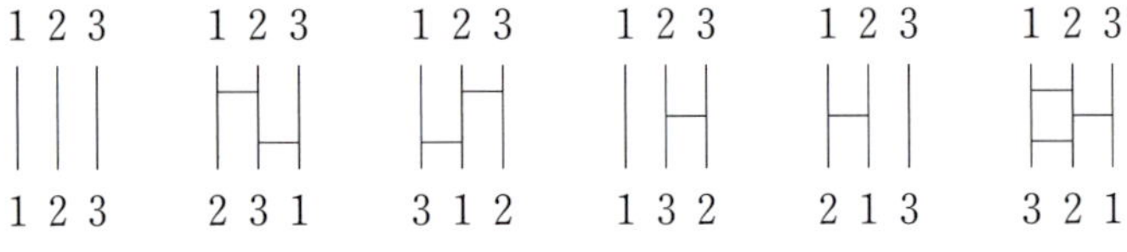


横棒1本につき，1回の入れかえだから，

$$\boldsymbol{e}_1 \wedge \boldsymbol{e}_2 \wedge \boldsymbol{e}_3 = \boldsymbol{e}_2 \wedge \boldsymbol{e}_3 \wedge \boldsymbol{e}_1 = \boldsymbol{e}_3 \wedge \boldsymbol{e}_1 \wedge \boldsymbol{e}_2 = \phantom{-}1$$

$$\boldsymbol{e}_1 \wedge \boldsymbol{e}_3 \wedge \boldsymbol{e}_2 = \boldsymbol{e}_2 \wedge \boldsymbol{e}_1 \wedge \boldsymbol{e}_3 = \boldsymbol{e}_3 \wedge \boldsymbol{e}_2 \wedge \boldsymbol{e}_1 = -1$$

ゆえに，体積 $\boldsymbol{a} \wedge \boldsymbol{b} \wedge \boldsymbol{c}$ は，

$$a_1b_2c_3+a_2b_3c_1+a_3b_1c_2-a_1b_3c_2-a_2b_1c_3-a_3b_2c_1$$

この値を，行列 $A=[\,\boldsymbol{a}\ \ \boldsymbol{b}\ \ \boldsymbol{c}\,]=\begin{bmatrix} a_1 & b_1 & c_1 \\ a_2 & b_2 & c_2 \\ a_3 & b_3 & c_3 \end{bmatrix}$ の**3次の行列式**とよび，

$$\det A,\quad |A|,\quad \begin{vmatrix} a_1 & b_1 & c_1 \\ a_2 & b_2 & c_2 \\ a_3 & b_3 & c_3 \end{vmatrix}$$

などと記す．なお，この結果を次のように記憶するのも一法：

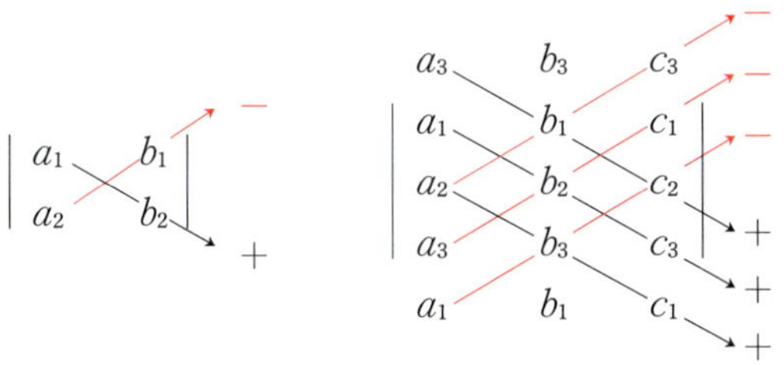

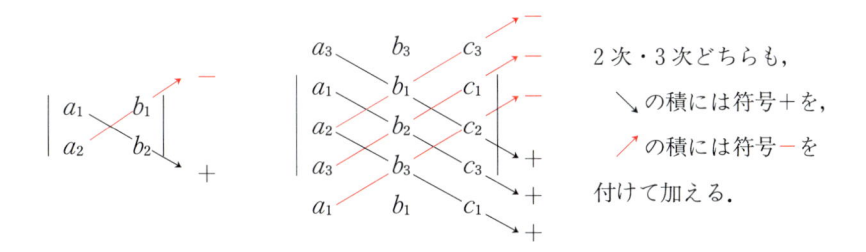

2次・3次どちらも，
↘の積には符号＋を，
↗の積には符号−を
付けて加える．

▶**注**　この方法を**サラスの展開**とよぶ．4次以上の行列式には使えない．

### $n$ 次の行列式

2次・3次の場合の類推から，$n$ 個の $n$ 次元ベクトルに，次のような演算

$$\boldsymbol{a}_1\wedge\boldsymbol{a}_2\wedge\cdots\wedge\boldsymbol{a}_n$$

を考える：

**1°　線形性**　●一つのベクトルを $s$ 倍すると，値も $s$ 倍になる．たとえば，

$$(s\boldsymbol{a}_1)\wedge\boldsymbol{a}_2\wedge\cdots\wedge\boldsymbol{a}_n=s(\boldsymbol{a}_1\wedge\boldsymbol{a}_2\wedge\cdots\wedge\boldsymbol{a}_n)$$

●**分配法則**が成り立つ．たとえば，

$$(\boldsymbol{a}_1+\boldsymbol{b}_1)\wedge\boldsymbol{a}_2\wedge\cdots\wedge\boldsymbol{a}_n=(\boldsymbol{a}_1\wedge\boldsymbol{a}_2\wedge\cdots\wedge\boldsymbol{a}_n)+(\boldsymbol{b}_1\wedge\boldsymbol{a}_2\wedge\cdots\wedge\boldsymbol{a}_n)$$

**2°　交代性**　二つのベクトルを交換すると，符号が変わる．たとえば，

$$\boldsymbol{a}_2\wedge\boldsymbol{a}_1\wedge\boldsymbol{a}_3\wedge\cdots\wedge\boldsymbol{a}_n=-(\boldsymbol{a}_1\wedge\boldsymbol{a}_2\wedge\cdots\wedge\boldsymbol{a}_n)$$

**3°　正規性**　$\boldsymbol{e}_1\wedge\boldsymbol{e}_2\wedge\cdots\wedge\boldsymbol{e}_n=1$

この演算規則をくり返し用いて，$\boldsymbol{a}_1\wedge\boldsymbol{a}_2\wedge\cdots\wedge\boldsymbol{a}_n$ を計算し尽した値が，$n$ 次の行列式 $|\,\boldsymbol{a}_1\ \ \boldsymbol{a}_2\ \cdots\ \boldsymbol{a}_n|$ である．また，1次正方行列 $A=[\,a\,]$ の行

列式は，$|A| = a$ である．

この計算し尽した値を考慮し，あらためて，$n$ 次の行列式を次のように定義することもある：

**行　列** … 単なる数の配列
**行列式** … 値を計算できる

**■ポイント**　　　　**$n$ 次の行列式**

$(i, j)$ 成分が $a_{ij}$ の $n$ 次正方行列 $A$ の各行から一つずつ，列の重複のないように $n$ 個の成分をとり，その積

$$a_{1i_1}a_{2i_2}\cdots a_{n\,i_n}$$

に置換 $\begin{pmatrix} 1 & 2 & \cdots & n \\ i_1 & i_2 & \cdots & i_n \end{pmatrix}$ の符号 $\mathrm{sgn}\begin{pmatrix} 1 & 2 & \cdots & n \\ i_1 & i_2 & \cdots & i_n \end{pmatrix}$ を掛ける．

このような積は全部で $n!$ 個あるが，それらの総和

$$\sum_{i_1,\cdots,i_n} \mathrm{sgn}\begin{pmatrix} 1 & 2 & \cdots & n \\ i_1 & i_2 & \cdots & i_n \end{pmatrix} a_{1i_1}a_{2i_2}\cdots a_{n\,i_n}$$

を，$n$ 次正方行列 $A$ の**行列式**とよび，$\det A$，$|A|$ などと記す．

▶**注**　自然数 $1, 2, \cdots, n$ を並べかえて，$i_1, i_2, \cdots, i_n$ になったとき，この〝並べかえ方〟（写像 $k \mapsto i_k$）を，$1, 2, \cdots, n$ の**置換**とよび，

$$\begin{pmatrix} 1 & 2 & \cdots & n \\ i_1 & i_2 & \cdots & i_n \end{pmatrix}$$

などと記す．この並べかえは，$1, 2, \cdots, n$ を 2 個ずつ何回か入れかえても実現する．入れかえ方はいろいろあるが，その回数の偶奇は置換ごとに決まっている．その入れかえ回数が，

偶数回のとき，$\mathrm{sgn}\begin{pmatrix} 1 & 2 & \cdots & n \\ i_1 & i_2 & \cdots & i_n \end{pmatrix} = 1$

奇数回のとき，$\mathrm{sgn}\begin{pmatrix} 1 & 2 & \cdots & n \\ i_1 & i_2 & \cdots & i_n \end{pmatrix} = -1$

とおき，置換の**符号**とよぶ．$n = 3$ の場合，たとえば，

$$\mathrm{sgn}\begin{pmatrix} 1 & 2 & 3 \\ 2 & 3 & 1 \end{pmatrix} = 1, \quad \mathrm{sgn}\begin{pmatrix} 1 & 2 & 3 \\ 2 & 1 & 3 \end{pmatrix} = -1$$

のようである．

## 例題 10.1　サラスの展開

次の行列式の値を求めよ．

（1）$|A| = \begin{vmatrix} 5 & 3 \\ -4 & 7 \end{vmatrix}$　　（2）$|B| = \begin{vmatrix} 3 & -4 & 2 \\ 5 & 2 & 5 \\ 1 & 7 & 4 \end{vmatrix}$

**【解】** サラスの展開による．

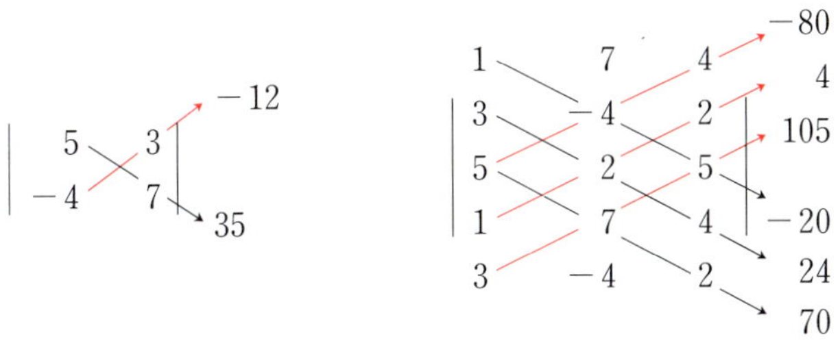


（1）$|A| = 35 - (-12) = 47$

（2）$|B| = (-20) + 24 + 70 - (-80) - 4 - 105 = 45$　□

## 演習問題

**10.1** 次の行列式の値を求めよ．

（1）$|A| = |-3|$　　（2）$|B| = \begin{vmatrix} 2 & 3 \\ 7 & -4 \end{vmatrix}$

（3）$|C| = \begin{vmatrix} 1 & 4 & -2 \\ -9 & -6 & 8 \\ 7 & 5 & -3 \end{vmatrix}$　　（4）$|D| = \begin{vmatrix} 2 & -3 & 1 \\ 5 & -4 & 9 \\ 6 & 1 & 5 \end{vmatrix}$

**10.2** $A = \begin{bmatrix} a & b \\ c & d \end{bmatrix}$，$B = \begin{bmatrix} a' & b' \\ c' & d' \end{bmatrix}$ とする．

このとき，積の行列式 $|AB|$ と行列式の積 $|A||B|$ を計算し比較せよ．

# §11　行列式の基本性質

面積・体積の性質の言い替え

### 行列式の基本性質・1

前節63ページで述べた平行六面体の体積は，線形性・交代性という性質をもっていた．これらの性質を行列式の言葉で述べると，次のようになる：

Ⅰ．ある列を $s$ 倍すると，行列式の値も $s$ 倍になる．

Ⅱ．ある列が二つのベクトルの和になっている行列式は，それぞれのベクトルをその列とする二つの行列式の和になる．

Ⅲ．二つの列を入れかえると，行列式の値は符号だけ変わる．

これらの性質の一例を次に示しておく：

$$\text{(i)}\quad \begin{vmatrix} a_1 & b_1 & s\,c_1 \\ a_2 & b_2 & s\,c_2 \\ a_3 & b_3 & s\,c_3 \end{vmatrix} = s \begin{vmatrix} a_1 & b_1 & c_1 \\ a_2 & b_2 & c_2 \\ a_3 & b_3 & c_3 \end{vmatrix}$$

$$\text{(ii)}\quad \begin{vmatrix} a_1 & b_1+b_1' & c_1 \\ a_2 & b_2+b_2' & c_2 \\ a_3 & b_3+b_3' & c_3 \end{vmatrix} = \begin{vmatrix} a_1 & b_1 & c_1 \\ a_2 & b_2 & c_2 \\ a_3 & b_3 & c_3 \end{vmatrix} + \begin{vmatrix} a_1 & b_1' & c_1 \\ a_2 & b_2' & c_2 \\ a_3 & b_3' & c_3 \end{vmatrix}$$

$$\text{(iii)}\quad \begin{vmatrix} a_1 & c_1 & b_1 \\ a_2 & c_2 & b_2 \\ a_3 & c_3 & b_3 \end{vmatrix} = - \begin{vmatrix} a_1 & b_1 & c_1 \\ a_2 & b_2 & c_2 \\ a_3 & b_3 & c_3 \end{vmatrix}$$

また，これらの性質Ⅰ～Ⅲから，次の性質が得られる：

**●ポイント**　　　行列式の基本性質

（1）ある列の $s$ 倍を他の列に加えても，行列式の値は変わらない．

（2）二つの列が一致すれば，行列式の値は0である．

（2）は，性質Ⅲからただちに得られる．次に（1）を，たとえば，

$$\begin{vmatrix} a_1 & b_1 & c_1 \\ a_2 & b_2 & c_2 \\ a_3 & b_3 & c_3 \end{vmatrix} = \begin{vmatrix} a_1+s\,c_1 & b_1 & c_1 \\ a_2+s\,c_2 & b_2 & c_2 \\ a_3+s\,c_3 & b_3 & c_3 \end{vmatrix}$$

の場合について成立することを示しておく．

$$\begin{vmatrix} a_1+sc_1 & b_1 & c_1 \\ a_2+sc_2 & b_2 & c_2 \\ a_3+sc_3 & b_3 & c_3 \end{vmatrix} = \begin{vmatrix} a_1 & b_1 & c_1 \\ a_2 & b_2 & c_2 \\ a_3 & b_3 & c_3 \end{vmatrix} + \begin{vmatrix} sc_1 & b_1 & c_1 \\ sc_2 & b_2 & c_2 \\ sc_3 & b_3 & c_3 \end{vmatrix}$$

$$= \begin{vmatrix} a_1 & b_1 & c_1 \\ a_2 & b_2 & c_2 \\ a_3 & b_3 & c_3 \end{vmatrix} + s\begin{vmatrix} c_1 & b_1 & c_1 \\ c_2 & b_2 & c_2 \\ c_3 & b_3 & c_3 \end{vmatrix} = \begin{vmatrix} a_1 & b_1 & c_1 \\ a_2 & b_2 & c_2 \\ a_3 & b_3 & c_3 \end{vmatrix}$$

## 余因子展開

$$A = [\,\boldsymbol{a}\ \boldsymbol{b}\ \boldsymbol{c}\,] = \begin{bmatrix} a_1 & b_1 & c_1 \\ a_2 & b_2 & c_2 \\ a_3 & b_3 & c_3 \end{bmatrix}$$

のとき，3次の行列式

$$|A| = \boldsymbol{a} \wedge \boldsymbol{b} \wedge \boldsymbol{c}$$

を次のように変形してみる：

$$\begin{aligned} &(a_1\boldsymbol{e}_1 + a_2\boldsymbol{e}_2 + a_3\boldsymbol{e}_3) \wedge (b_1\boldsymbol{e}_1 + b_2\boldsymbol{e}_2 + b_3\boldsymbol{e}_3) \wedge (c_1\boldsymbol{e}_1 + c_2\boldsymbol{e}_2 + c_3\boldsymbol{e}_3) \\ =\ & a_1\boldsymbol{e}_1 \wedge (b_1\boldsymbol{e}_1 + b_2\boldsymbol{e}_2 + b_3\boldsymbol{e}_3) \wedge (c_1\boldsymbol{e}_1 + c_2\boldsymbol{e}_2 + c_3\boldsymbol{e}_3) \\ &+ a_2\boldsymbol{e}_2 \wedge (b_1\boldsymbol{e}_1 + b_2\boldsymbol{e}_2 + b_3\boldsymbol{e}_3) \wedge (c_1\boldsymbol{e}_1 + c_2\boldsymbol{e}_2 + c_3\boldsymbol{e}_3) \\ &+ a_3\boldsymbol{e}_3 \wedge (b_1\boldsymbol{e}_1 + b_2\boldsymbol{e}_2 + b_3\boldsymbol{e}_3) \wedge (c_1\boldsymbol{e}_1 + c_2\boldsymbol{e}_2 + c_3\boldsymbol{e}_3) \end{aligned}$$

この第1項を $|A|_1$ とおけば，交代性から，

$$\begin{aligned} |A|_1 &= a_1\boldsymbol{e}_1 \wedge (b_1\boldsymbol{e}_1 + b_2\boldsymbol{e}_2 + b_3\boldsymbol{e}_3) \wedge (c_1\boldsymbol{e}_1 + c_2\boldsymbol{e}_2 + c_3\boldsymbol{e}_3) \\ &= a_1\boldsymbol{e}_1 \wedge (b_2\boldsymbol{e}_2 + b_3\boldsymbol{e}_3) \wedge (c_2\boldsymbol{e}_2 + c_3\boldsymbol{e}_3) \qquad (*) \\ &= (a_1\boldsymbol{e}_1 \wedge b_2\boldsymbol{e}_2 \wedge c_3\boldsymbol{e}_3) + (a_1\boldsymbol{e}_1 \wedge b_3\boldsymbol{e}_3 \wedge c_2\boldsymbol{e}_2) \\ &= a_1(b_2c_3 - b_3c_2)(\boldsymbol{e}_1 \wedge \boldsymbol{e}_2 \wedge \boldsymbol{e}_3) \\ &= a_1\begin{vmatrix} b_2 & c_2 \\ b_3 & c_3 \end{vmatrix}(\boldsymbol{e}_1 \wedge \boldsymbol{e}_2 \wedge \boldsymbol{e}_3) \end{aligned}$$

第2項・第3項も同様であり，$\boldsymbol{e}_1 \wedge \boldsymbol{e}_2 \wedge \boldsymbol{e}_3 = 1$ だから，けっきょく，

$$(1)\quad \begin{vmatrix} a_1 & b_1 & c_1 \\ a_2 & b_2 & c_2 \\ a_3 & b_3 & c_3 \end{vmatrix} = a_1\begin{vmatrix} b_2 & c_2 \\ b_3 & c_3 \end{vmatrix} - a_2\begin{vmatrix} b_1 & c_1 \\ b_3 & c_3 \end{vmatrix} + a_3\begin{vmatrix} b_1 & c_1 \\ b_2 & c_2 \end{vmatrix}$$

これを，左辺の行列式の**1 列による展開**とよぶ．同様に得られる

$$(2)\quad \begin{vmatrix} a_1 & b_1 & c_1 \\ a_2 & b_2 & c_2 \\ a_3 & b_3 & c_3 \end{vmatrix} = -b_1\begin{vmatrix} a_2 & c_2 \\ a_3 & c_3 \end{vmatrix} + b_2\begin{vmatrix} a_1 & c_1 \\ a_3 & c_3 \end{vmatrix} - b_3\begin{vmatrix} a_1 & c_1 \\ a_2 & c_2 \end{vmatrix}$$

$$(3)\quad \begin{vmatrix} a_1 & b_1 & c_1 \\ a_2 & b_2 & c_2 \\ a_3 & b_3 & c_3 \end{vmatrix} = c_1\begin{vmatrix} a_2 & b_2 \\ a_3 & b_3 \end{vmatrix} - c_2\begin{vmatrix} a_1 & b_1 \\ a_3 & b_3 \end{vmatrix} + c_3\begin{vmatrix} a_1 & b_1 \\ a_2 & b_2 \end{vmatrix}$$

を，それぞれ，**2 列による展開・3 列による展開**とよぶ．

▶**注**　この〝1 列による展開〟を得るときの，$|A| = \boldsymbol{a} \wedge \boldsymbol{b} \wedge \boldsymbol{c}$ の展開式の第 1 項 $|A|_1$ は，前ページの（＊）に注目すると，

$$a_1\boldsymbol{e}_1,\quad b_2\boldsymbol{e}_2 + b_3\boldsymbol{e}_3,\quad c_2\boldsymbol{e}_2 + c_3\boldsymbol{e}_3$$

を三隣辺とする平行六面体（じつは直角柱）の体積である．

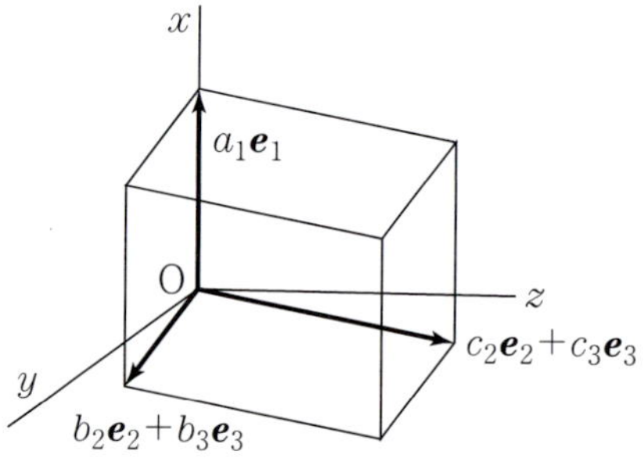


図の見やすさのため，$x, y, z$ 軸をこのように設けた．

この直角柱の底面は，$yz$-平面で $\begin{bmatrix} b_2 \\ b_3 \end{bmatrix}$，$\begin{bmatrix} c_2 \\ c_3 \end{bmatrix}$ を二隣辺とする平行四辺形で，その面積は，$\begin{vmatrix} b_2 & c_3 \\ b_3 & c_3 \end{vmatrix}$，高さは $a_1$ である（いずれも符号を考えている）ことに注意しておく．

また，$\boldsymbol{a} \wedge \boldsymbol{b} \wedge \boldsymbol{c}$ を次のように展開してみる：

$$\begin{aligned}
&(a_1\boldsymbol{e}_1 + (a_2\boldsymbol{e}_2 + a_3\boldsymbol{e}_3)) \wedge (b_1\boldsymbol{e}_1 + (b_2\boldsymbol{e}_2 + b_3\boldsymbol{e}_3)) \wedge (c_1\boldsymbol{e}_1 + (c_2\boldsymbol{e}_2 + c_3\boldsymbol{e}_3)) \\
=\ & a_1\boldsymbol{e}_1 \wedge (b_2\boldsymbol{e}_2 + b_3\boldsymbol{e}_3) \wedge (c_2\boldsymbol{e}_2 + c_3\boldsymbol{e}_3) \\
&+ (a_2\boldsymbol{e}_2 + a_3\boldsymbol{e}_3) \wedge b_1\boldsymbol{e}_1 \wedge (c_2\boldsymbol{e}_2 + c_3\boldsymbol{e}_3) \\
&+ (a_2\boldsymbol{e}_2 + a_3\boldsymbol{e}_3) \wedge (b_2\boldsymbol{e}_2 + b_3\boldsymbol{e}_3) \wedge c_1\boldsymbol{e}_1
\end{aligned}$$

この展開式の第 1 項は，先ほどの計算と同様にして，

$$a_1\begin{vmatrix} b_2 & c_2 \\ b_3 & c_3 \end{vmatrix}(\boldsymbol{e}_1\wedge\boldsymbol{e}_2\wedge\boldsymbol{e}_3)$$

第2項・第3項も同様であり，$\boldsymbol{e}_1\wedge\boldsymbol{e}_2\wedge\boldsymbol{e}_3=1$ だから，

$$(1)'\quad \begin{vmatrix} a_1 & b_1 & c_1 \\ a_2 & b_2 & c_2 \\ a_3 & b_3 & c_3 \end{vmatrix} = a_1\begin{vmatrix} b_2 & c_2 \\ b_3 & c_3 \end{vmatrix} - b_1\begin{vmatrix} a_2 & c_2 \\ a_3 & c_3 \end{vmatrix} + c_1\begin{vmatrix} a_2 & b_2 \\ a_3 & b_3 \end{vmatrix}$$

これを，左辺の行列式の**1行による展開**とよぶ．**2行による展開・3行による展開**も同様である．

さて，一般に，$(i,j)$ 成分が $a_{ij}$ であるような $n$ 次の行列式 $|A|$ から $i$ 行と $j$ 列を取り除いて得られる $n-1$ 次行列式 $D_{ij}$ を $|A|$ の $(i,j)$ 成分の**小行列式**，$(-1)^{i+j}D_{ij}$ を $(i,j)$ 成分の**余因子**(**余因数**)とよぶ．たとえば，

$$|A|=\begin{vmatrix} a_{11} & a_{12} & a_{13} & a_{14} \\ a_{21} & a_{22} & a_{23} & a_{24} \\ a_{31} & a_{32} & a_{33} & a_{34} \\ a_{41} & a_{42} & a_{43} & a_{44} \end{vmatrix}$$

の $(3,2)$ 成分の余因子は，

$$(-1)^{3+2}\begin{vmatrix} a_{11} & a_{13} & a_{14} \\ a_{21} & a_{23} & a_{24} \\ a_{41} & a_{43} & a_{44} \end{vmatrix} = -\begin{vmatrix} a_{11} & a_{13} & a_{14} \\ a_{21} & a_{23} & a_{24} \\ a_{41} & a_{43} & a_{44} \end{vmatrix}$$

この余因子という言葉を用いて，上の展開式を一般化すると，

**●ポイント**　　余因子展開

$(i,j)$ 成分が $a_{ij}$ であるような $n$ 次の行列式 $|A|$ の $(i,j)$ 成分の余因子を $A_{ij}$ とすれば，

$$|A|=a_{i1}A_{i1}+a_{i2}A_{i2}+\cdots+a_{in}A_{in}\quad (i\text{ 行による展開})$$

$$|A|=a_{1j}A_{1j}+a_{2j}A_{2j}+\cdots+a_{nj}A_{nj}\quad (j\text{ 列による展開})$$

### 行列式の基本性質・2

行列式には，次の注目すべき性質がある：

●行と列を入れかえても，行列式の値は変わらない．

2次・3次の場合は，次のようである：

$$\begin{vmatrix} a_1 & b_1 \\ a_2 & b_2 \end{vmatrix} = \begin{vmatrix} a_1 & a_2 \\ b_1 & b_2 \end{vmatrix}, \quad \begin{vmatrix} a_1 & b_1 & c_1 \\ a_2 & b_2 & c_2 \\ a_3 & b_3 & c_3 \end{vmatrix} = \begin{vmatrix} a_1 & a_2 & a_3 \\ b_1 & b_2 & b_3 \\ c_1 & c_2 & c_3 \end{vmatrix}$$

**証明** 2次の場合は，直接確かめることができる：

$$\begin{vmatrix} a_1 & b_1 \\ a_2 & b_2 \end{vmatrix} = a_1b_2 - a_2b_1, \quad \begin{vmatrix} a_1 & a_2 \\ b_1 & b_2 \end{vmatrix} = a_1b_2 - b_1a_2$$

3次の場合は，1列による展開と1行による展開を考えると，

$$\begin{vmatrix} a_1 & b_1 & c_1 \\ a_2 & b_2 & c_2 \\ a_3 & b_3 & c_3 \end{vmatrix} = a_1\begin{vmatrix} b_2 & c_2 \\ b_3 & c_3 \end{vmatrix} - a_2\begin{vmatrix} b_1 & c_1 \\ b_3 & c_3 \end{vmatrix} + a_3\begin{vmatrix} b_1 & c_1 \\ b_2 & c_2 \end{vmatrix}$$

$$\begin{vmatrix} a_1 & a_2 & a_3 \\ b_1 & b_2 & b_3 \\ c_1 & c_2 & c_3 \end{vmatrix} = a_1\begin{vmatrix} b_2 & b_3 \\ c_2 & c_3 \end{vmatrix} - a_2\begin{vmatrix} b_1 & b_3 \\ c_1 & c_3 \end{vmatrix} + a_3\begin{vmatrix} b_1 & b_2 \\ c_1 & c_2 \end{vmatrix}$$

ところで，2次の場合，問題の性質は証明ずみであるから，

$$\begin{vmatrix} b_2 & c_2 \\ b_3 & c_3 \end{vmatrix} = \begin{vmatrix} b_2 & b_3 \\ c_2 & c_3 \end{vmatrix}, \quad \begin{vmatrix} b_1 & c_1 \\ b_3 & c_3 \end{vmatrix} = \begin{vmatrix} b_1 & b_3 \\ c_1 & c_3 \end{vmatrix}, \quad \begin{vmatrix} b_1 & c_1 \\ b_2 & c_2 \end{vmatrix} = \begin{vmatrix} b_1 & b_2 \\ c_1 & c_2 \end{vmatrix}$$

が成り立つ．したがって，上の二つの3次の行列式は等しいことが分かる．

一般の $n$ 次の場合は，同様に，$2 \to 3 \to \cdots \to n-1 \to n$ のように順次証明され，$n$ 次の場合に到達する（数学的帰納法）．□

この性質 $|A'| = |A|$ から，列について成り立つ性質は，そっくり行についても成り立つことが分かる．とくに大切な性質として，

**●ポイント** ―― 行列式の基本性質

（1）′ ある行の $s$ 倍を他の行に加えても，行列式の値は変わらない．

（2）′ 二つの行が一致すれば，行列式の値は0である．

（1）′を3次の場合で記せば，たとえば，次のようである：

$$\begin{vmatrix} a_1 & b_1 & c_1 \\ a_2 & b_2 & c_2 \\ a_3 & b_3 & c_3 \end{vmatrix} = \begin{vmatrix} a_1 + s\,a_3 & b_1 + s\,b_3 & c_1 + s\,c_3 \\ a_2 & b_2 & c_2 \\ a_3 & b_3 & c_3 \end{vmatrix}$$

## 例題 11.1　余因子展開

（1）$|A|=\begin{vmatrix} 3 & -2 & 1 \\ 1 & 4 & 7 \\ 5 & 3 & 6 \end{vmatrix}$ とする．

（i）$(3,2)$ 成分の余因子 $A_{32}$ を求めよ．

（ii）2 行で展開することによって，行列式 $|A|$ の値を求めよ．

（2）$|B|=\begin{vmatrix} 7 & 3 & -5 & 4 \\ 3 & 1 & -2 & 0 \\ 5 & 4 & -5 & 2 \\ 8 & 2 & 2 & 3 \end{vmatrix}$ の値を計算せよ．

---

**【解】**（1）（i）$(3,2)$ 成分の属する行と列（3 行と 2 列）を消し去る．

$$\begin{vmatrix} 3 & -2 & 1 \\ 1 & 4 & 7 \\ 5 & 3 & 6 \end{vmatrix} \Rightarrow \begin{vmatrix} 3 & & 1 \\ 1 & & 7 \end{vmatrix} \Rightarrow \begin{vmatrix} 3 & 1 \\ 1 & 7 \end{vmatrix}$$

$$A_{32}=(-1)^{3+2}\cdot\begin{vmatrix} 3 & 1 \\ 1 & 7 \end{vmatrix}=(-1)\times(3\times7-1\times1)=-20$$

（ii）$|A|=\begin{vmatrix} 3 & -2 & 1 \\ 1 & 4 & 7 \\ 5 & 3 & 6 \end{vmatrix}$

$$=1\times(-1)^{2+1}\cdot\begin{vmatrix} -2 & 1 \\ 3 & 6 \end{vmatrix}+4\times(-1)^{2+2}\cdot\begin{vmatrix} 3 & 1 \\ 5 & 6 \end{vmatrix}$$

$$+7\times(-1)^{2+3}\cdot\begin{vmatrix} 3 & -2 \\ 5 & 3 \end{vmatrix}$$

$$=\{1\times(-1)\cdot(-15)\}+\{4\times1\cdot13\}+\{7\times(-1)\cdot19\}=-66$$

（2）$|B|=\begin{vmatrix} 7 & 3 & -5 & 4 \\ 3 & 1 & -2 & 0 \\ 5 & 4 & -5 & 2 \\ 8 & 2 & 2 & 3 \end{vmatrix}$

$$\overset{①}{=}\begin{vmatrix} 7+3\times(-3) & 3 & -5+3\times 2 & 4 \\ 3+1\times(-3) & 1 & -2+1\times 2 & 0 \\ 5+4\times(-3) & 4 & -5+4\times 2 & 2 \\ 8+2\times(-3) & 2 & 2+2\times 2 & 3 \end{vmatrix}$$

$$=\begin{vmatrix} -2 & 3 & 1 & 4 \\ 0 & 1 & 0 & 0 \\ -7 & 4 & 3 & 2 \\ 2 & 2 & 6 & 3 \end{vmatrix} \overset{②}{=} 1\times(-1)^{2+2}\cdot\begin{vmatrix} -2 & 1 & 4 \\ -7 & 3 & 2 \\ 2 & 6 & 3 \end{vmatrix}$$

$$\overset{③}{=}\begin{vmatrix} -2+1\times 2 & 1 & 4+1\times(-4) \\ -7+3\times 2 & 3 & 2+3\times(-4) \\ 2+6\times 2 & 6 & 3+6\times(-4) \end{vmatrix}$$

$$=\begin{vmatrix} 0 & 1 & 0 \\ -1 & 3 & -10 \\ 14 & 6 & -21 \end{vmatrix} = 1\times(-1)^{1+2}\cdot\begin{vmatrix} -1 & -10 \\ 14 & -21 \end{vmatrix} = -161$$

ただし，各段階での変形は，次のようである：

① ： 1列＋2列×(−3)，　3列＋2列×2

② ： 2行による展開

③ ： 1列＋2列×2，　3列＋2列×(−4)　□

## 演習問題

**11. 1** $|A|=\begin{vmatrix} 7 & 4 & 6 \\ 2 & 1 & 3 \\ 9 & 5 & 8 \end{vmatrix}$ とする．

サラスの展開・2行による展開・3列による展開 によって $|A|$ を求めよ．

**11. 2** 次の行列式の値を求めよ．

(1) $\begin{vmatrix} a & d & d' \\ & b & d'' \\ & & c \end{vmatrix}$　　(2) $\begin{vmatrix} 5 & 4 & 7 & 3 \\ 2 & 2 & 0 & 4 \\ 2 & 4 & -5 & 0 \\ 6 & 6 & 8 & 9 \end{vmatrix}$

**11. 3** $(m, n)$ 行列 $A$ の 0 でない小行列式の最大次数 $r$ は，rank $A$ であることを示せ．（行列 $A$ の小行列式の意味は明らかであろう．）

# §12 積の行列式

**$b$ 倍の $a$ 倍は $ab$ 倍だ！**

### ブロック三角行列式

まず，2次・3次の場合を例題の形で述べる．

［**例**］ 次の等式が成立することを示せ：

（1）
$$\begin{vmatrix} x_{11} & x_{12} & z_{11} & z_{12} \\ x_{21} & x_{22} & z_{21} & z_{22} \\ 0 & 0 & y_{11} & y_{12} \\ 0 & 0 & y_{21} & y_{22} \end{vmatrix} = \begin{vmatrix} x_{11} & x_{12} \\ x_{21} & x_{22} \end{vmatrix} \begin{vmatrix} y_{11} & y_{12} \\ y_{21} & y_{22} \end{vmatrix}$$

（2）
$$\begin{vmatrix} a_{11} & a_{12} & a_{13} & c_{11} & c_{12} \\ a_{21} & a_{22} & a_{23} & c_{21} & c_{22} \\ a_{31} & a_{32} & a_{33} & c_{31} & c_{32} \\ 0 & 0 & 0 & b_{11} & b_{12} \\ 0 & 0 & 0 & b_{21} & b_{22} \end{vmatrix} = \begin{vmatrix} a_{11} & a_{12} & a_{13} \\ a_{21} & a_{22} & a_{23} \\ a_{31} & a_{32} & a_{33} \end{vmatrix} \begin{vmatrix} b_{11} & b_{12} \\ b_{21} & b_{22} \end{vmatrix}$$

**解** （1） 左辺の行列式を1列について展開すると，

$$x_{11}\begin{vmatrix} x_{22} & z_{21} & z_{22} \\ 0 & y_{11} & y_{12} \\ 0 & y_{21} & y_{22} \end{vmatrix} - x_{21}\begin{vmatrix} x_{12} & z_{11} & z_{12} \\ 0 & y_{11} & y_{12} \\ 0 & y_{21} & y_{22} \end{vmatrix}$$

$$= x_{11}\cdot x_{22}\begin{vmatrix} y_{11} & y_{12} \\ y_{21} & y_{22} \end{vmatrix} - x_{21}\cdot x_{12}\begin{vmatrix} y_{11} & y_{12} \\ y_{21} & y_{22} \end{vmatrix}$$

$$= (x_{11}x_{22} - x_{21}x_{12})\begin{vmatrix} y_{11} & y_{12} \\ y_{21} & y_{22} \end{vmatrix}$$

＝右辺

（2） 左辺を1列について展開し，（1）の結果を用いると，

$$a_{11}\begin{vmatrix} a_{22} & a_{23} & c_{21} & c_{22} \\ a_{32} & a_{33} & c_{31} & c_{32} \\ 0 & 0 & b_{11} & b_{12} \\ 0 & 0 & b_{21} & b_{22} \end{vmatrix} - a_{21}\begin{vmatrix} a_{12} & a_{13} & c_{11} & c_{12} \\ a_{32} & a_{33} & c_{31} & c_{32} \\ 0 & 0 & b_{11} & b_{12} \\ 0 & 0 & b_{21} & b_{22} \end{vmatrix} + a_{31}\begin{vmatrix} a_{12} & a_{13} & c_{11} & c_{12} \\ a_{22} & a_{23} & c_{21} & c_{22} \\ 0 & 0 & b_{11} & b_{12} \\ 0 & 0 & b_{21} & b_{22} \end{vmatrix}$$

$$= a_{11}\begin{vmatrix} a_{22} & a_{23} \\ a_{32} & a_{33} \end{vmatrix}\begin{vmatrix} b_{11} & b_{12} \\ b_{21} & b_{22} \end{vmatrix} - a_{21}\begin{vmatrix} a_{12} & a_{13} \\ a_{32} & a_{33} \end{vmatrix}\begin{vmatrix} b_{11} & b_{12} \\ b_{21} & b_{22} \end{vmatrix} + a_{31}\begin{vmatrix} a_{12} & a_{13} \\ a_{22} & a_{23} \end{vmatrix}\begin{vmatrix} b_{11} & b_{12} \\ b_{21} & b_{22} \end{vmatrix}$$

$$= \left( a_{11}\begin{vmatrix} a_{22} & a_{23} \\ a_{32} & a_{33} \end{vmatrix} - a_{21}\begin{vmatrix} a_{12} & a_{13} \\ a_{32} & a_{33} \end{vmatrix} + a_{31}\begin{vmatrix} a_{12} & a_{13} \\ a_{22} & a_{23} \end{vmatrix} \right)\begin{vmatrix} b_{11} & b_{12} \\ b_{21} & b_{22} \end{vmatrix}$$

$$= \begin{vmatrix} a_{11} & a_{12} & a_{13} \\ a_{21} & a_{22} & a_{23} \\ a_{31} & a_{32} & a_{33} \end{vmatrix}\begin{vmatrix} b_{11} & b_{12} \\ b_{21} & b_{22} \end{vmatrix} = \text{右辺} \qquad \square$$

この[**例**]の事実は，次のように一般化される：

● $r$ 次正方行列 $A$，$s$ 次正方行列 $B$ について，次の等式が成立する：

$$\begin{vmatrix} A & C \\ O & B \end{vmatrix} = |A||B|, \quad \begin{vmatrix} A & O \\ D & B \end{vmatrix} = |A||B|$$

### 積の行列式

ブロック三角行列式についての上の等式を用いて，次を示すことができる．

**●ポイント** ―――― **積の行列式**

$n$ 次正方行列 $A, B$ について，

$$|AB| = |A||B|$$

**証明** 理屈は同じであるから，$n=2$ の場合について，証明を記す．

$$|A||B| = \begin{vmatrix} A & O \\ -E & B \end{vmatrix}$$

$$= \begin{vmatrix} a_{11} & a_{12} & 0 & 0 \\ a_{21} & a_{22} & 0 & 0 \\ -1 & 0 & b_{11} & b_{12} \\ 0 & -1 & b_{21} & b_{22} \end{vmatrix} \overset{①}{=} \begin{vmatrix} a_{11} & a_{12} & a_{11}b_{11}+a_{12}b_{21} & a_{11}b_{12}+a_{12}b_{22} \\ a_{21} & a_{22} & a_{21}b_{11}+a_{22}b_{21} & a_{21}b_{12}+a_{22}b_{22} \\ -1 & 0 & 0 & 0 \\ 0 & -1 & 0 & 0 \end{vmatrix}$$

$$\overset{②}{=} (-1)^2 \cdot \begin{vmatrix} -1 & 0 & 0 & 0 \\ 0 & -1 & 0 & 0 \\ a_{11} & a_{12} & a_{11}b_{11}+a_{12}b_{21} & a_{11}b_{12}+a_{12}b_{22} \\ a_{21} & a_{22} & a_{21}b_{11}+a_{22}b_{21} & a_{21}b_{12}+a_{22}b_{22} \end{vmatrix}$$

$$= (-1)^2 \cdot \begin{vmatrix} -E & O \\ A & AB \end{vmatrix} \overset{③}{=} (-1)^2 \cdot |-E||AB| \overset{④}{=} |AB|$$

ただし，各段階の変形は，次のようである．

①：　3 列＋1 列 × $b_{11}$，4 列＋1 列 × $b_{12}$，
　　3 列＋2 列 × $b_{21}$，4 列＋2 列 × $b_{22}$

②：　1 行と 3 行を交換，　2 行と 4 行を交換

③：　ブロック三角行列式の性質

④：　$E$：$n$ 次単位行列　$\Longrightarrow$　$|-E| = (-1)^n$　□

▶**注**　じつは，$|A|$ は線形変換 $\boldsymbol{y} = A\boldsymbol{x}$ による面積（体積）の拡大率である．$\boldsymbol{y} = A\boldsymbol{x}$ と $\boldsymbol{z} = B\boldsymbol{y}$ の合成変換（$|A|$ 倍してから $|B|$ 倍する）$\boldsymbol{z} = BA\boldsymbol{x}$ による拡大率 $|BA|$ は，$|BA| = |B||A|$ となるハズ．

上の等式から，次の大切な性質が得られる：

**●ポイント**　　**行列式による正則条件**

$$|A| \neq 0 \iff A：\text{正則行列}$$

**証明**　⇒：　$A = [\,\boldsymbol{a}_1\ \boldsymbol{a}_2\ \cdots\ \boldsymbol{a}_n\,]$ が正則ではないと仮定すると，$n$ 個の列ベクトル $\boldsymbol{a}_1, \boldsymbol{a}_2, \cdots, \boldsymbol{a}_n$ は一次従属であり，ある列たとえば，$\boldsymbol{a}_1$ は残りのベクトルの一次結合になっている：

$$\boldsymbol{a}_1 = s_2\boldsymbol{a}_2 + s_3\boldsymbol{a}_3 + \cdots + s_n\boldsymbol{a}_n$$

$$\therefore\quad |A| = |s_2\boldsymbol{a}_2 + \cdots + s_n\boldsymbol{a}_n\ \ \boldsymbol{a}_2\ \cdots\ \boldsymbol{a}_n| = |\boldsymbol{0}\ \ \boldsymbol{a}_2\ \cdots\ \boldsymbol{a}_n| = 0$$

（2 列 ×（$-s_2$），…，$n$ 列 ×（$-s_n$）を 1 列に加えた）

⇐：　$A$ が逆行列 $A^{-1}$ をもてば，$AA^{-1} = E$ だから，

$$|A||A^{-1}| = |AA^{-1}| = |E| = 1 \qquad \therefore\quad |A| \neq 0$$ □

いま，$n$ 次正方行列 $A$ に対して，

$$AX = E$$

となる $n$ 次正方行列 $X$ があったとすると，

$$|A||X| = |AX| = |E| = 1 \qquad \therefore\quad |A| \neq 0$$

ゆえに，$A$ は正則である．$XA = E \Rightarrow |A| \neq 0$ も同様だから，

●　$AX = E$ か $XA = E$ を満たす $X$ が存在すれば，$A$ は正則である．

**例題 12.1 ヴァンデルモンドの行列式**

次の等式が成立することを示せ：

$$|A|=\begin{vmatrix} 1 & 1 & 1 & 1 \\ a & b & c & d \\ a^2 & b^2 & c^2 & d^2 \\ a^3 & b^3 & c^3 & d^3 \end{vmatrix}=(b-a)(c-a)(d-a)(c-b)(d-b)(d-c)$$

**【解】** 行列式 $|A|$ に変形

$$4\text{行}+3\text{行}\times(-a),\quad 3\text{行}+2\text{行}\times(-a),\quad 2\text{行}+1\text{行}\times(-a)$$

をこの順に行う：

$$|A|=\begin{vmatrix} 1 & 1 & 1 & 1 \\ 0 & b-a & c-a & d-a \\ 0 & b(b-a) & c(c-a) & d(d-a) \\ 0 & b^2(b-a) & c^2(c-a) & d^2(d-a) \end{vmatrix}$$

$$=\begin{vmatrix} b-a & c-a & b-a \\ b(b-a) & c(c-a) & d(d-a) \\ b^2(b-a) & c^2(c-a) & d^2(d-a) \end{vmatrix}$$

$$=(b-a)(c-a)(d-a)\begin{vmatrix} 1 & 1 & 1 \\ b & c & d \\ b^2 & c^2 & d^2 \end{vmatrix}$$

次に，この $|A|$ と同じタイプの 3 次行列式を上と同様に変形する．

$$\begin{vmatrix} 1 & 1 & 1 \\ b & c & d \\ b^2 & c^2 & d^2 \end{vmatrix}=\begin{vmatrix} 1 & 1 & 1 \\ 0 & c-b & d-b \\ 0 & c(c-b) & d(d-b) \end{vmatrix}$$

$$=\begin{vmatrix} c-b & d-b \\ c(c-b) & d(d-b) \end{vmatrix}$$

$$=(c-b)(d-b)\begin{vmatrix} 1 & 1 \\ c & d \end{vmatrix}$$

$$=(c-b)(d-b)(d-c)$$

ゆえに，

$$|A|=(b-a)(c-a)(d-a)(c-b)(d-b)(d-c) \qquad \square$$

**例題 12. 2　行列式の因数分解**

行列式 $\varphi(x)=\begin{vmatrix} x-5 & -2 & 1 \\ 4 & x-5 & -2 \\ 2 & -4 & x-4 \end{vmatrix}$ を因数分解せよ．

**【解】** $\varphi(x)=\begin{vmatrix} x-5 & -2 & 1 \\ 4 & x-5 & -2 \\ 2 & -4 & x-4 \end{vmatrix} \overset{①}{=} \begin{vmatrix} x-3 & -2 & 1 \\ 0 & x-5 & -2 \\ 2x-6 & -4 & x-4 \end{vmatrix}$

$\overset{②}{=} \begin{vmatrix} x-3 & -2 & 1 \\ 0 & x-5 & -2 \\ 0 & 0 & x-6 \end{vmatrix} \overset{③}{=} (x-3)(x-5)(x-6)$

ただし，各段階の変形は，

①： 1列＋3列×2

②： 3行＋1行×(−2)

③： 三角行列式

**三角行列式**

$$\begin{vmatrix} a & * & * \\ & b & * \\ & & c \end{vmatrix} = abc$$

**演習問題**

**12. 1**　次の行列式 $|A|$ を因数分解せよ．

(1) $\begin{vmatrix} 1 & a^2 & b+c \\ 1 & b^2 & c+a \\ 1 & c^2 & a+b \end{vmatrix}$　　(2) $\begin{vmatrix} a & b-c & c+b \\ a+c & b & c-a \\ a-b & b+a & c \end{vmatrix}$

(3) $\begin{vmatrix} x-6 & -1 & 2 \\ 2 & x-3 & -4 \\ 1 & 1 & x-7 \end{vmatrix}$

**12. 2**　$A=\begin{bmatrix} b+c & c-a & b-a \\ c-b & c+a & a-b \\ b-c & a-c & a+b \end{bmatrix}$, $B=\begin{bmatrix} -1 & 1 & 1 \\ 1 & -1 & 1 \\ 1 & 1 & -1 \end{bmatrix}$ のとき，

(1) 行列式 $|B|$ を計算せよ．

(2) 積の行列式 $|AB|$ を計算することにより，行列式 $|A|$ の値を求めよ．

# §13　逆行列の公式・クラメルの公式

## 行列式の華麗な公式

### 逆行列の公式

一般の場合も同様なので，簡単のため3次の場合について述べる．

いま，行列式

$$|A| = \begin{vmatrix} a_{11} & a_{12} & a_{13} \\ a_{21} & a_{22} & a_{23} \\ a_{31} & a_{32} & a_{33} \end{vmatrix}$$

の$(i, j)$成分の余因子を$A_{ij}$とおく．

この行列式を，たとえば，1行について展開すると，

$$|A| = a_{11}A_{11} + a_{12}A_{12} + a_{13}A_{13}$$

それでは，この等式の右辺の$a_{11}, a_{12}, a_{13}$を，たとえば，行列式$|A|$の2行$a_{21}, a_{22}, a_{23}$でおきかえた式

$$a_{21}A_{11} + a_{22}A_{12} + a_{23}A_{13}$$

は，いったい何であろうか？

それは，1行と2行が一致した行列式

$$\begin{vmatrix} a_{21} & a_{22} & a_{23} \\ a_{21} & a_{22} & a_{23} \\ a_{31} & a_{32} & a_{33} \end{vmatrix}$$

の1行による展開式に他ならない．

二つの行が一致するこの行列式の値は，もちろん0だから，

$$a_{21}A_{11} + a_{22}A_{12} + a_{23}A_{13} = 0$$

一般に，

$$a_{i1}A_{j1} + a_{i2}A_{j2} + a_{i3}A_{j3} = \begin{cases} |A| & (i = j \text{ のとき}) \\ 0 & (i \neq j \text{ のとき}) \end{cases}$$

列についても，同様で，

$$a_{1i}A_{1j} + a_{2i}A_{2j} + a_{3i}A_{3j} = \begin{cases} |A| & (i = j \text{ のとき}) \\ 0 & (i \neq j \text{ のとき}) \end{cases}$$

これらの結果から，

$$\begin{bmatrix} a_{11} & a_{12} & a_{13} \\ a_{21} & a_{22} & a_{23} \\ a_{31} & a_{32} & a_{33} \end{bmatrix}\begin{bmatrix} A_{11} & A_{21} & A_{31} \\ A_{12} & A_{22} & A_{32} \\ A_{13} & A_{23} & A_{33} \end{bmatrix}=\begin{bmatrix} |A| & 0 & 0 \\ 0 & |A| & 0 \\ 0 & 0 & |A| \end{bmatrix}=|A|E$$

$$\begin{bmatrix} A_{11} & A_{21} & A_{31} \\ A_{12} & A_{22} & A_{32} \\ A_{13} & A_{23} & A_{33} \end{bmatrix}\begin{bmatrix} a_{11} & a_{12} & a_{13} \\ a_{21} & a_{22} & a_{23} \\ a_{31} & a_{32} & a_{33} \end{bmatrix}=\begin{bmatrix} |A| & 0 & 0 \\ 0 & |A| & 0 \\ 0 & 0 & |A| \end{bmatrix}=|A|E$$

これらから，次の逆行列の公式が得られる：

**●ポイント**　　**逆行列の公式**

行列 $A=\begin{bmatrix} a_{11} & a_{12} & a_{13} \\ a_{21} & a_{22} & a_{23} \\ a_{31} & a_{32} & a_{33} \end{bmatrix}$ は，$|A| \fallingdotseq 0$ のとき，逆行列をもち，

$$A^{-1}=\frac{1}{|A|}\begin{bmatrix} A_{11} & A_{21} & A_{31} \\ A_{12} & A_{22} & A_{32} \\ A_{13} & A_{23} & A_{33} \end{bmatrix}=\frac{1}{|A|}\begin{bmatrix} A_{11} & A_{12} & A_{13} \\ A_{21} & A_{22} & A_{23} \\ A_{31} & A_{32} & A_{33} \end{bmatrix}'$$

ここに $A_{ij}$ は行列 $A$ の $(i,j)$ 成分の余因子であり，最右辺の $'$（ダッシュ）は，転置行列を表わす．

▶**注**　この場合，余因子を成分とする行列の $(i,j)$ 成分は，$A_{ji}$ であって，$A_{ij}$ ではない点に注意していただきたい．

一般に，$(i,j)$ 成分が，行列 $A$ の $(j,i)$ 成分の余因子 $A_{ji}$ であるような行列を，$A$ の**余因子行列**とよび，$\mathrm{adj}\,A$ または $\tilde{A}$ などと記す．

この記号を用いれば，逆行列の公式を，次のようにかくことができる：

$$A^{-1}=\frac{1}{|A|}\mathrm{adj}\,A=\frac{1}{|A|}\tilde{A}$$

また，$A$ の $(i,j)$ 成分の小行列式を $D_{ij}$ とすると，

$$A_{ij}=(-1)^{i+j}D_{ij}$$

だから，

$$A^{-1}=\frac{1}{|A|}\begin{bmatrix} D_{11} & -D_{12} & D_{13} \\ -D_{21} & D_{22} & -D_{23} \\ D_{31} & -D_{32} & D_{33} \end{bmatrix}'$$

**例題 13.1**　**逆行列の公式**

逆行列の公式を用いて，次の行列 $A$ の逆行列 $A^{-1}$ を求めよ：

$$A=\begin{bmatrix} 3 & 2 & 3 \\ 8 & 6 & 9 \\ 5 & 4 & 7 \end{bmatrix}$$

**【解】** $|A|=\begin{vmatrix} 3 & 2 & 3 \\ 8 & 6 & 9 \\ 5 & 4 & 7 \end{vmatrix}=2$

$$A^{-1}=\frac{1}{|A|}\begin{bmatrix} \begin{vmatrix} 6 & 9 \\ 4 & 7 \end{vmatrix} & -\begin{vmatrix} 8 & 9 \\ 5 & 7 \end{vmatrix} & \begin{vmatrix} 8 & 6 \\ 5 & 4 \end{vmatrix} \\ -\begin{vmatrix} 2 & 3 \\ 4 & 7 \end{vmatrix} & \begin{vmatrix} 3 & 3 \\ 5 & 7 \end{vmatrix} & -\begin{vmatrix} 3 & 2 \\ 5 & 4 \end{vmatrix} \\ \begin{vmatrix} 2 & 3 \\ 6 & 9 \end{vmatrix} & -\begin{vmatrix} 3 & 3 \\ 8 & 9 \end{vmatrix} & \begin{vmatrix} 3 & 2 \\ 8 & 6 \end{vmatrix} \end{bmatrix}'$$

転置行列

$$=\frac{1}{2}\begin{bmatrix} 6 & -11 & 2 \\ -2 & 6 & -2 \\ 0 & -3 & 2 \end{bmatrix}'=\frac{1}{2}\begin{bmatrix} 6 & -2 & 0 \\ -11 & 6 & -3 \\ 2 & -2 & 2 \end{bmatrix}$$ □

▶**注**　$|A|=\begin{vmatrix} 3 & 2 & 3 \\ 8 & 6 & 9 \\ 5 & 4 & 7 \end{vmatrix}\overset{①}{=}\begin{vmatrix} 0 & 2 & 0 \\ -1 & 6 & 0 \\ -1 & 4 & 1 \end{vmatrix}\overset{②}{=}2$

ただし，①：　1列＋2列×(－3/2)，3列＋2列×(－3/2)

②：　サラスの展開

## クラメルの公式

$$\text{連立1次方程式}\quad \begin{cases} a_1x+b_1y=d_1 \\ a_2x+b_2y=d_2 \end{cases}$$

あるいは，

$$\boldsymbol{a}=\begin{bmatrix} a_1 \\ a_2 \end{bmatrix},\quad \boldsymbol{b}=\begin{bmatrix} b_1 \\ b_2 \end{bmatrix},\quad \boldsymbol{d}=\begin{bmatrix} d_1 \\ d_2 \end{bmatrix}$$

とおき，

$$x\boldsymbol{a}+y\boldsymbol{b}=\boldsymbol{d}$$

を解くことは，ベクトル $\boldsymbol{d}$ を，$\boldsymbol{a}$ 方向のベクトル $x\boldsymbol{a}$ と，$\boldsymbol{b}$ 方向のベクトル $y\boldsymbol{b}$ の和に分解することに相当する．

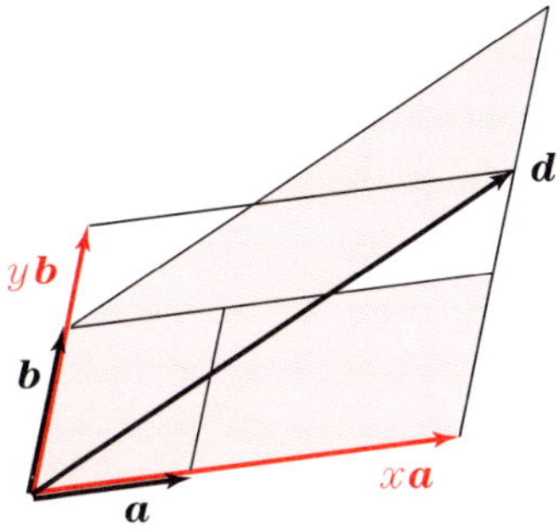


いま，$\boldsymbol{d}\wedge\boldsymbol{b}=(x\boldsymbol{a})\wedge\boldsymbol{b}=x(\boldsymbol{a}\wedge\boldsymbol{b})$ に着目して，$x=\dfrac{\boldsymbol{d}\wedge\boldsymbol{b}}{\boldsymbol{a}\wedge\boldsymbol{b}}$ が得られるが，式変形では，次のようになろう：

$$\begin{vmatrix} d_1 & b_1 \\ d_2 & b_2 \end{vmatrix}=\begin{vmatrix} a_1x+b_1y & b_1 \\ a_2x+b_2y & b_2 \end{vmatrix}\overset{①}{=}\begin{vmatrix} a_1x & b_1 \\ a_2x & b_2 \end{vmatrix}\overset{②}{=}x\begin{vmatrix} a_1 & b_1 \\ a_2 & b_2 \end{vmatrix}$$

（ただし，①：1列＋2列×$(-y)$　②：1列から $x$ をくくり出す）

ゆえに，係数行列式 $\begin{vmatrix} a_1 & b_1 \\ a_2 & b_2 \end{vmatrix}\neq 0$ ならば，

$$x=\frac{\begin{vmatrix} d_1 & b_1 \\ d_2 & b_2 \end{vmatrix}}{\begin{vmatrix} a_1 & b_1 \\ a_2 & b_2 \end{vmatrix}}$$

$y$ についても，同様である．

未知数が多くなっても理屈は同じで，方程式の個数と未知数の個数が一致している連立1次方程式

$$\begin{cases} a_1x+b_1y+c_1z=d_1 \\ a_2x+b_2y+c_2z=d_2 \\ a_3x+b_3y+c_3z=d_3 \end{cases}$$

の**解の公式**を作ろう．先ほどと同様に，次の行列式を考える：

$$\begin{vmatrix} d_1 & b_1 & c_1 \\ d_2 & b_2 & c_2 \\ d_3 & b_3 & c_3 \end{vmatrix} = \begin{vmatrix} a_1x+b_1y+c_1z & b_1 & c_1 \\ a_2x+b_2y+c_2z & b_2 & c_2 \\ a_3x+b_3y+c_3z & b_3 & c_3 \end{vmatrix} = \begin{vmatrix} a_1x & b_1 & c_1 \\ a_2x & b_2 & c_2 \\ a_3x & b_3 & c_3 \end{vmatrix}$$

$$= x\begin{vmatrix} a_1 & b_1 & c_1 \\ a_2 & b_2 & c_2 \\ a_3 & b_3 & c_3 \end{vmatrix}$$

ゆえに，係数行列式 $\neq 0$ ならば，この係数行列式で割れば，$x$ が出てくる．$y, z$ についても同様であるから，次の公式が得られる：

**●ポイント**　　**クラメルの公式**

連立1次方程式

$$\begin{cases} a_1x+b_1y+c_1z = d_1 \\ a_2x+b_2y+c_2z = d_2, \\ a_3x+b_3y+c_3z = d_3 \end{cases} \qquad \begin{vmatrix} a_1 & b_1 & c_1 \\ a_2 & b_2 & c_2 \\ a_3 & b_3 & c_3 \end{vmatrix} \neq 0$$

の解は，

$$x = \frac{\begin{vmatrix} d_1 & b_1 & c_1 \\ d_2 & b_2 & c_2 \\ d_3 & b_3 & c_3 \end{vmatrix}}{\begin{vmatrix} a_1 & b_1 & c_1 \\ a_2 & b_2 & c_2 \\ a_3 & b_3 & c_3 \end{vmatrix}}, \quad y = \frac{\begin{vmatrix} a_1 & d_1 & c_1 \\ a_2 & d_2 & c_2 \\ a_3 & d_3 & c_3 \end{vmatrix}}{\begin{vmatrix} a_1 & b_1 & c_1 \\ a_2 & b_2 & c_2 \\ a_3 & b_3 & c_3 \end{vmatrix}}, \quad z = \frac{\begin{vmatrix} a_1 & b_1 & d_1 \\ a_2 & b_2 & d_2 \\ a_3 & b_3 & d_3 \end{vmatrix}}{\begin{vmatrix} a_1 & b_1 & c_1 \\ a_2 & b_2 & c_2 \\ a_3 & b_3 & c_3 \end{vmatrix}}$$

この公式を**クラメルの公式**という．

連立1次方程式には，基本変形の応用としての解法もあるが，両者の長短得失を整理すれば，右のようになる．

**役　割　分　担**

| **○クラメルの公式** | **○基本変形の応用** |
|---|---|
| **1.**　解が係数で明確に表現される． | **1.**　計算量が少なくてすむ． |
| **2.**　主に，理論的な問題に有効． | **2.**　理論・実用の両方に有効． |

**例題 13.2** **クラメルの公式**

$$\begin{cases} 2x+6y-9z=4 \\ 4x+3y+3z=2 \\ 3x+4y-2z=3 \end{cases}$$ を解け．

**【解】** クラメルの公式による．

$$x=\frac{\begin{vmatrix} 4 & 6 & -9 \\ 2 & 3 & 3 \\ 3 & 4 & -2 \end{vmatrix}}{\begin{vmatrix} 2 & 6 & -9 \\ 4 & 3 & 3 \\ 3 & 4 & -2 \end{vmatrix}}=\frac{15}{3}=5, \qquad y=\frac{\begin{vmatrix} 2 & 4 & -9 \\ 4 & 2 & 3 \\ 3 & 3 & -2 \end{vmatrix}}{\begin{vmatrix} 2 & 6 & -9 \\ 4 & 3 & 3 \\ 3 & 4 & -2 \end{vmatrix}}=\frac{-12}{3}=-4,$$

$$z=\frac{\begin{vmatrix} 2 & 6 & 4 \\ 4 & 3 & 2 \\ 3 & 4 & 3 \end{vmatrix}}{\begin{vmatrix} 2 & 6 & -9 \\ 4 & 3 & 3 \\ 3 & 4 & -2 \end{vmatrix}}=\frac{-6}{3}=-2$$

□

## 演習問題

**13.1** 次の行列 $A$ の逆行列を求めよ．

（1） $\begin{bmatrix} 3 & 5 & 1 \\ 1 & 2 & -1 \\ 4 & 7 & 2 \end{bmatrix}$ （2） $\begin{bmatrix} 2 & 1 & 2 \\ 6 & 4 & -1 \\ -3 & -3 & 7 \end{bmatrix}$

**13.2** 成分がすべて整数の正則行列 $A$ について，次を示せ：

$$A^{-1} \text{ の成分はすべて整数} \iff |A|=\pm 1$$

**13.3** 次の連立1次方程式を解け．

（1） $\begin{cases} -x-2y+3z=7 \\ 4x+6y-7z=-9 \\ 8x+9y-5z=18 \end{cases}$ （2） $\begin{cases} x+y+z=1 \\ ax+by+cz=d \\ a^2x+b^2y+c^2z=d^2 \end{cases}$

（$a, b, c$ は，相異なる）

Chapter 4

# ベクトル空間と線形写像

矢線も多項式も関数も，〝和〞と〝スカラー倍〞だけに着目するかぎりでは，みんな同じように振舞う．

そこから，**ベクトル空間**という概念が発生する．**線形写像**は，このベクトルの世界の正比例関数である．

仕組みは同じだ！
$\begin{bmatrix}3\\2\\4\end{bmatrix}+\begin{bmatrix}2\\6\\5\end{bmatrix}=\begin{bmatrix}5\\8\\9\end{bmatrix}$
$3x^2+2x+4$
$+\ 2x^2+6x+5$
$5x^2+8x+9$

2次式だってベクトルだ

§14　ベクトル空間 ……………… 88
§15　基底と次元 ……………… 96
§16　線形写像 ……………… 104
§17　線形写像の表現行列 …… 112
§18　内積空間 ……………… 120
§19　ユニタリー変換・直交変換 128

# §14　ベクトル空間

2次式だってベクトルだ

## ベクトル空間

いま，$x$の(高々)2次式と3次元(数)ベクトルとの間に，たとえば，

$$ax^2+bx+c \quad \longleftrightarrow \quad \begin{bmatrix} a \\ b \\ c \end{bmatrix}$$

のような対応を考えると，

$$\begin{array}{rr} & 3x^2-2x+4 \\ + & 2x^2+5x-6 \\ \hline & 5x^2+3x-2 \end{array} \qquad \begin{bmatrix} 3 \\ -2 \\ 4 \end{bmatrix}+\begin{bmatrix} 2 \\ 5 \\ -6 \end{bmatrix}=\begin{bmatrix} 5 \\ 3 \\ -2 \end{bmatrix}$$

$$\begin{array}{rr} & 3x^2-2x+4 \\ \times & 2 \\ \hline & 6x^2-4x+8 \end{array} \qquad 2\begin{bmatrix} 3 \\ -2 \\ 4 \end{bmatrix}=\begin{bmatrix} 6 \\ -4 \\ 8 \end{bmatrix}$$

という例からも分かるように，〝和とスラカー倍〟を考えるかぎりでは，2次式と3次式ベクトルは，実質的に同じように振舞う．この事実を大胆に，

2次式は3次元ベクトルである

と言い切ることさえある．こう言われると，こういう例は多く，たとえば，

上三角行列：$\begin{bmatrix} a & b \\ 0 & c \end{bmatrix}$のような(2,1)成分が0の行列

空間ベクトル：

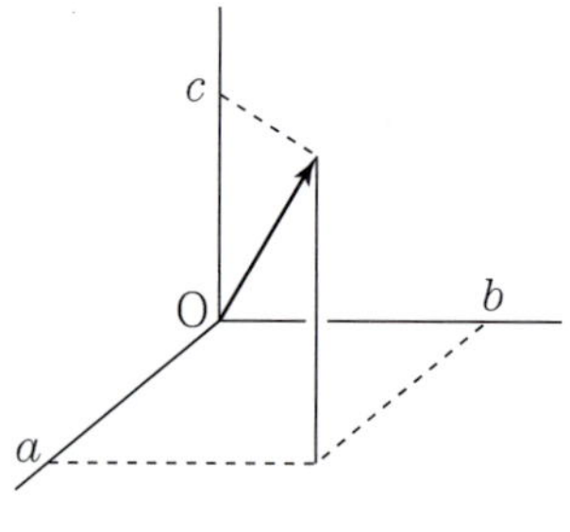

なども，和とスカラー倍を考えるかぎりにおいて

は，数ベクトル $\begin{bmatrix} a \\ b \\ c \end{bmatrix}$ と同じように行動する：

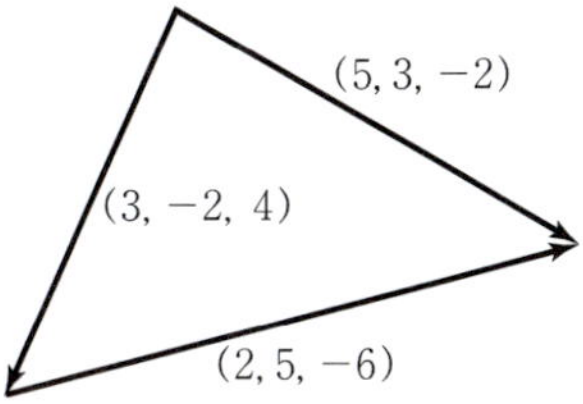


$$\begin{bmatrix} 3 & -2 \\ 0 & 4 \end{bmatrix}+\begin{bmatrix} 2 & 5 \\ 0 & -6 \end{bmatrix}=\begin{bmatrix} 5 & 3 \\ 0 & -2 \end{bmatrix}$$

したがって，2 次式も，上三角(2, 2)行列も，
空間ベクトルも，もちろん，3 次元数ベクトルも，みんな 3 次元ベクトルということになる．

たとえば，数ベクトルで考えれば，その加法・スカラー乗法は，**各成分ごとに**，数の加法・スカラー乗法を行っているにすぎないから，**数と同一の計算法則**が成立するハズである．

すなわち，次の性質をもっている：

1° $\boldsymbol{a}+(\boldsymbol{b}+\boldsymbol{c})=(\boldsymbol{a}+\boldsymbol{b})+\boldsymbol{c}$

2° $\boldsymbol{a}+\boldsymbol{b}=\boldsymbol{b}+\boldsymbol{a}$

3° $\boldsymbol{a}+\boldsymbol{0}=\boldsymbol{0}+\boldsymbol{a}=\boldsymbol{a}$

4° $(\boldsymbol{a}-\boldsymbol{b})+\boldsymbol{b}=\boldsymbol{a}$

5° $s(\boldsymbol{a}+\boldsymbol{b})=s\boldsymbol{a}+s\boldsymbol{b}$

6° $(s+t)\boldsymbol{a}=s\boldsymbol{a}+t\boldsymbol{a}$

7° $(st)\boldsymbol{a}=s(t\boldsymbol{a})$

8° $1\boldsymbol{a}=\boldsymbol{a}$

**ベクトル空間の公理(系)**

たとえば，1°は，2 次元数ベクトルについて，次のように確かめられる：

$$\begin{bmatrix} a_1 \\ a_2 \end{bmatrix}+\left(\begin{bmatrix} b_1 \\ b_2 \end{bmatrix}+\begin{bmatrix} c_1 \\ c_2 \end{bmatrix}\right)=\begin{bmatrix} a_1 \\ a_2 \end{bmatrix}+\begin{bmatrix} b_1+c_1 \\ b_2+c_2 \end{bmatrix}=\begin{bmatrix} a_1+(b_1+c_1) \\ a_2+(b_2+c_2) \end{bmatrix}$$

$$=\begin{bmatrix} (a_1+b_1)+c_1 \\ (a_2+b_2)+c_2 \end{bmatrix}=\begin{bmatrix} a_1+b_1 \\ a_2+b_2 \end{bmatrix}+\begin{bmatrix} c_1 \\ c_2 \end{bmatrix}=\left(\begin{bmatrix} a_1 \\ a_2 \end{bmatrix}+\begin{bmatrix} b_1 \\ b_2 \end{bmatrix}\right)+\begin{bmatrix} c_1 \\ c_2 \end{bmatrix}$$

このように，数ベクトルは，この 1°～8° を満たす．さらに，2 次式も，上三角行列も，空間ベクトルも，〝和〟と〝スカラー倍〟は，1°～8° をすべて

満たしてしまう．

そこで，ひるがえって，数ベクトルや多項式にかぎらず，この1°～8°を満たすものは，何でも〝ベクトル〟とよんでしまいましょう，というのが現代数学の立場である．

すなわち，空集合でない集合 $V$ について，1°～8°を満たすような

$$\text{元 } \mathbf{0},\ \text{和 } \boldsymbol{a}+\boldsymbol{b},\ \text{差 } \boldsymbol{a}-\boldsymbol{b},\ \text{スカラー倍 } s\boldsymbol{a}$$

が定められているとき，$V$ を**ベクトル空間**，$V$ の元を**ベクトル**とよぶ．このとき，ベクトルとよぶ資格条件1°～8°を，ベクトル空間の**公理(系)**という．

▶**注**　スカラーが実数のとき，$V$を**実ベクトル空間**，スカラーとして複素数まで考えるとき，$V$ を**複素ベクトル空間**という．

また，ベクトルの〝一次結合〟や〝一次独立〟の概念も，数ベクトルの場合と同様に定義される：

ベクトル空間 $V$ の $k$ 個のベクトルと，スカラーについて，

$$s_1\boldsymbol{a}_1+s_2\boldsymbol{a}_2+\cdots+s_k\boldsymbol{a}_k$$

を，$\boldsymbol{a}_1, \boldsymbol{a}_2, \cdots, \boldsymbol{a}_k$ の**一次結合**という．また，

**■ポイント**　　**一次従属・一次独立**

ベクトル空間 $V$ のベクトル $\boldsymbol{a}_1, \boldsymbol{a}_2, \cdots, \boldsymbol{a}_k$ について，

**一次従属** $\Longleftrightarrow$ どれか一つが，残りのベクトルの一次結合になっている

**一次独立** $\Longleftrightarrow$ どのベクトルも残りのベクトルの一次結合にならない

次に，身近なベクトル空間の具体例を挙げておく．以下は，通常の加法・スカラー乗法についてベクトル空間になっている．

**例 1**　$\boldsymbol{R}^n$：$n$ 次元　実(数)ベクトルの全体

　　　$\boldsymbol{C}^n$：$n$ 次元複素(数)ベクトルの全体

**例 2**　$E^2$：平面(幾何)ベクトルの全体

　　　$E^3$：空間(幾何)ベクトルの全体

**例 3**　$M(m, n\,;\boldsymbol{R})$：　実$(m, n)$行列の全体

　　　$M(m, n\,;\boldsymbol{C})$：複素$(m, n)$行列の全体

**例 4**　$P(n\,;\boldsymbol{R})$：（$x$ の高々）$n$ 次　実係数多項式の全体

　　$P(n\,;\boldsymbol{C})$：（$x$ の高々）$n$ 次複素係数多項式の全体

**例 5**　$P(\boldsymbol{R})$：（$x$ の）　実係数多項式の全体

　　$P(\boldsymbol{C})$：（$x$ の）複素係数多項式の全体

**例 6**　$\mathscr{F}(I\,;\boldsymbol{R})$：区間 $I \subseteq \boldsymbol{R}$ 上の実数値関数の全体

ただし，関数 $f, g : I \to \boldsymbol{R}$ の和 $f+g$，スカラー倍 $sf$ は，

$$(f+g)(x) = f(x) + g(x), \qquad (sf)(x) = sf(x)$$

のように定義される．たとえば，条件 1° は，次のように確認される：

$$(f+(g+h))(x) = f(x) + (g+h)(x) = f(x) + (g(x) + h(x))$$
$$= (f(x) + g(x)) + h(x) = (f+g)(x) + h(x) = ((f+g)+h)(x)$$

▶**注**　$E^2$，$\mathscr{F}(I\,;\boldsymbol{R})$ などの記号は，人により，本により，微妙な差がある．

## 部分空間

いま述べたように，たとえば，$x$ の実係数 2 次式の全体

$$P(2\,;\boldsymbol{R}) = \{ax^2 + bx + c \mid a, b, c：実数\}$$

は，ベクトル空間になるのであった．

ところで，このうち，とくに，1 次の項を欠く 2 次式 $ax^2 + c$ の全体

$$W = \{ax^2 + c \mid a, c：実数\}$$

を考えると，この $W$ の二つの元の和・$W$ の元の実数倍は，つねに，再び $W$ の元になっている：

$$(ax^2 + c) + (a'x^2 + c') = (a + a')x^2 + (c + c')$$
$$s(ax^2 + c) = sax^2 + sc$$

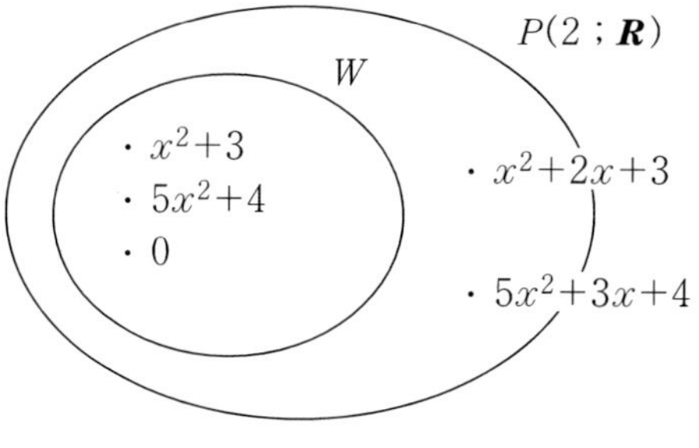

$W$ は，加法とスカラー乗法という二つの演算を考えるかぎりでは，自給自足できる一つのまとまった社会を作っているわけである．このように，ベクトル空間 $V$ の部分集合 $W$ が，$V$ と同じ加法とスカラー乗法によってベクトル空間になっているとき，$W$ をベクトル空間 $V$ の**部分(ベクトル)空間**という．

▶**注** $A=\{\bigstar \mid \sim\sim\sim\sim\}$ は，条件 〜〜〜〜 を満たすすべての★の**集合**(集まり)を表わす．この集合の各メンバー $a$ を集合 $A$ の**元**などといい，$a \in A$ と記す．

また，集合 $B$ の元がつねに集合 $A$ の元になっているとき，$B$ は $A$ の**部分集合**であるといい，$B \subseteq A$ などと記す．

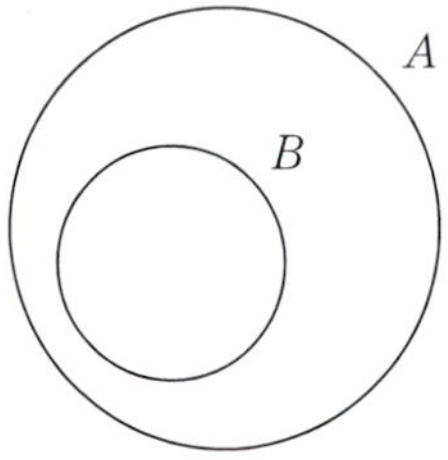


**$B$ は $A$ の部分集合**

なお，$\{x \mid x \neq x\}$ のように元をもたないものも特殊な集合と考え，**空集合**(くう)とよび，$\phi$ と記す．空集合 $\phi$ はすべての集合 $A$ の部分集合であると考えられる：$\phi \subseteq A$

**■ポイント** ――― 部分空間

ベクトル空間 $V$ の空でない部分集合 $W \subseteq V$ が，次の条件を同時に満たすとき，$W$ を $V$ の**部分(ベクトル)空間**という．

(1) $\boldsymbol{a} \in W$，$\boldsymbol{b} \in W \implies \boldsymbol{a}+\boldsymbol{b} \in W$

(2) $\boldsymbol{a} \in W$，$s$：スカラー $\implies s\boldsymbol{a} \in W$

▶**注** 条件(1),(2)を，次のように一つにまとめることもできる：

$$\boldsymbol{a}, \boldsymbol{b} \in W,\ s, t：\text{スカラー} \implies s\boldsymbol{a}+t\boldsymbol{b} \in W$$

また，条件(2)で $s=0$ の場合を考えると，いかなる部分空間 $W$ もつねにゼロ元 $\boldsymbol{0}$ を含んでいることが分かる．

次に，部分空間の典型的な例を挙げておこう．

**例 1** 数ベクトル空間 $\boldsymbol{R}^n$ で，1次同次方程式 $A\boldsymbol{x}=\boldsymbol{0}$ の解の全体

$$W=\{\boldsymbol{x} \in \boldsymbol{R}^n \mid A\boldsymbol{x}=\boldsymbol{0}\}$$

は，$\boldsymbol{R}^n$ の部分空間である．

実際，$\boldsymbol{x}=\boldsymbol{a}$，$\boldsymbol{x}=\boldsymbol{b}$ が，ともに，$A\boldsymbol{x}=\boldsymbol{0}$ の解だとすると，

$$A\boldsymbol{a}=\boldsymbol{0}, \quad A\boldsymbol{b}=\boldsymbol{0}$$

このとき，次のように，$\boldsymbol{x}=\boldsymbol{a}+\boldsymbol{b}$，$\boldsymbol{x}=s\boldsymbol{a}$ も解であることが分かる：

$$A(\boldsymbol{a}+\boldsymbol{b})=A\boldsymbol{a}+A\boldsymbol{b}=\boldsymbol{0},\qquad (s\boldsymbol{a})A=s(A\boldsymbol{a})=\boldsymbol{0}$$

なお，この部分空間 $W$ を，1次同次方程式 $A\boldsymbol{x}=\boldsymbol{0}$ の**解空間**という．

たとえば，$A=\begin{bmatrix} 3 & 2 & 4 \\ 5 & -7 & 9 \end{bmatrix}$ の場合を考えると，$\boldsymbol{R}^3$ で成分が，

$$3x_1+2x_2+4x_3=0,\quad 5x_1-7x_2+9x_3=0$$

を満たす $\boldsymbol{x}$ の全体 $W$ は，$\boldsymbol{R}^3$ の部分空間である．

▶**注**　しかし，非同次方程式 $A\boldsymbol{x}=\boldsymbol{b}\,(\boldsymbol{b}\neq\boldsymbol{0})$ の解の全体 $W\subseteq\boldsymbol{R}^n$ は，部分空間ではない．それは，$\boldsymbol{0}\notin W$（$\boldsymbol{x}=\boldsymbol{0}$ は $A\boldsymbol{x}=\boldsymbol{b}$ の解ではない）だからである．

**例 2**　実2次行列全体の作るベクトル空間 $M(2,2\,;\boldsymbol{R})$ において，対称行列 $\begin{bmatrix} a & b \\ b & d \end{bmatrix}$ の全体は，部分空間である．

**例 3**　$x$ の高々3次式全体の作るベクトル空間 $P(3\,;\boldsymbol{R})$ において，

（1）$f(2)=0$ を満たす $f(x)$ の全体は，部分空間である．

（2）$f(2)=1$ を満たす $f(x)$ の全体は，部分空間ではない．

**例 4**　ベクトル空間 $V$ のベクトル $\boldsymbol{a}_1,\boldsymbol{a}_2,\cdots,\boldsymbol{a}_r$ の一次結合の全体

$$L(\boldsymbol{a}_1,\cdots,\boldsymbol{a}_r)=\{s_1\boldsymbol{a}_1+\cdots+s_r\boldsymbol{a}_r \mid \text{各 } s_i \text{ はスカラー}\}$$

は，$V$ の部分空間になる．この $L(\boldsymbol{a}_1,\boldsymbol{a}_2,\cdots,\boldsymbol{a}_r)$ を，$\boldsymbol{a}_1,\boldsymbol{a}_2,\cdots,\boldsymbol{a}_r$ によって**生成された部分空間**といい，$\boldsymbol{a}_1,\boldsymbol{a}_2,\cdots,\boldsymbol{a}_r$ をその**生成元**という．

とくに，$V=L(\boldsymbol{a}_1,\boldsymbol{a}_2,\cdots,\boldsymbol{a}_r)$ すなわち，$V$ のどのベクトルも，$\boldsymbol{a}_1,\boldsymbol{a}_2,\cdots,\boldsymbol{a}_r$ の一次結合として表わされるとき，$\boldsymbol{a}_1,\boldsymbol{a}_2,\cdots,\boldsymbol{a}_r$ をベクトル空間 $V$ の**生成系**という．

**例 5**　$W_1,W_2$ がベクトル空間の部分空間であるとき，

$$W_1\cap W_2=\{\boldsymbol{x}\mid \boldsymbol{x}\in W_1,\ \boldsymbol{x}\in W_2\}$$
$$W_1+W_2=\{\boldsymbol{x}_1+\boldsymbol{x}_2\mid \boldsymbol{x}_1\in W_1,\ \boldsymbol{x}_2\in W_2\}$$

は，ともに $V$ の部分空間になる．$W_1\cap W_2$，$W_1+W_2$ をそれぞれ，$W_1$，$W_2$ の**交**(こう)**空間**，**和**(わ)**空間**という．$W_1=L(\boldsymbol{a}_1,\cdots,\boldsymbol{a}_r)$，$W_2=L(\boldsymbol{b}_1,\cdots,\boldsymbol{b}_s)$ のとき，

$$W_1+W_2=L(\boldsymbol{a}_1,\cdots,\boldsymbol{a}_r,\boldsymbol{b}_1,\cdots,\boldsymbol{b}_s)$$

とくに，$W_1\cap W_2=\{\boldsymbol{0}\}$ のとき，$W_1+W_2$ を $W_1\oplus W_2$ と記し**直和**という．

**例題 14.1　部分空間の生成元**

3 次元実(数)ベクトル空間 $\boldsymbol{R}^3$ において,

$$\boldsymbol{a}_1=\begin{bmatrix}1\\2\\5\end{bmatrix},\quad \boldsymbol{a}_2=\begin{bmatrix}2\\3\\7\end{bmatrix},\quad \boldsymbol{a}_3=\begin{bmatrix}1\\0\\-1\end{bmatrix},\quad \boldsymbol{b}_1=\begin{bmatrix}-1\\1\\4\end{bmatrix},\quad \boldsymbol{b}_2=\begin{bmatrix}-1\\2\\7\end{bmatrix}$$

を考える. $\boldsymbol{a}_1, \boldsymbol{a}_2, \boldsymbol{a}_3$ の生成する部分空間を $W_{\boldsymbol{a}}$ とし, $\boldsymbol{b}_1, \boldsymbol{b}_2$ の生成する部分空間を $W_{\boldsymbol{b}}$ とするとき, $W_{\boldsymbol{a}}=W_{\boldsymbol{b}}$ を示せ.

**【解】** $\boldsymbol{b}_1, \boldsymbol{b}_2$ を $\boldsymbol{a}_1, \boldsymbol{a}_2, \boldsymbol{a}_3$ で表わすために, 次の行基本変形を考える:

| $\boldsymbol{a}_1$ | $\boldsymbol{a}_2$ | $\boldsymbol{a}_3$ | $\boldsymbol{b}_1$ | $\boldsymbol{b}_2$ | 行基本変形 | 行 |
|---|---|---|---|---|---|---|
| 1 | 2 | 1 | −1 | −1 | | ① |
| 2 | 3 | 0 | 1 | 2 | | ② |
| 5 | 7 | −1 | 4 | 7 | | ③ |
| 1 | 2 | 1 | −1 | −1 | ① | ①′ |
| 0 | −1 | −2 | 3 | 4 | ②+①×(−2) | ②′ |
| 0 | −3 | −6 | 9 | 12 | ③+①×(−5) | ③′ |
| 1 | 0 | −3 | 5 | 7 | ①′+②′×2 | ①″ |
| 0 | 1 | 2 | −3 | −4 | ②′×(−1) | ②″ |
| 0 | 0 | 0 | 0 | 0 | ③′+②′×(−3) | ③″ |

この表より,

$$\boldsymbol{a}_3=-3\boldsymbol{a}_1+2\boldsymbol{a}_2,\quad \boldsymbol{b}_1=5\boldsymbol{a}_1-3\boldsymbol{a}_2,\quad \boldsymbol{b}_2=7\boldsymbol{a}_1-4\boldsymbol{a}_2 \quad \cdots \quad (*)$$

ゆえに,

$$\begin{aligned} s\boldsymbol{b}_1+t\boldsymbol{b}_2 &= s(5\boldsymbol{a}_1-3\boldsymbol{a}_2)+t(7\boldsymbol{a}_1-4\boldsymbol{a}_2)\\ &=(5s+7t)\boldsymbol{a}_1+(-3s-4t)\boldsymbol{a}_2 \end{aligned}$$

$$\therefore\quad W_{\boldsymbol{b}}\subseteq W_{\boldsymbol{a}}$$

また, $(*)$ より,

$$\boldsymbol{a}_1=-4\boldsymbol{b}_1+3\boldsymbol{b}_2,\quad \boldsymbol{a}_2=-7\boldsymbol{b}_1+5\boldsymbol{b}_2,\quad \boldsymbol{a}_3=-2\boldsymbol{b}_1+\boldsymbol{b}_2$$

$$\therefore\quad W_{\boldsymbol{a}}\subseteq W_{\boldsymbol{b}}$$

以上から，$W_{\boldsymbol{a}} = W_{\boldsymbol{b}}$ が得られた. □

▶注 $\boldsymbol{a}_3 = -3\boldsymbol{a}_1 + 2\boldsymbol{a}_2 = -3(-4\boldsymbol{b}_1 + 3\boldsymbol{b}_2) + 2(-7\boldsymbol{b}_1 + 5\boldsymbol{b}_2)$
$= -2\boldsymbol{b}_1 + \boldsymbol{b}_2$

行基本変形だけで，

$$[A\ \boldsymbol{b}] \longrightarrow [E\ \boldsymbol{t}]$$

となれば，1次方程式

$$A\boldsymbol{x} = \boldsymbol{b}$$

の解は，$\boldsymbol{x} = \boldsymbol{t}$ だから，

$$A\boldsymbol{t} = \boldsymbol{b}$$

上の解答は，この事実による．

**連立1次方程式解法の原理**

$$[\boldsymbol{a}_1\ \cdots\ \boldsymbol{a}_n\ \boldsymbol{b}] \longrightarrow \begin{bmatrix} 1 & & & t_1 \\ & \ddots & & \vdots \\ & & 1 & t_n \end{bmatrix}$$

ならば，

$$\boldsymbol{b} = t_1\boldsymbol{a}_1 + t_2\boldsymbol{a}_2 + \cdots + t_n\boldsymbol{a}_n$$

## 演習問題

**14.1** 次は，実ベクトル空間になるか.

（1） 2変数 $x$, $y$ の高々 $n$ 次実係数多項式の全体.

（2） 高々 $n$ 次実正方行列の全体.

**14.2** 次は，2次元実(数)ベクトル空間 $\boldsymbol{R}^2$ の部分空間になるか.

（1） $W = \{\boldsymbol{x} \in \boldsymbol{R}^2 \mid 2x_1 + 3x_2 = 1\}$

（2） $W = \{\boldsymbol{x} \in \boldsymbol{R}^2 \mid x_1{}^2 - x_2{}^2 = 0\}$

（3） $W = \{\boldsymbol{x} \in \boldsymbol{R}^2 \mid x_1 \geqq 0,\ x_2 \geqq 0\}$

**14.3** 次は，2次正方行列全体の作るベクトル空間の部分空間になるか.

（1） 対角行列の全体　　（2） 正則行列の全体

**14.4** 微分可能な実変数の実数値関数全体は，ベクトル空間を作るが，次は，その部分空間になるか.

（1） $f(1) = f(2)$ を満たす関数 $f(x)$ の全体.

（2） $f'(x) + 3x^2 f(x) = 0$ を満たす関数 $f(x)$ の全体.

**14.5** ベクトル空間 $M(n, n\,;\boldsymbol{R})$ において，上三角行列の全体を $W_1$，下三角行列の全体を $W_2$ とするとき，交空間 $W_1 \cap W_2$，和空間 $W_1 + W_2$ は何か.

# § 15　基底と次元

基底とはベクトル空間の座標系なのだ

## 基　底

たとえば，図のような平行でない(すなわち一次独立な) 2 本のベクトル $\boldsymbol{a}$, $\boldsymbol{b}$ があるとき，この平面上のどんなベクトル $\boldsymbol{x}$ も，

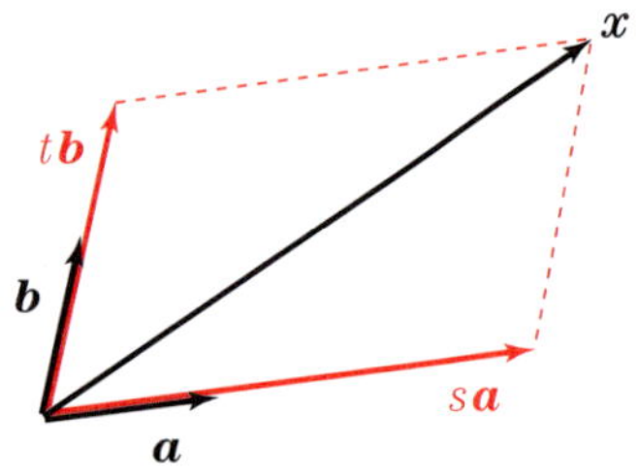


$$\boldsymbol{x} = s\boldsymbol{a} + t\boldsymbol{b}$$

のように，$\boldsymbol{a}, \boldsymbol{b}$ の一次結合として表わすことができる．

このようなベクトルの列 $\boldsymbol{a}, \boldsymbol{b}$ を，平面ベクトル全体の作るベクトル空間の〝基底〟という．

一般化して，

**■ポイント**　　　　基　底

次の（1），（2）を同時に満たす $V$ のベクトルの列 $\boldsymbol{b}_1, \boldsymbol{b}_2, \cdots, \boldsymbol{b}_r$ をベクトル空間 $V$ の**基底**という：

（1）　$\boldsymbol{b}_1, \boldsymbol{b}_2, \cdots, \boldsymbol{b}_r$ は，一次独立．

（2）　$\boldsymbol{b}_1, \boldsymbol{b}_2, \cdots, \boldsymbol{b}_r$ は，$V$ の生成系．

この条件（2）によって．$V$ のすべてのベクトル $\boldsymbol{x}$ は，$\boldsymbol{b}_1, \boldsymbol{b}_2, \cdots, \boldsymbol{b}_r$ の一次結合として表わされるのであるが，条件（1）の一次独立性によって，その表わし方が〝一意的〟であることが分かる．

▶**注**　基底はベクトルの〝列〟であって，順序まで問題にする(たとえば，$\boldsymbol{b}_1, \boldsymbol{b}_2, \boldsymbol{b}_3$ と $\boldsymbol{b}_2, \boldsymbol{b}_1, \boldsymbol{b}_3$ は異なる基底と考える)ので，基底 $\boldsymbol{b}_1, \boldsymbol{b}_2, \boldsymbol{b}_3$ をカッコをつけて $\langle \boldsymbol{b}_1, \boldsymbol{b}_2, \boldsymbol{b}_3 \rangle$ のように記すこともある．

**例 1**　ベクトル空間 $\boldsymbol{R}^2$ で，$\boldsymbol{a} = \begin{bmatrix} 1 \\ 3 \end{bmatrix}$，$\boldsymbol{b} = \begin{bmatrix} 2 \\ 7 \end{bmatrix}$ は，基底である．

この $\boldsymbol{a}, \boldsymbol{b}$ が一次独立であることは明らかであろう．

次に，任意の $\boldsymbol{x}=\begin{bmatrix} x \\ y \end{bmatrix} \in \boldsymbol{R}^2$ に対して，

$$\boldsymbol{x}=s\boldsymbol{a}+t\boldsymbol{b}$$

となる実数 $s, t$ が存在することを示せばよい．成分でかけば，

$$\begin{bmatrix} x \\ y \end{bmatrix}=s\begin{bmatrix} 1 \\ 3 \end{bmatrix}+t\begin{bmatrix} 2 \\ 7 \end{bmatrix} \qquad \therefore \begin{cases} s+2t=x \\ 3s+7t=y \end{cases}$$

$$\therefore \quad s=7x-2y, \qquad t=-3x+y$$

よって，$\boldsymbol{a}, \boldsymbol{b}$ は $\boldsymbol{R}^2$ の生成系である．

**例 2**　ベクトル空間 $\boldsymbol{R}^3$ で，$\boldsymbol{a}=\begin{bmatrix} 1 \\ 2 \\ 0 \end{bmatrix}$，$\boldsymbol{b}=\begin{bmatrix} 1 \\ 3 \\ 2 \end{bmatrix}$ は，基底ではない．

これは，$\boldsymbol{a}, \boldsymbol{b}$ が $\boldsymbol{R}^3$ の生成系にならないことを示せばよい．

いま，たとえば，$\boldsymbol{x}=\begin{bmatrix} 0 \\ 0 \\ 1 \end{bmatrix}$ が，$\boldsymbol{a}, \boldsymbol{b}$ の一次結合で表わされたとする：

$$\begin{bmatrix} 0 \\ 0 \\ 1 \end{bmatrix}=s\begin{bmatrix} 1 \\ 2 \\ 0 \end{bmatrix}+t\begin{bmatrix} 1 \\ 3 \\ 2 \end{bmatrix} \qquad \therefore \begin{cases} s+\ \ t=0 & \cdots\cdots\cdots ① \\ 2s+3t=0 & \cdots\cdots\cdots ② \\ 2t=1 & \cdots\cdots\cdots ③ \end{cases}$$

①，②から，$s=0$，$t=0$．　③へ代入して，$0=1$　これは，矛盾．

▶**注**　2本のベクトルでは，どうガンバッテみても，3次元ベクトル空間 $\boldsymbol{R}^3$ の基底にはなれない．

**例 3**　3次元ベクトル空間 $\boldsymbol{R}^3$ で，次はいずれも基底である：

(1) $\begin{bmatrix} 1 \\ 2 \\ 0 \end{bmatrix}, \begin{bmatrix} 1 \\ 3 \\ 2 \end{bmatrix}, \begin{bmatrix} 0 \\ 0 \\ 1 \end{bmatrix}$　　(2) $\begin{bmatrix} 1 \\ 0 \\ 0 \end{bmatrix}, \begin{bmatrix} 0 \\ 1 \\ 0 \end{bmatrix}, \begin{bmatrix} 0 \\ 0 \\ 1 \end{bmatrix}$

▶**注**　ベクトル空間 $\boldsymbol{R}^n$ で，基本単位ベクトルから成る基底

$$\boldsymbol{e}_1=\begin{bmatrix} 1 \\ 0 \\ 0 \\ \vdots \\ 0 \end{bmatrix}, \quad \boldsymbol{e}_2=\begin{bmatrix} 0 \\ 1 \\ 0 \\ \vdots \\ 0 \end{bmatrix}, \quad \cdots, \quad \boldsymbol{e}_n=\begin{bmatrix} 0 \\ 0 \\ \vdots \\ 0 \\ 1 \end{bmatrix}$$

を，$\boldsymbol{R}^n$ の**標準基底**という．

**例 4**　次は，いずれも，ベクトル空間 $M(2,2\,;\boldsymbol{R})$ の基底である：

（1）　$\begin{bmatrix} 1 & 0 \\ 0 & 0 \end{bmatrix}, \begin{bmatrix} 0 & 1 \\ 0 & 0 \end{bmatrix}, \begin{bmatrix} 0 & 0 \\ 1 & 0 \end{bmatrix}, \begin{bmatrix} 0 & 0 \\ 0 & 1 \end{bmatrix}$

（2）　$\begin{bmatrix} 1 & 0 \\ 0 & 0 \end{bmatrix}, \begin{bmatrix} 1 & 2 \\ 0 & 0 \end{bmatrix}, \begin{bmatrix} 1 & 2 \\ 3 & 0 \end{bmatrix}, \begin{bmatrix} 1 & 2 \\ 3 & 4 \end{bmatrix}$

**例 5**　次は，いずれも，ベクトル空間 $P(3\,;\boldsymbol{R})$ の基底である：

（1）　$1,\quad x,\quad x^2,\quad x^3$

（2）　$1,\quad x+1,\quad (x+1)^2,\quad (x+1)^3$

**例 6**　$x$ の実係数多項式全体の作るベクトル空間 $P(\boldsymbol{R})$ には，いくらでも長い一次独立なベクトルの列がある．たとえば，どんな $n$ についても，

$$1,\quad x,\quad x^2,\quad \cdots,\quad x^n$$

は，一次独立である．このベクトル空間 $P(\boldsymbol{R})$ は，有限個のベクトルから成る基底をもたない．そこで，ベクトル空間 $V$ について，

有限個のベクトルから成る基底が存在するとき，$V$ は**有限次元**

有限個のベクトルから成る基底が存在せぬとき，$V$ は**無限次元**

であるという．

こうしてみると，有限次元の場合，一つのベクトル空間の基底は，いろいろ(じつは無数に)あるが，どの基底も同一個数のベクトルから成ることに気がつく．この同一個数を，ベクトル空間 $V$ の**次元**とよび，

$$\dim V$$

と記す．たとえば，$\dim \boldsymbol{R}^n = n$，$\dim M(m, n\,;\boldsymbol{R}) = mn$ である．

どの基底も同一個数のベクトルから成ることは，次の事実から明らかであろう：

> $r$ 個のベクトルの一次結合を $r+1$ 個(以上)とると，それらは一次従属になってしまう．

記述の簡単のため，$r=2$ の場合について，**証明**を記すことにする．

いま，2 個のベクトル $\boldsymbol{x}_1, \boldsymbol{x}_2$ の一次結合を 3 個とる：

$$\boldsymbol{y}_1 = a_{11}\boldsymbol{x}_1 + a_{21}\boldsymbol{x}_2$$
$$\boldsymbol{y}_2 = a_{12}\boldsymbol{x}_1 + a_{22}\boldsymbol{x}_2 \qquad$$（添数（サフィックス）のつけ方に注意！）
$$\boldsymbol{y}_3 = a_{13}\boldsymbol{x}_1 + a_{23}\boldsymbol{x}_2$$

これらの係数から作った(2,3)行列

$$A = \begin{bmatrix} a_{11} & a_{12} & a_{13} \\ a_{21} & a_{22} & a_{23} \end{bmatrix}$$

は，$\mathrm{rank}\, A \leqq 2$ だから，この行列の3本の列ベクトルは，一次従属である．ゆえに，

$$s_1\begin{bmatrix} a_{11} \\ a_{21} \end{bmatrix} + s_2\begin{bmatrix} a_{12} \\ a_{22} \end{bmatrix} + s_3\begin{bmatrix} a_{13} \\ a_{23} \end{bmatrix} = \begin{bmatrix} 0 \\ 0 \end{bmatrix}$$

となる $s_1, s_2, s_3$ が存在する．ただし，$(s_1, s_2, s_3) \neq (0, 0, 0)$．

$$\therefore \quad \begin{cases} s_1 a_{11} + s_2 a_{12} + s_3 a_{13} = 0 \\ s_1 a_{21} + s_2 a_{22} + s_3 a_{23} = 0 \end{cases}$$

したがって，このとき，

$$\begin{aligned} & s_1\boldsymbol{y}_1 + s_2\boldsymbol{y}_2 + s_3\boldsymbol{y}_3 \\ &= s_1(a_{11}\boldsymbol{x}_1 + a_{21}\boldsymbol{x}_2) + s_2(a_{12}\boldsymbol{x}_1 + a_{22}\boldsymbol{x}_2) + s_3(a_{13}\boldsymbol{x}_1 + a_{23}\boldsymbol{x}_2) \\ &= (s_1 a_{11} + s_2 a_{12} + s_3 a_{13})\boldsymbol{x}_1 + (s_1 a_{21} + s_2 a_{22} + s_3 a_{23})\boldsymbol{x}_2 \\ &= 0\boldsymbol{x}_1 + 0\boldsymbol{x}_2 = \boldsymbol{0} \end{aligned}$$

こうして，$\boldsymbol{y}_1, \boldsymbol{y}_2, \boldsymbol{y}_3$ が一次従属であることが示された．　□

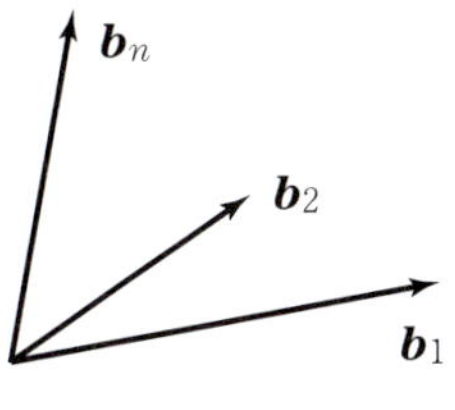


ベクトル空間 $V$ の基底 $\boldsymbol{b}_1, \boldsymbol{b}_2, \cdots, \boldsymbol{b}_n$ というのは，ばくぜんとしたベクトル空間 $V$ に設定しうる〝座標系〟のようなものである．また，このとき，ベクトル空間 $V$ の次元 $\dim V$ は，

$V$ 内の一次独立なベクトルの最大個数

さらに，$V$ の部分空間 $W = L(\boldsymbol{a}_1, \boldsymbol{a}_2, \cdots, \boldsymbol{a}_r)$ の次元 $\dim W$ は，

$\boldsymbol{a}_1, \boldsymbol{a}_2, \cdots, \boldsymbol{a}_r$ の一次独立なベクトルの最大個数

である．とくに，$V = \boldsymbol{R}^n$ のときは，

$$\dim L(\boldsymbol{a}_1, \boldsymbol{a}_2, \cdots, \boldsymbol{a}_r) = \mathrm{rank}[\, \boldsymbol{a}_1 \ \boldsymbol{a}_2 \ \cdots \ \boldsymbol{a}_r \,]$$

さて，ベクトル空間のいくつかのベクトルについて，

基底 $\iff$ 一次独立 ＋ 生成系

であったが，$n$ 次元ベクトル空間 $V$ の $n$ 個のベクトルについては，一次独立か生成系か一方が分かれば，基底になるのである：

**●ポイント　基底を作る条件**

$n$ 次元ベクトル空間 $V$ の $n$ 個のベクトル $\boldsymbol{b}_1, \boldsymbol{b}_2, \cdots, \boldsymbol{b}_n$ について，

（1）$\boldsymbol{b}_1, \boldsymbol{b}_2, \cdots, \boldsymbol{b}_n$：一次独立 $\Longrightarrow$ $\boldsymbol{b}_1, \boldsymbol{b}_2, \cdots, \boldsymbol{b}_n$：基底

（2）$\boldsymbol{b}_1, \boldsymbol{b}_2, \cdots, \boldsymbol{b}_n$：生 成 系 $\Longrightarrow$ $\boldsymbol{b}_1, \boldsymbol{b}_2, \cdots, \boldsymbol{b}_n$：基底

**証明**（1）$n = \dim V =$ 〝$V$ の一次独立なベクトルの最大個数〟

だから，$V$ のどんなベクトル $\boldsymbol{x}$ についても，

$$\boldsymbol{b}_1, \boldsymbol{b}_2, \cdots, \boldsymbol{b}_n, \boldsymbol{x} \text{ は，一次従属}$$

よって，$\boldsymbol{x}$ は，$\boldsymbol{b}_1, \boldsymbol{b}_2, \cdots, \boldsymbol{b}_n$ の一次結合として表わされる．

すなわち，$\boldsymbol{b}_1, \boldsymbol{b}_2, \cdots, \boldsymbol{b}_n$ は生成系である．

（2）$\boldsymbol{b}_1, \boldsymbol{b}_2, \cdots, \boldsymbol{b}_n$ を生成系，すなわち，$V = L(\boldsymbol{b}_1, \boldsymbol{b}_2, \cdots, \boldsymbol{b}_n)$ とすると，$n = \dim V = \dim L(\boldsymbol{b}_1, \boldsymbol{b}_2, \cdots, \boldsymbol{b}_n)$ は，$\boldsymbol{b}_1, \boldsymbol{b}_2, \cdots, \boldsymbol{b}_n$ のうちの一次独立なベクトルの最大個数であったから，$\boldsymbol{b}_1, \boldsymbol{b}_2, \cdots, \boldsymbol{b}_n$ の全部が一次独立になることが分かる．□

次に，$n$ 次元ベクトル空間 $V$ の $n$ 個未満の一次独立なベクトル $\boldsymbol{a}_1, \boldsymbol{a}_2, \cdots, \boldsymbol{a}_r$ は，$n-r$ 個のベクトルを追加して，$V$ の基底を作れることを示す．

**●ポイント　基底の延長定理**

$\boldsymbol{a}_1, \boldsymbol{a}_2, \cdots, \boldsymbol{a}_r\ (r < n)$ が，$n$ 次元ベクトル空間 $V$ の一次独立なベクトルならば，この $\boldsymbol{a}_1, \boldsymbol{a}_2, \cdots, \boldsymbol{a}_r$ を含む $V$ の基底が存在する．

**証明** いま，$\langle \boldsymbol{b}_1, \boldsymbol{b}_2, \cdots, \boldsymbol{b}_n \rangle$ を $V$ の一つの基底とする．

ベクトル空間 $V$ で，一次独立なベクトルの最大個数は $n$ だから，

$$\boldsymbol{a}_1, \boldsymbol{a}_2, \cdots, \boldsymbol{a}_r, \boldsymbol{b}_1, \boldsymbol{b}_2, \cdots, \boldsymbol{b}_n$$

の前の方から，$n$ 個の一次独立なベクトルを採れば，それが $V$ の基底になっている．□

▶**注** $\boldsymbol{a}_1, \boldsymbol{a}_2, \cdots, \boldsymbol{a}_r$ を含む基底は，もちろん，**一意的ではない**．

**例題 15.1** **$R^4$ の基底**

$$a_1 = \begin{bmatrix} 1 \\ 3 \\ -2 \\ 0 \end{bmatrix}, \quad a_2 = \begin{bmatrix} 2 \\ 5 \\ -3 \\ 1 \end{bmatrix}, \quad a_3 = \begin{bmatrix} -1 \\ -3 \\ 1 \\ -3 \end{bmatrix}, \quad a_4 = \begin{bmatrix} 1 \\ 5 \\ -4 \\ -2 \end{bmatrix}$$

によって生成される $\boldsymbol{R}^4$ の部分空間を $W$ とする.

（1） $r = \dim W$ を求めよ. $\boldsymbol{a}_1, \boldsymbol{a}_2, \boldsymbol{a}_3, \boldsymbol{a}_4$ から $r\ (= \dim W)$ 個のベクトルを選んで $W$ の基底を作れ.

（2） この基底に $3-r$ 個の新しいベクトルを追加して $\boldsymbol{R}^4$ の基底を作れ.

**【解】** 次の行基本変形を考える：

| $\boldsymbol{a}_1$ | $\boldsymbol{a}_2$ | $\boldsymbol{a}_3$ | $\boldsymbol{a}_4$ | 行基本変形 | 行 |
|---|---|---|---|---|---|
| 1 | 2 | −1 | 1 | | ① |
| 3 | 5 | −3 | 5 | | ② |
| −2 | −3 | 1 | −4 | | ③ |
| 0 | 1 | −3 | −2 | | ④ |
| 1 | 2 | −1 | 1 | ① | ①′ |
| 0 | −1 | 0 | 2 | ②+①×(−3) | ②′ |
| 0 | 1 | −1 | −2 | ③+①×2 | ③′ |
| 0 | 1 | −3 | −2 | ④ | ④′ |
| 1 | 0 | −1 | 5 | ①′+②′×2 | ①″ |
| 0 | −1 | 0 | 2 | ②′ | ②″ |
| 0 | 0 | −1 | 0 | ③′+②′×1 | ③″ |
| 0 | 0 | −3 | 0 | ④′+②′×1 | ④″ |
| 1 | 0 | 0 | 5 | ①″+③″×(−1) | ①‴ |
| 0 | 1 | 0 | −2 | ②″×(−1) | ②‴ |
| 0 | 0 | 1 | 0 | ③″×(−1) | ③‴ |
| 0 | 0 | 0 | 0 | ④″+③″×(−3) | ④‴ |

（1）　$\mathrm{rank}[\, \boldsymbol{a}_1 \ \boldsymbol{a}_2 \ \boldsymbol{a}_3 \ \boldsymbol{a}_4 \,] = 3$

$$\therefore \quad r = \dim W = 3$$

上の変形から，

$$\boldsymbol{a}_4 = 5\boldsymbol{a}_1 - 2\boldsymbol{a}_2$$

したがって，$W$ の基底は，たとえば，

$$\langle \boldsymbol{a}_1, \boldsymbol{a}_2, \boldsymbol{a}_3 \rangle$$

（$\langle \boldsymbol{a}_1, \boldsymbol{a}_3, \boldsymbol{a}_4 \rangle$ や $\langle \boldsymbol{a}_2, \boldsymbol{a}_3, \boldsymbol{a}_4 \rangle$ も基底）

> $\boldsymbol{R}^n$ では，
> $W = L(\boldsymbol{a}_1, \boldsymbol{a}_2, \boldsymbol{a}_3, \boldsymbol{a}_4)$
> $A = [\, \boldsymbol{a}_1 \ \boldsymbol{a}_2 \ \boldsymbol{a}_3 \ \boldsymbol{a}_4 \,]$
> ⬇
> $\dim W = \mathrm{rank}\, A$

（2）　たとえば，

$$\langle \boldsymbol{e}_1, \boldsymbol{e}_2, \boldsymbol{e}_3, \boldsymbol{e}_4 \rangle$$

は，$\boldsymbol{R}^4$ の基底である．これを追加した

$$\boldsymbol{a}_1, \boldsymbol{a}_2, \boldsymbol{a}_3, \boldsymbol{e}_1, \boldsymbol{e}_2, \boldsymbol{e}_3, \boldsymbol{e}_4$$

を考える．rank の計算によって，

$$\mathrm{rank}[\, \boldsymbol{a}_1 \ \boldsymbol{a}_2 \ \boldsymbol{a}_3 \ \boldsymbol{e}_1 \,] = 3$$

ゆえに，$\boldsymbol{a}_1, \boldsymbol{a}_2, \boldsymbol{a}_3, \boldsymbol{e}_1$ は，一次従属

$$\mathrm{rank}[\, \boldsymbol{a}_1 \ \boldsymbol{a}_2 \ \boldsymbol{a}_3 \ \boldsymbol{e}_2 \,] = 4$$

ゆえに，次は $\boldsymbol{R}^4$ の基底（の一つ）である．

$$\langle \boldsymbol{a}_1, \boldsymbol{a}_2, \boldsymbol{a}_3, \boldsymbol{e}_2 \rangle$$

□

> $\langle \boldsymbol{a}_1, \cdots, \boldsymbol{a}_r \rangle$：　$W$ の基底
> ↑↓
> $\begin{cases} \boldsymbol{a}_1, \cdots, \boldsymbol{a}_r ：\text{一次独立} \\ W = L(\boldsymbol{a}_1, \cdots, \boldsymbol{a}_r) \end{cases}$

### ベクトルの成分

$\langle \boldsymbol{b}_1, \boldsymbol{b}_2, \cdots, \boldsymbol{b}_n \rangle$ を $n$ 次元ベクトル空間 $V$ の基底とするとき，$V$ のベクトル $\boldsymbol{x}$ は，ただ一通りに，

$$\boldsymbol{x} = x_1 \boldsymbol{b}_1 + x_2 \boldsymbol{b}_2 + \cdots + x_n \boldsymbol{b}_n$$

と表わされる．このとき，$\boldsymbol{b}_1, \boldsymbol{b}_2, \cdots, \boldsymbol{b}_n$ の係数から成る

$$\begin{bmatrix} x_1 \\ x_2 \\ \vdots \\ x_n \end{bmatrix}$$

を，基底 $\langle \boldsymbol{b}_1, \boldsymbol{b}_2, \cdots, \boldsymbol{b}_n \rangle$ に関するベクトル $\boldsymbol{x}$ の**成分**（**座標**）という．

したがって，任意の $n$ 次元ベクトル空間 $V$ は，基底を一つ定めると，$\boldsymbol{R}^n$ と同一視することができる．

$n$ 次元ベクトル空間　＋　基底　＝　$n$ 次元数ベクトル空間

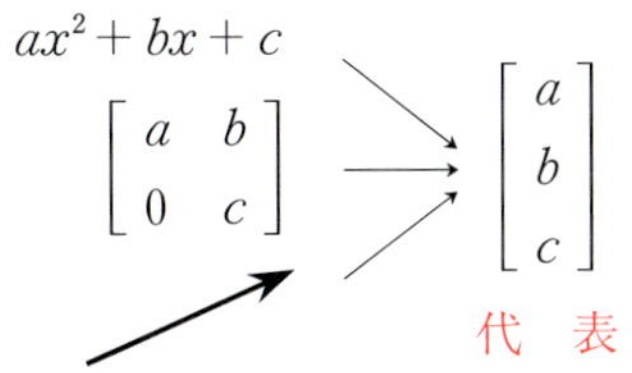


## 演習問題

**15. 1**　$\boldsymbol{R}^3$ で，次のベクトルを考える．

$$\boldsymbol{a}_1=\begin{bmatrix} 1 \\ 2 \\ 3 \end{bmatrix},\quad \boldsymbol{a}_2=\begin{bmatrix} 2 \\ 1 \\ 4 \end{bmatrix},\quad \boldsymbol{a}_3=\begin{bmatrix} -1 \\ 4 \\ 1 \end{bmatrix},\quad \boldsymbol{a}_4=\begin{bmatrix} 3 \\ 0 \\ 2 \end{bmatrix},\quad \boldsymbol{b}=\begin{bmatrix} 5 \\ 7 \\ 7 \end{bmatrix}$$

（1）　$\langle \boldsymbol{a}_1, \boldsymbol{a}_2, \boldsymbol{a}_3 \rangle$ は，$\boldsymbol{R}^3$ の基底になるか．

（2）　$\langle \boldsymbol{a}_1, \boldsymbol{a}_2, \boldsymbol{a}_4 \rangle$ は，$\boldsymbol{R}^3$ の基底であることを示し，ベクトル $\boldsymbol{b}$ を，$\boldsymbol{a}_1$, $\boldsymbol{a}_2$, $\boldsymbol{a}_4$ の一次結合として表わせ．

**15. 2**　$$A_1=\begin{bmatrix} 1 & -3 \\ 2 & 0 \end{bmatrix},\quad A_2=\begin{bmatrix} 2 & 1 \\ -1 & 3 \end{bmatrix},\quad A_3=\begin{bmatrix} 7 & -7 \\ 4 & 6 \end{bmatrix}$$

によって生成される $M(2,2\,;\boldsymbol{R})$ の部分空間を $W$ とする．

（1）　$r=\dim W$ を求めよ．

$A_1, A_2, A_3$ から $r\,(=\dim W)$ 個を選んで $W$ の基底を作れ．

（2）　この基底に $4-r$ 個の行列を追加して $M(2,2\,;\boldsymbol{R})$ の基底を作れ．

**15. 3**　$$\boldsymbol{a}_1=\begin{bmatrix} 1 \\ 5 \\ 2 \end{bmatrix},\quad \boldsymbol{a}_2=\begin{bmatrix} 2 \\ 7 \\ 3 \end{bmatrix},\quad \boldsymbol{b}_1=\begin{bmatrix} 3 \\ 8 \\ 1 \end{bmatrix},\quad \boldsymbol{b}_2=\begin{bmatrix} -1 \\ 9 \\ 2 \end{bmatrix}$$

のとき，交空間 $L(\boldsymbol{a}_1, \boldsymbol{a}_2)\cap L(\boldsymbol{b}_1, \boldsymbol{b}_2)$ の基底を求めよ．

**15. 4**　$x$ の実係数(高々) 3 次式の作るベクトル空間 $P(3\,;\boldsymbol{R})$ の基底 $\langle 1, x-a, (x-a)^2, (x-a)^3 \rangle$ に関する $f(x)$ の成分について，次を示せ：

$$f(x)=c_0+c_1(x-a)+c_2(x-a)^2+c_3(x-a)^3 \implies c_k=\frac{f^{(k)}(a)}{k\,!}$$

# §16 線形写像

ベクトル世界の正比例関数

## 線形写像

二つの商品を買うと，その代金は，各商品の代金の合計になり，同じものを，2個・3個・…　買えば，代金も，2倍・3倍・…　になる．

このように，

　$x_1 \to y_1$，$x_2 \to y_2$ という対応があれば，$x_1 + x_2 \to y_1 + y_2$ を期待し，

　$x \to y$ という対応があれば，$2x \to 2y$，$3x \to 3y$ を期待する

というのが自然な考え方であって，このような性質を〝線形性〟という．

われわれは，ベクトルの世界で，この〝線形性〟をもつ写像を扱う．

いま，$V, W$ を，ともにベクトル空間とするとき，

**■ポイント**　　線形写像

次の 1°，2° を満たす写像 $F: V \to W$ を**線形写像**という：

1°　$F(\boldsymbol{x}_1 + \boldsymbol{x}_2) = F(\boldsymbol{x}_1) + F(\boldsymbol{x}_2)$

2°　$F(s\boldsymbol{x}) = sF(\boldsymbol{x})$

とくに，$V$ から $V$ 自身への線形写像 $F: V \to V$ を**線形変換**という．

▶注　1°，2° を，次のように，一つにまとめることができる：

$$F(s_1\boldsymbol{x}_1 + s_2\boldsymbol{x}_2) = s_1F(\boldsymbol{x}_1) + s_2F(\boldsymbol{x}_2)$$

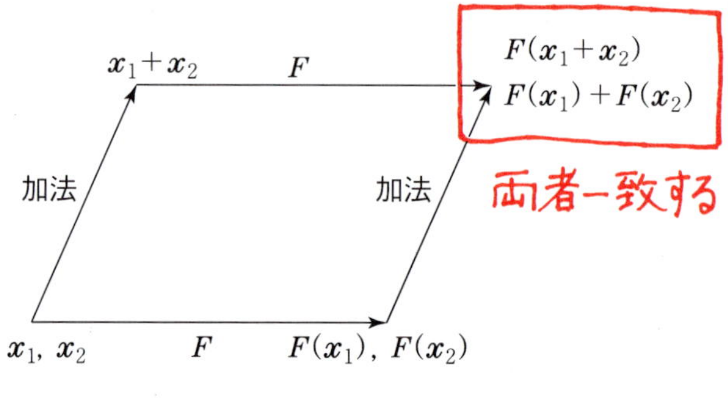

条件 1° は，ベクトル $\boldsymbol{x}_1, \boldsymbol{x}_2 \in V$ に対して，

和 $\boldsymbol{x}_1 + \boldsymbol{x}_2$ を作ってから，写像 $F$ を施して得られる $F(\boldsymbol{x}_1 + \boldsymbol{x}_2)$

写像 $F$ を施して得られる $F(\boldsymbol{x}_1)$，$F(\boldsymbol{x}_2)$ の和 $F(\boldsymbol{x}_1) + F(\boldsymbol{x}_2)$

の両者が等しくなる，ということである．このことを，

加法と写像 $F$ とは可換である

ということがある．ならば，条件 2° は，

スカラー乗法と写像 $F$ とは可換である

ということになる．ちなみに〝可換〟とは〝交換可能〟の意味である．

いま，線形写像の条件 1° で，$\boldsymbol{x}_1 = \boldsymbol{0}$，$\boldsymbol{x}_2 = \boldsymbol{0}$ とおけば，$F(\boldsymbol{0}) = \boldsymbol{0}$ が得られる．すなわち，線形写像によって $\boldsymbol{0}$ はつねに $\boldsymbol{0}$ に写されるわけである．

したがって，たとえば，

$$F : \boldsymbol{R}^2 \longrightarrow \boldsymbol{R}^2, \qquad F\left(\begin{bmatrix} x_1 \\ x_2 \end{bmatrix}\right) = \begin{bmatrix} x_1 + 2 \\ x_2 + 3 \end{bmatrix}$$

は，$F(\boldsymbol{0}) = \boldsymbol{0}$ を満たさないから，線形写像ではない：

$$F\left(\begin{bmatrix} 0 \\ 0 \end{bmatrix}\right) = \begin{bmatrix} 0+2 \\ 0+3 \end{bmatrix} = \begin{bmatrix} 2 \\ 3 \end{bmatrix}$$

次に，線形写像の典型的な例を挙げておこう．

**例 1** $F : \boldsymbol{R}^n \to \boldsymbol{R}^m$，$F(\boldsymbol{x}) = A\boldsymbol{x}$　ただし，$A$ は $(m, n)$ 定行列．

この $F$ が線形写像の条件 1°，2° を満たすことは，ほぼ自明：

$$F(\boldsymbol{x}_1 + \boldsymbol{x}_2) = A(\boldsymbol{x}_1 + \boldsymbol{x}_2) = A\boldsymbol{x}_1 + A\boldsymbol{x}_2 = F(\boldsymbol{x}_1) + F(\boldsymbol{x}_2)$$
$$F(s\boldsymbol{x}) = A(s\boldsymbol{x}) = sA\boldsymbol{x} = sF(\boldsymbol{x})$$

たとえば，次は線形写像である：

$$F : \boldsymbol{R}^2 \longrightarrow \boldsymbol{R}^2, \qquad F\left(\begin{bmatrix} x_1 \\ x_2 \end{bmatrix}\right) = \begin{bmatrix} 3 & -5 \\ 4 & 7 \end{bmatrix}\begin{bmatrix} x_1 \\ x_2 \end{bmatrix} = \begin{bmatrix} 3x_1 - 5x_2 \\ 4x_1 + 7x_2 \end{bmatrix}$$

$$G : \boldsymbol{R}^3 \longrightarrow \boldsymbol{R}^2, \qquad G\left(\begin{bmatrix} x_1 \\ x_2 \\ x_3 \end{bmatrix}\right) = \begin{bmatrix} 1 & 0 & 0 \\ 0 & 1 & 0 \end{bmatrix}\begin{bmatrix} x_1 \\ x_2 \\ x_3 \end{bmatrix} = \begin{bmatrix} x_1 \\ x_2 \end{bmatrix}$$

**例 2** $F : M(n, n\,;\,\boldsymbol{R}) \longrightarrow M(n, n\,;\,\boldsymbol{R})$

（1） $F(X) = AXB$　ただし，$A, B$ は $(n, n)$ 定行列．

（2）　$F(X)=X'$　　（$X$ の転置行列）

**例 3**　$F: P(n\,;\,\boldsymbol{R}) \longrightarrow P(n-1\,;\,\boldsymbol{R}),\quad F(f(x))=f'(x)$　（導関数）

**例 4**　$F: P(n\,;\,\boldsymbol{R}) \longrightarrow \boldsymbol{R},\quad F(f(x))=\int_0^1 f(x)\,dx$

さて，次に，上の **例 1** の逆に相当する

●線形写像 $F: \boldsymbol{R}^n \to \boldsymbol{R}^m$ は，正比例関数 $F(\boldsymbol{x})=A\boldsymbol{x}$ だけである

ことを示す．この場合，$A$ は $(m, n)$ 行列である．

**証明**　理屈は同じだから，簡単のため，証明は，

$$F: \boldsymbol{R}^2 \longrightarrow \boldsymbol{R}^2$$

の場合を記すことにする．いま，この $\boldsymbol{R}^2$ の標準基底 $\langle \boldsymbol{e}_1, \boldsymbol{e}_2 \rangle$ の像を，

$$F(\boldsymbol{e}_1)=\begin{bmatrix} a_{11} \\ a_{21} \end{bmatrix},\qquad F(\boldsymbol{e}_2)=\begin{bmatrix} a_{12} \\ a_{22} \end{bmatrix}$$

とおき，さらに，

$$A=[\,F(\boldsymbol{e}_1)\ \ F(\boldsymbol{e}_2)\,]=\begin{bmatrix} a_{11} & a_{12} \\ a_{21} & a_{22} \end{bmatrix}$$

とおく，ところで，

$$\boldsymbol{x}=\begin{bmatrix} x_1 \\ x_2 \end{bmatrix}=\begin{bmatrix} x_1 \\ 0 \end{bmatrix}+\begin{bmatrix} 0 \\ x_2 \end{bmatrix}=x_1\boldsymbol{e}_1+x_2\boldsymbol{e}_2$$

だから，写像 $F$ の線形性によって，

$$\begin{aligned} F(\boldsymbol{x}) &= F(x_1\boldsymbol{e}_1+x_2\boldsymbol{e}_2)=x_1F(\boldsymbol{e}_1)+x_2F(\boldsymbol{e}_2) \\ &= [\,F(\boldsymbol{e}_1)\ \ F(\boldsymbol{e}_2)\,]\begin{bmatrix} x_1 \\ x_2 \end{bmatrix}=\begin{bmatrix} a_{11} & a_{12} \\ a_{21} & a_{22} \end{bmatrix}\begin{bmatrix} x_1 \\ x_2 \end{bmatrix}=A\boldsymbol{x} \qquad \square \end{aligned}$$

このように，線形写像 $F$ は，正比例関数 $F(\boldsymbol{x})=A\boldsymbol{x}$ だけであることが分かった．

## 像と核

$F$ がベクトル空間 $V$ から $W$ への線形写像のとき，

$\mathrm{Im}\,F=\{F(\boldsymbol{x}) \mid \boldsymbol{x}\in V\}$（イメージ）は，$W$ の部分空間

$\mathrm{Ker}\,F=\{\boldsymbol{x} \mid F(\boldsymbol{x})=\boldsymbol{0}\}$（カーネル）は，$V$ の部分空間

であることは，ほぼ明らかであろう．実際，

$$F(\boldsymbol{x}_1), F(\boldsymbol{x}_2) \in \operatorname{Im} F \implies F(\boldsymbol{x}_1) + F(\boldsymbol{x}_2) = F(\boldsymbol{x}_1 + \boldsymbol{x}_2) \in \operatorname{Im} F$$

$$F(\boldsymbol{x}) \in \operatorname{Im} F,\ s : \text{スカラー} \implies sF(\boldsymbol{x}) = F(s\boldsymbol{x}) \in \operatorname{Im} F$$

また，$\boldsymbol{x}_1, \boldsymbol{x}_2 \in \operatorname{Ker} F$ とすれば，$F(\boldsymbol{x}_1) = \boldsymbol{0}$，$F(\boldsymbol{x}_2) = \boldsymbol{0}$ だから，

$$F(\boldsymbol{x}_1 + \boldsymbol{x}_2) = F(\boldsymbol{x}_1) + F(\boldsymbol{x}_2) = \boldsymbol{0} + \boldsymbol{0} = \boldsymbol{0} \qquad \therefore \quad \boldsymbol{x}_1 + \boldsymbol{x}_2 \in \operatorname{Ker} F$$

$\boldsymbol{x} \in \operatorname{Ker} F$，$s$ : スカラー $\implies$ $s\boldsymbol{x} \in \operatorname{Ker} F$　も同様.

この $\operatorname{Im} F$，$\operatorname{Ker} F$ を，それぞれ，$F$ の**像(空間)**および**核**という.

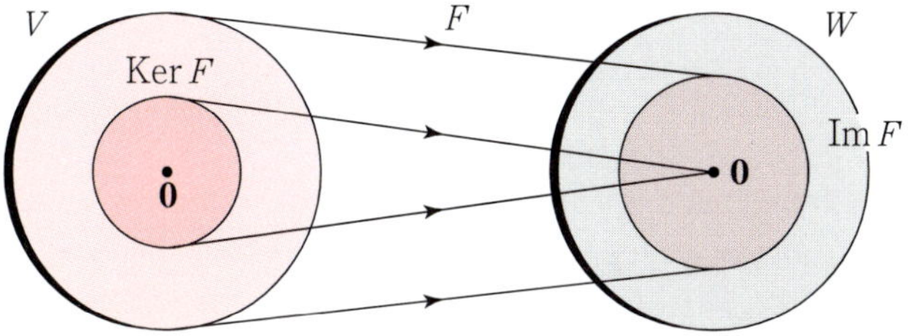


**■ポイント** ―― 像・核

線形写像 $F : V \to W$　に対して，

$\operatorname{Im} F = \{ F(\boldsymbol{x}) \mid \boldsymbol{x} \in V \}$ を $F$ の**像**(ぞう)といい，

$\operatorname{Ker} F = \{ \boldsymbol{x} \mid F(\boldsymbol{x}) = \boldsymbol{0} \}$　を $F$ の**核**(かく)という.

とくに，$V = \boldsymbol{R}^n$，$W = \boldsymbol{R}^m$ の場合，線形写像 $F : \boldsymbol{R}^n \to \boldsymbol{R}^m$ は，

$$F(\boldsymbol{x}) = A\boldsymbol{x}$$

とかけるのであった．ここに，比例係数 $A$ は $(m, n)$ 行列であって，

$$A = [\ \boldsymbol{a}_1\ \ \boldsymbol{a}_2\ \cdots\ \boldsymbol{a}_n\ ] = [\ F(\boldsymbol{e}_1)\ \ F(\boldsymbol{e}_2)\ \cdots\ F(\boldsymbol{e}_n)\ ]$$

だから，

$$F(\boldsymbol{x}) = A\boldsymbol{x} = [\ \boldsymbol{a}_1\ \ \boldsymbol{a}_2\ \cdots\ \boldsymbol{a}_n\ ] \begin{bmatrix} x_1 \\ x_2 \\ \vdots \\ x_n \end{bmatrix} = x_1\boldsymbol{a}_1 + x_2\boldsymbol{a}_2 + \cdots + x_n\boldsymbol{a}_n$$

ゆえに，

$$\begin{aligned} \operatorname{Im} F &= \{ F(\boldsymbol{x}) \mid \boldsymbol{x} \in \boldsymbol{R}^n \} \\ &= \{ x_1\boldsymbol{a}_1 + x_2\boldsymbol{a}_2 + \cdots + x_n\boldsymbol{a}_n \mid x_1, x_2, \cdots, x_n \in \boldsymbol{R} \} \\ &= L(\boldsymbol{a}_1, \boldsymbol{a}_2, \cdots, \boldsymbol{a}_n) = L(F(\boldsymbol{e}_1), F(\boldsymbol{e}_2), \cdots, F(\boldsymbol{e}_n)) \end{aligned}$$

したがって，$\mathrm{Im}\,F$ は，$\boldsymbol{R}^n$ の標準基底 $\langle \boldsymbol{e}_1, \boldsymbol{e}_2, \cdots, \boldsymbol{e}_n \rangle$ の $F$ による像の生成する $\boldsymbol{R}^m$ の部分空間である．だから，その次元

$$\dim(\mathrm{Im}\,F) = \dim L(F(\boldsymbol{e}_1), F(\boldsymbol{e}_2), \cdots, F(\boldsymbol{e}_n))$$

は，写像 $F$ の空間の〝保存度〟と考えられる．そこで，一般の線形写像 $F: V \to W$ の**階数** $\mathrm{rank}\,F$ を，次のように定義する：

$$\mathrm{rank}\,F = \dim(\mathrm{Im}\,F)$$

次に，$F: V \to W$ の核 $\mathrm{Ker}\,F = \{\boldsymbol{x} \in V \mid F(\boldsymbol{x}) = \boldsymbol{0}\}$ を扱う．

とくに，$\boldsymbol{R}^n$ から $\boldsymbol{R}^m$ への線形写像 $F: \boldsymbol{R}^n \to \boldsymbol{R}^m$，$F(\boldsymbol{x}) = A\boldsymbol{x}$ の核

$$\mathrm{Ker}\,F = \{\boldsymbol{x} \in \boldsymbol{R}^n \mid A\boldsymbol{x} = \boldsymbol{0}\}$$

は，1次同次方程式 $A\boldsymbol{x} = \boldsymbol{0}$ の解空間である．この解空間の基底を構成するベクトルを，$A\boldsymbol{x} = \boldsymbol{0}$ の**基本解**という．

いま，簡単のため，

$$F: \boldsymbol{R}^5 \to \boldsymbol{R}^4, \qquad F(\boldsymbol{x}) = A\boldsymbol{x} = \boldsymbol{0}$$

の場合で記せば，たとえば，$\mathrm{rank}\,A = 3$ ならば，$(4, 5)$ 行列 $A$ は，適当な行基本変形と列の交換だけの組み合せだけで，

$$A \longrightarrow \begin{bmatrix} 1 & & & c_{14} & c_{15} \\ & 1 & & c_{24} & c_{25} \\ & & 1 & c_{34} & c_{35} \\ & & & & \end{bmatrix} \quad (\text{空白の成分は } 0)$$

のように変形できるから，1次方程式 $A\boldsymbol{x} = \boldsymbol{0}$ は，未知数を適当に入れかえれば，次と同値である：

$$\begin{cases} x_1 \qquad\qquad + c_{14}x_4 + c_{15}x_5 = 0 \\ \qquad x_2 \qquad + c_{24}x_4 + c_{25}x_5 = 0 \\ \qquad\qquad x_3 + c_{34}x_4 + c_{35}x_5 = 0 \end{cases}$$

ゆえに，

$$\boldsymbol{x} = \begin{bmatrix} x_1 \\ x_2 \\ x_3 \\ x_4 \\ x_5 \end{bmatrix} = s_1 \begin{bmatrix} -c_{14} \\ -c_{24} \\ -c_{34} \\ 1 \\ 0 \end{bmatrix} + s_2 \begin{bmatrix} -c_{15} \\ -c_{25} \\ -c_{35} \\ 0 \\ 1 \end{bmatrix}$$

したがって，$\dim(\mathrm{Ker}\,F)=2$，$\dim(\mathrm{Im}\,F)=\mathrm{rank}\,A$ だから，

$$\dim \boldsymbol{R}^5=\dim(\mathrm{Ker}\,F)+\dim(\mathrm{Im}\,F)$$

この結果は，次のように一般化される：

**●ポイント** **線形写像の次元定理**

$F: V \to W$ が線形写像で，$V, W$ が有限次元ならば，

$$\dim V=\dim(\mathrm{Ker}\,F)+\dim(\mathrm{Im}\,F)$$

くわしくいえば，次のような $V$ の基底

$$\langle \boldsymbol{b}_1, \cdots, \boldsymbol{b}_r, \boldsymbol{b}_{r+1}, \cdots, \boldsymbol{b}_n \rangle$$

が存在する：

（1） $\langle \boldsymbol{b}_1, \cdots, \boldsymbol{b}_r \rangle$ は $\mathrm{Ker}\,F$ の基底．

（2） $\langle F(\boldsymbol{b}_{r+1}), \cdots, F(\boldsymbol{b}_n) \rangle$ は，$\mathrm{Im}\,F$ の基底．

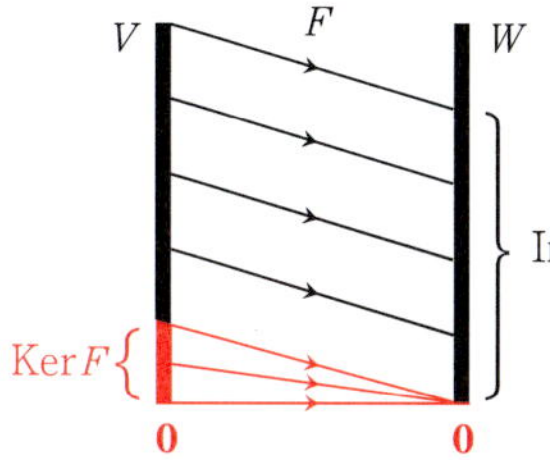


**証明** 簡単のため，$\dim V=n=5$，$\dim(\mathrm{Ker}\,F)=r=3$ の場合を記す．

$\mathrm{Ker}\,F$ の基底 $\langle \boldsymbol{b}_1, \boldsymbol{b}_2, \boldsymbol{b}_3 \rangle$ を延長して，$V$ の基底

$$\langle \boldsymbol{b}_1, \boldsymbol{b}_2, \boldsymbol{b}_3, \boldsymbol{b}_4, \boldsymbol{b}_5 \rangle$$

を作ったとき，

$$\langle F(\boldsymbol{b}_4), F(\boldsymbol{b}_5) \rangle \text{ は } \mathrm{Im}\,F \text{ の基底}$$

であることを示せばよい．

$$\boldsymbol{x}=s_1\boldsymbol{b}_1+s_2\boldsymbol{b}_2+s_3\boldsymbol{b}_3+s_4\boldsymbol{b}_4+s_5\boldsymbol{b}_5,\quad F(\boldsymbol{x})\in \mathrm{Im}\,F$$

とすると，

$$F(\boldsymbol{x})=s_1F(\boldsymbol{b}_1)+s_2F(\boldsymbol{b}_2)+s_3F(\boldsymbol{b}_3)+s_4F(\boldsymbol{b}_4)+s_5F(\boldsymbol{b}_5)$$
$$=s_4F(\boldsymbol{b}_4)+s_5F(\boldsymbol{b}_5)\in L(F(\boldsymbol{b}_4), F(\boldsymbol{b}_5))$$
$$\therefore\quad \mathrm{Im}\,F=L(F(\boldsymbol{b}_4), F(\boldsymbol{b}_5))$$

次に，$F(\boldsymbol{b}_4)$，$F(\boldsymbol{b}_5)$ が一次独立であることを示す．

$$t_4F(\boldsymbol{b}_4)+t_5F(\boldsymbol{b}_5)=\boldsymbol{0} \quad \text{とおくと，} \quad F(t_4\boldsymbol{b}_4+t_5\boldsymbol{b}_5)=\boldsymbol{0}$$
$$\therefore\quad t_4\boldsymbol{b}_4+t_5\boldsymbol{b}_5\in \mathrm{Ker}\,F$$

よって，$t_4\boldsymbol{b}_4+t_5\boldsymbol{b}_5=t_1\boldsymbol{b}_1+t_2\boldsymbol{b}_2+t_3\boldsymbol{b}_3$ とかける．

ところが，$\boldsymbol{b}_1, \boldsymbol{b}_2, \boldsymbol{b}_3, \boldsymbol{b}_4, \boldsymbol{b}_5$ は一次独立だから，

$$t_4=t_5=0$$

□

**例題 16.1**　　　　　　**像と核**

$$A=\begin{bmatrix} 1 & 2 & 1 & 1 & 3 \\ 2 & 3 & 0 & -1 & 1 \\ -3 & -4 & 1 & 3 & 1 \end{bmatrix}$$

のとき，$F(\boldsymbol{x})=A\boldsymbol{x}$ なる線形写像 $F:\boldsymbol{R}^5\to\boldsymbol{R}^3$ の像 $\mathrm{Im}\,F$ の(一つの)基底，核 $\mathrm{Ker}\,F$ の(一つの)基底を求めよ．

**【解】**　行列 $A$ に次の行基本変形を施す：

$$A \overset{①}{\longrightarrow} \begin{bmatrix} 1 & 2 & 1 & 1 & 3 \\ 0 & -1 & -2 & -3 & -5 \\ 0 & 2 & 4 & 6 & 10 \end{bmatrix} \overset{②}{\longrightarrow} \begin{bmatrix} 1 & 0 & -3 & -5 & -7 \\ 0 & 1 & 2 & 3 & 5 \\ 0 & 0 & 0 & 0 & 0 \end{bmatrix}$$

①：2行＋1行×(−2)，　3行＋1行×3

②：1行＋2行×2，　2行×(−1)，　3行＋2行×2

> **像と核**
>
> $F:\boldsymbol{R}^n\longrightarrow\boldsymbol{R}^m$
>
> $F(\boldsymbol{x})=A\boldsymbol{x}$，$A=[\,\boldsymbol{a}_1\ \cdots\ \boldsymbol{a}_n\,]$
>
> に対して，
>
> $\mathrm{Im}\,F=\{F(\boldsymbol{x})\mid\boldsymbol{x}\in\boldsymbol{R}^n\}$
>
> $\qquad=L(\boldsymbol{a}_1,\boldsymbol{a}_2,\cdots,\boldsymbol{a}_n)$
>
> $\mathrm{Ker}\,F=\{\boldsymbol{x}\in\boldsymbol{R}^n\mid F(\boldsymbol{x})=\boldsymbol{0}\}$

$F$ の像 $\mathrm{Im}\,F$ は，$\boldsymbol{R}^5$ の標準基底の像 $F(\boldsymbol{e}_1),F(\boldsymbol{e}_2),\cdots,F(\boldsymbol{e}_5)$ すなわち $\boldsymbol{a}_1,\boldsymbol{a}_2,\cdots,\boldsymbol{a}_5$ によって生成される．上の変形から，

$$\dim(\mathrm{Im}\,F)=\mathrm{rank}\,A=2$$

ゆえに，$\mathrm{Im}\,F$ の一つの基底は，

$$\left\langle\begin{bmatrix} 1 \\ 2 \\ -3 \end{bmatrix},\begin{bmatrix} 2 \\ 3 \\ -4 \end{bmatrix}\right\rangle$$

また，上の行基本変形から，方程式 $A\boldsymbol{x}=\boldsymbol{0}$ は，次と同値：

$$\begin{cases} x_1 \quad -3x_3-5x_4-7x_5=0 \\ \quad x_2+2x_3+3x_4+5x_5=0 \end{cases}$$

ゆえに，

$$\boldsymbol{x}=\begin{bmatrix} x_1 \\ x_2 \\ x_3 \\ x_4 \\ x_5 \end{bmatrix}=r\,\boldsymbol{a}+s\,\boldsymbol{b}+t\,\boldsymbol{c}$$

ゆえに，$\langle \boldsymbol{a}, \boldsymbol{b}, \boldsymbol{c} \rangle$ は，核 $\mathrm{Ker}\, F$ の基底の一つである．ただし，

$$\boldsymbol{a} = \begin{bmatrix} 3 \\ -2 \\ 1 \\ 0 \\ 0 \end{bmatrix}, \quad \boldsymbol{b} = \begin{bmatrix} 5 \\ -3 \\ 0 \\ 1 \\ 0 \end{bmatrix}, \quad \boldsymbol{c} = \begin{bmatrix} 7 \\ -5 \\ 0 \\ 0 \\ 1 \end{bmatrix} \qquad \square$$

## 演習問題

**16.1** 次の写像 $F : M(n, n\,;\, \boldsymbol{R}) \to M(n, n\,;\, \boldsymbol{R})$ は，線形写像か．

(1) $F(X) = AX - XA$

(2) $F(X) = X + E$

(3) $F(X) = |X|E$ 　（$|X|$ は行列 $X$ の行列式，$n \geqq 2$）

**16.2** 次の線形写像 $F$ の核 $\mathrm{Ker}\, F$ を求めよ．

(1) $F : P(n\,;\, \boldsymbol{R}) \to P(n\,;\, \boldsymbol{R})$, 　$F(f(x)) = f''(x)$

(2) $F : P(\boldsymbol{R}) \to \boldsymbol{R}$, 　$F(f(x)) = f(1)$

**16.3** 次の写像 $F$ の像 $\mathrm{Im}\, F$，核 $\mathrm{Ker}\, F$ の（一つの）基底を求めよ．

$$F : \boldsymbol{R}^3 \to \boldsymbol{R}^2,\ F(\boldsymbol{x}) = A\boldsymbol{x} \quad \text{ただし，}\ A = \begin{bmatrix} 1 & 3 & 2 \\ 2 & 7 & 3 \end{bmatrix}$$

**16.4** 線形写像 $F : \boldsymbol{R}^5 \to \boldsymbol{R}^3$，$F(\boldsymbol{x}) = A\boldsymbol{x}$ を考える．ただし，

$$A = \begin{bmatrix} 1 & -2 & 1 & -2 & 0 \\ -2 & 3 & -1 & 3 & -1 \\ 3 & -5 & 4 & -9 & -5 \end{bmatrix}$$

(1) $r = \dim(\mathrm{Ker}\, F)$ とするとき，$\mathrm{Ker}\, F$ の基底 $\langle \boldsymbol{b}_1, \boldsymbol{b}_2, \cdots, \boldsymbol{b}_r \rangle$ の一つを求めよ．

(2) この基底を延長し，$\boldsymbol{R}^5$ の基底 $\langle \boldsymbol{b}_1, \cdots, \boldsymbol{b}_r, \boldsymbol{b}_{r+1}, \cdots, \boldsymbol{b}_5 \rangle$ を作り，$\langle F(\boldsymbol{b}_{r+1}), \cdots, F(\boldsymbol{b}_5) \rangle$ が $\mathrm{Im}\, F$ の基底になっていることを示せ．

**16.5** $F : V \to W$ が線形写像のとき，次を示せ．

(1) $F$ : 全射 $\iff$ $\mathrm{rank}\, F = \dim W$

(2) $F$ : 単射 $\iff$ $\mathrm{rank}\, F = \dim V$

▶**注** $F$ : **全射** $\iff$ 各 $\boldsymbol{y} \in W$ に対して $\boldsymbol{y} = F(\boldsymbol{x})$ なる $\boldsymbol{x} \in V$ が存在する

$F$ : **単射** $\iff$ $\boldsymbol{x}_1 \neq \boldsymbol{x}_2$ のとき，つねに $F(\boldsymbol{x}_1) \neq F(\boldsymbol{x}_2)$

# §17 線形写像の表現行列

**$y = Ax$ の比例係数 $A$ が表現行列**

## 表現行列

抽象的な線形写像と具体的な正比例関数 $\boldsymbol{y} = A\boldsymbol{x}$ とを結びつけて，線形写像の解明に行列の理論を駆使したい．いま，

$$\mathcal{A} = \langle \boldsymbol{a}_1, \boldsymbol{a}_2, \cdots, \boldsymbol{a}_n \rangle \text{ を，} n \text{ 次元ベクトル空間 } V \text{ の基底}$$

$$\mathcal{B} = \langle \boldsymbol{b}_1, \boldsymbol{b}_2, \cdots, \boldsymbol{b}_m \rangle \text{ を，} m \text{ 次元ベクトル空間 } W \text{ の基底}$$

とする．$F : V \to W$ が線形写像のとき，基底の各像 $F(\boldsymbol{a}_i) \in W$ は，

$$\begin{cases} F(\boldsymbol{a}_1) = a_{11}\boldsymbol{b}_1 + a_{21}\boldsymbol{b}_2 + \cdots + a_{m1}\boldsymbol{b}_m \\ F(\boldsymbol{a}_2) = a_{12}\boldsymbol{b}_1 + a_{22}\boldsymbol{b}_2 + \cdots + a_{m2}\boldsymbol{b}_m \\ \qquad \vdots \\ F(\boldsymbol{a}_n) = a_{1n}\boldsymbol{b}_1 + a_{2n}\boldsymbol{b}_2 + \cdots + a_{mn}\boldsymbol{b}_m \end{cases}$$

（添数のつけ方に注意！）

のように，$\boldsymbol{b}_1, \boldsymbol{b}_2, \cdots, \boldsymbol{b}_m$ の一次結合としてかける．これらを形式的に，

$$[\, F(\boldsymbol{a}_1) \;\; F(\boldsymbol{a}_2) \;\; \cdots \;\; F(\boldsymbol{a}_n) \,] = [\, \boldsymbol{b}_1 \;\; \boldsymbol{b}_2 \;\; \cdots \;\; \boldsymbol{b}_m \,] \begin{bmatrix} a_{11} & a_{12} & \cdots & a_{1n} \\ a_{21} & a_{22} & \cdots & a_{2n} \\ \vdots & \vdots & & \vdots \\ a_{m1} & a_{m2} & \cdots & a_{mn} \end{bmatrix}$$

とかいたとき，右辺の $(m, n)$ 行列 $A$ を，基底 $\mathcal{A}$, $\mathcal{B}$ に関する線形写像 $F$ の**表現行列**という．

このとき，基底 $\mathcal{A}$ に関する $\boldsymbol{x} \in V$ の座標，基底 $\mathcal{B}$ に関する $\boldsymbol{y} = F(\boldsymbol{x}) \in W$ の座標を，それぞれ，

$$[\, \boldsymbol{x} \,]_{\mathcal{A}} = \begin{bmatrix} x_1 \\ \vdots \\ x_n \end{bmatrix}, \qquad [\, \boldsymbol{y} \,]_{\mathcal{B}} = \begin{bmatrix} y_1 \\ \vdots \\ y_m \end{bmatrix}$$

とすると，

$$\begin{bmatrix} y_1 \\ \vdots \\ y_m \end{bmatrix} = A \begin{bmatrix} x_1 \\ \vdots \\ x_n \end{bmatrix}$$

である．簡単のため，$n=2$，$m=2$ の場合について，その理由を記す．
$$x = x_1 \boldsymbol{a}_1 + x_2 \boldsymbol{a}_2$$
$$y = y_1 \boldsymbol{b}_1 + y_2 \boldsymbol{b}_2$$
このとき，行列の計算に準じて，形式的に，次のように記してみよう：
$$\boldsymbol{y} = y_1 \boldsymbol{b}_1 + y_2 \boldsymbol{b}_2 = [\ \boldsymbol{b}_1\ \ \boldsymbol{b}_2\ ]\begin{bmatrix} y_1 \\ y_2 \end{bmatrix} = [\ \boldsymbol{b}_1\ \ \boldsymbol{b}_2\ ][\ \boldsymbol{y}\ ]_{\mathcal{B}} \quad \cdots\cdots \ ①$$
また，$\boldsymbol{y} = F(\boldsymbol{x})$ だから，
$$\boldsymbol{y} = F(\boldsymbol{x}) = F(x_1 \boldsymbol{a}_1 + x_2 \boldsymbol{a}_2) = x_1 F(\boldsymbol{a}_1) + x_2 F(\boldsymbol{a}_2)$$
$$= [\ F(\boldsymbol{a}_1)\ \ F(\boldsymbol{a}_2)\ ]\begin{bmatrix} x_1 \\ x_2 \end{bmatrix} = [\ \boldsymbol{b}_1\ \ \boldsymbol{b}_2\ ]A[\ \boldsymbol{x}\ ]_{\mathcal{A}} \quad \cdots\cdots\cdots \ ②$$
ところで，①，②を比べて，$\boldsymbol{b}_1, \boldsymbol{b}_2$ は一次独立だから，
$$[\ \boldsymbol{y}\ ]_{\mathcal{B}} = A[\ \boldsymbol{x}\ ]_{\mathcal{A}}$$
が得られる．一般の場合でいえば，抽象的な線形写像 $F : V \to W$ の代りに，より具体的な正比例関数
$$\widetilde{F} : \boldsymbol{R}^n \longrightarrow \boldsymbol{R}^m, \quad \widetilde{F}(\boldsymbol{x}) = A\boldsymbol{x}$$
を考えよう，というのである．

$$\begin{array}{ccc} V & \xrightarrow{F} & W \\ {\scriptstyle \mathcal{A}}\downarrow & & \downarrow{\scriptstyle \mathcal{B}} \\ \boldsymbol{R}^n & \xrightarrow{\widetilde{F}} & \boldsymbol{R}^m \end{array} \qquad \begin{array}{ccc} \boldsymbol{x} & \xmapsto{F} & \boldsymbol{y} \\ \downarrow & & \downarrow \\ [\ \boldsymbol{x}\ ]_{\mathcal{A}} & \xmapsto{\widetilde{F}} & [\ \boldsymbol{y}\ ]_{\mathcal{B}} \end{array}$$

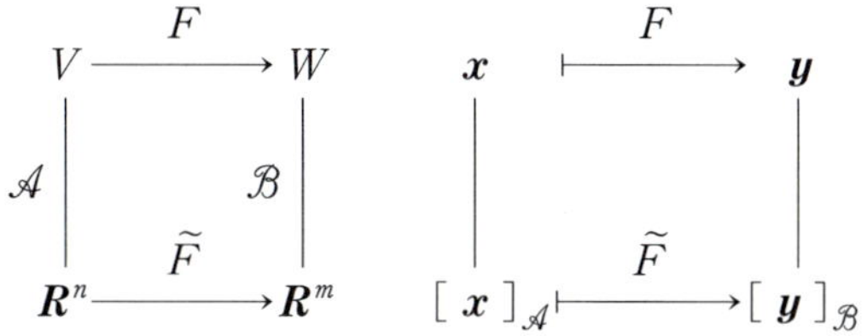

[例] 線形写像 $F : \boldsymbol{R}^3 \to \boldsymbol{R}^2$，$F\left(\begin{bmatrix} x_1 \\ x_2 \\ x_3 \end{bmatrix}\right) = \begin{bmatrix} 18x_1 + 3x_2 + 6x_3 \\ 29x_1 + 5x_2 + 10x_3 \end{bmatrix}$
の基底 $\langle \boldsymbol{a}_1, \boldsymbol{a}_2, \boldsymbol{a}_3 \rangle$，$\langle \boldsymbol{b}_1, \boldsymbol{b}_2 \rangle$ に関する表現行列を求めよ．ただし，
$$\boldsymbol{a}_1 = \begin{bmatrix} 1 \\ 0 \\ 0 \end{bmatrix},\ \boldsymbol{a}_2 = \begin{bmatrix} 1 \\ 1 \\ 0 \end{bmatrix},\ \boldsymbol{a}_3 = \begin{bmatrix} 1 \\ 0 \\ 1 \end{bmatrix}\ ;\ \boldsymbol{b}_1 = \begin{bmatrix} 1 \\ 2 \end{bmatrix},\ \boldsymbol{b}_2 = \begin{bmatrix} 2 \\ 3 \end{bmatrix}$$

**解**　$F(\boldsymbol{a}_1)=\begin{bmatrix}18\\29\end{bmatrix}$,　$F(\boldsymbol{a}_2)=\begin{bmatrix}21\\34\end{bmatrix}$,　$F(\boldsymbol{a}_3)=\begin{bmatrix}24\\39\end{bmatrix}$

$F(\boldsymbol{a}_1)=a_{11}\boldsymbol{b}_1+a_{21}\boldsymbol{b}_2$ より，　$\begin{bmatrix}18\\29\end{bmatrix}=a_{11}\begin{bmatrix}1\\2\end{bmatrix}+a_{21}\begin{bmatrix}2\\3\end{bmatrix}$

$$\therefore\quad a_{11}=4,\quad a_{21}=7$$

ゆえに，

$$F(\boldsymbol{a}_1)=4\boldsymbol{b}_1+7\boldsymbol{b}_2$$

同様に，

$$F(\boldsymbol{a}_2)=5\boldsymbol{b}_1+8\boldsymbol{b}_2$$

$$F(\boldsymbol{a}_3)=6\boldsymbol{b}_1+9\boldsymbol{b}_2$$

ゆえに，求める $F$ の表現行列は，

$$\begin{bmatrix}4&5&6\\7&8&9\end{bmatrix}$$

□

**●ポイント**　　表現行列

$\langle \boldsymbol{a}_1, \boldsymbol{a}_2\rangle$, $\langle \boldsymbol{b}_1, \boldsymbol{b}_2\rangle$, $\langle \boldsymbol{c}_1, \boldsymbol{c}_2\rangle$ を，それぞれ，ベクトル空間 $V$, $W$, $U$ の基底とし，これらに関する線形写像の表現行列を考える．

（1）　$F_1$, $F_2 : V\to W$ の表現行列を，それぞれ，$A_1$, $A_2$ とすると，$F_1\pm F_2 : V\to W$ の表現行列は，$A_1\pm A_2$ である．

（2）　$F : V\to W$，$G : W\to U$ の表現行列を，それぞれ，$A$, $B$ とすると，合成写像 $G\circ F : V\to U$ の表現行列は，$BA$ である．

**証明**　（1）は，ほぼ明らか．（2）を証明する．表現行列の意味から，

$$[\,F(\boldsymbol{a}_1)\ \ F(\boldsymbol{a}_2)\,]=[\,\boldsymbol{b}_1\ \ \boldsymbol{b}_2\,]A \quad\cdots\cdots\text{①}$$

$$[\,G(\boldsymbol{b}_1)\ \ G(\boldsymbol{b}_2)\,]=[\,\boldsymbol{c}_1\ \ \boldsymbol{c}_2\,]B \quad\cdots\cdots\text{②}$$

このとき，①の両辺に写像 $G$ を施すと，

$$\begin{aligned}[\,(G\circ F)(\boldsymbol{a}_1)\ \ (G\circ F)(\boldsymbol{a}_2)\,]&=[\,G(F(\boldsymbol{a}_1))\ \ G(F(\boldsymbol{a}_2))\,]\\&=[\,G(\boldsymbol{b}_1)\ \ G(\boldsymbol{b}_2)\,]A\\&=[\,\boldsymbol{c}_1\ \ \boldsymbol{c}_2\,]BA\end{aligned}$$

□

▶**注**　　写像の合成 $G\circ F$　$\longleftrightarrow$　行列の積 $BA$

という対応が得られた．写像の合成は一般に $F\circ G\neq G\circ F$ だから，これに対応して，行列の乗法も，一般に，$AB\neq BA$ である．

**例題 17.1**　　**表現行列**

2次実正方行列全体の作るベクトル空間 $M(2,2;\boldsymbol{R})$ において，次の線形変換の基底 $\langle E_{11}, E_{12}, E_{21}, E_{22}\rangle$ に関する表現行列を求めよ．ただし，

$$E_{11}=\begin{bmatrix}1&0\\0&0\end{bmatrix},\ E_{12}=\begin{bmatrix}0&1\\0&0\end{bmatrix},\ E_{21}=\begin{bmatrix}0&0\\1&0\end{bmatrix},\ E_{22}=\begin{bmatrix}0&0\\0&1\end{bmatrix},\ A=\begin{bmatrix}a&b\\c&d\end{bmatrix}$$

（1）　$F_1(X)=AX$　　　　（2）　$F_2(X)=XA$

（3）　$F_3(X)=AX-XA$　　　　（4）　$F_4(X)=AXA$

**【解】**　（1）～（4）の表現行列を，$B_1, B_2, B_3, B_4$ とする．

（1）　$AE_{11}=\begin{bmatrix}a&b\\c&d\end{bmatrix}\begin{bmatrix}1&0\\0&0\end{bmatrix}=\begin{bmatrix}a&0\\c&0\end{bmatrix}=aE_{11}+cE_{21}$

などから，

$$\begin{cases}AE_{11}=aE_{11}+cE_{21}\\ AE_{12}=aE_{12}+cE_{22}\\ AE_{21}=bE_{11}+dE_{21}\\ AE_{22}=bE_{12}+dE_{22}\end{cases}\qquad \therefore\quad B_1=\begin{bmatrix}a&0&b&0\\0&a&0&b\\c&0&d&0\\0&c&0&d\end{bmatrix}$$

（2）　（1）と同様に，

$$B_2=\begin{bmatrix}a&c&&\\b&d&&\\&&a&c\\&&b&d\end{bmatrix}$$

（3）　$B_3=B_1-B_2=\begin{bmatrix}0&-c&b&0\\-b&a-d&0&b\\c&0&d-a&-c\\0&c&-b&0\end{bmatrix}$

（4）　$F_4(X)=A(XA)=(F_1\circ F_2)(X)$　（合成写像）だから，

$$B_4=B_1B_2=\begin{bmatrix}aa&ac&ba&bc\\ab&ad&bb&bd\\ca&cc&da&dc\\cb&cd&db&dd\end{bmatrix}$$　□

## 基底変換

ベクトル空間の基底は無数に多くの取り方がある．

いま，2 次元ベクトル空間 $V$ の二つの基底 $\mathscr{A}=\langle \boldsymbol{a}_1, \boldsymbol{a}_2\rangle$, $\mathscr{A}'=\langle \boldsymbol{a}_1', \boldsymbol{a}_2'\rangle$ のあいだに，

$$\begin{cases} \boldsymbol{a}_1' = p_{11}\boldsymbol{a}_1 + p_{21}\boldsymbol{a}_2 \\ \boldsymbol{a}_2' = p_{12}\boldsymbol{a}_1 + p_{22}\boldsymbol{a}_2 \end{cases} \quad \text{記号的に，} \quad [\,\boldsymbol{a}_1' \ \ \boldsymbol{a}_2'\,] = [\,\boldsymbol{a}_1 \ \ \boldsymbol{a}_2\,]\begin{bmatrix} p_{11} & p_{12} \\ p_{21} & p_{22} \end{bmatrix}$$

なる関係があるとき，2 次元正方行列

$$P = \begin{bmatrix} p_{11} & p_{12} \\ p_{21} & p_{22} \end{bmatrix}$$

を，基底変換 $\mathscr{A} \to \mathscr{A}'$ の**変換行列**または**基底の取り替え行列**などという．

このとき，$V$ の各元 $\boldsymbol{x}$ の基底 $\mathscr{A}$, $\mathscr{A}'$ に関する成分を，それぞれ，

$$\begin{bmatrix} x_1 \\ x_2 \end{bmatrix}, \quad \begin{bmatrix} x_1' \\ x_2' \end{bmatrix}$$

とすると，$\boldsymbol{x} = x_1\boldsymbol{a}_1 + x_2\boldsymbol{a}_2$，$\boldsymbol{x} = x_1'\boldsymbol{a}_1' + x_2'\boldsymbol{a}_2'$，記号的に，

$$\boldsymbol{x} = [\,\boldsymbol{a}_1 \ \ \boldsymbol{a}_2\,]\begin{bmatrix} x_1 \\ x_2 \end{bmatrix}, \quad \boldsymbol{x} = [\,\boldsymbol{a}_1' \ \ \boldsymbol{a}_2'\,]\begin{bmatrix} x_1' \\ x_2' \end{bmatrix}$$

とかける．したがって，

$$[\,\boldsymbol{a}_1 \ \ \boldsymbol{a}_2\,]\begin{bmatrix} x_1 \\ x_2 \end{bmatrix} = [\,\boldsymbol{a}_1 \ \ \boldsymbol{a}_2\,]\begin{bmatrix} p_{11} & p_{12} \\ p_{21} & p_{22} \end{bmatrix}\begin{bmatrix} x_1' \\ x_2' \end{bmatrix}$$

$\boldsymbol{a}_1, \boldsymbol{a}_2$ は，一次独立だから，

$$\begin{bmatrix} x_1 \\ x_2 \end{bmatrix} = \begin{bmatrix} p_{11} & p_{12} \\ p_{21} & p_{22} \end{bmatrix}\begin{bmatrix} x_1' \\ x_2' \end{bmatrix} \qquad \text{（成分の変換式）}$$

［**例**］ $\boldsymbol{R}^2$ で，$\boldsymbol{a}_1 = \begin{bmatrix} 1 \\ 3 \end{bmatrix}$，$\boldsymbol{a}_2 = \begin{bmatrix} 2 \\ 5 \end{bmatrix}$，$\boldsymbol{a}_1' = \begin{bmatrix} 1 \\ 4 \end{bmatrix}$，$\boldsymbol{a}_2' = \begin{bmatrix} 3 \\ 7 \end{bmatrix}$ とするとき，基底変換 $\langle \boldsymbol{a}_1, \boldsymbol{a}_2\rangle \to \langle \boldsymbol{a}_1', \boldsymbol{a}_2'\rangle$ の変換行列 $P$ を求めよ．

**解**

$$\begin{bmatrix} 1 \\ 4 \end{bmatrix} = p_{11}\begin{bmatrix} 1 \\ 3 \end{bmatrix} + p_{21}\begin{bmatrix} 2 \\ 5 \end{bmatrix} = \begin{bmatrix} 1 & 2 \\ 3 & 5 \end{bmatrix}\begin{bmatrix} p_{11} \\ p_{21} \end{bmatrix}$$

$$\begin{bmatrix} 3 \\ 7 \end{bmatrix} = p_{12}\begin{bmatrix} 1 \\ 3 \end{bmatrix} + p_{22}\begin{bmatrix} 2 \\ 5 \end{bmatrix} = \begin{bmatrix} 1 & 2 \\ 3 & 5 \end{bmatrix}\begin{bmatrix} p_{12} \\ p_{22} \end{bmatrix}$$

これらを一つにまとめて，

$$\begin{bmatrix} 1 & 3 \\ 4 & 7 \end{bmatrix} = \begin{bmatrix} 1 & 2 \\ 3 & 5 \end{bmatrix} \begin{bmatrix} p_{11} & p_{12} \\ p_{21} & p_{22} \end{bmatrix}$$

ゆえに，

$$P = \begin{bmatrix} p_{11} & p_{12} \\ p_{21} & p_{22} \end{bmatrix} = \begin{bmatrix} 1 & 2 \\ 3 & 5 \end{bmatrix}^{-1} \begin{bmatrix} 1 & 3 \\ 4 & 7 \end{bmatrix} = \begin{bmatrix} 3 & -1 \\ -1 & 2 \end{bmatrix} \qquad \square$$

### 基底変換と表現行列

基底変換によって，線形写像 $F : V \to W$ の表現行列は，どうなるか：

**●ポイント**　　基底変換と表現行列

$\mathscr{A} = \langle \boldsymbol{a}_1, \cdots, \boldsymbol{a}_n \rangle$，$\mathscr{A}' = \langle \boldsymbol{a}_1', \cdots, \boldsymbol{a}_n' \rangle$ を，ベクトル空間 $V$ の基底
$\mathscr{B} = \langle \boldsymbol{b}_1, \cdots, \boldsymbol{b}_m \rangle$，$\mathscr{B}' = \langle \boldsymbol{b}_1', \cdots, \boldsymbol{b}_m' \rangle$ を，ベクトル空間 $W$ の基底
とする．$P$，$Q$ を，それぞれ，基底変換 $\mathscr{A} \to \mathscr{A}'$，$\mathscr{B} \to \mathscr{B}'$ の行列とし，$A$，$B$ を，それぞれ，線形写像 $F : V \to W$ の基底 $\mathscr{A}$，$\mathscr{B}$ および $\mathscr{A}'$，$\mathscr{B}'$ に関する表現行列とすれば，

$$B = Q^{-1}AP$$

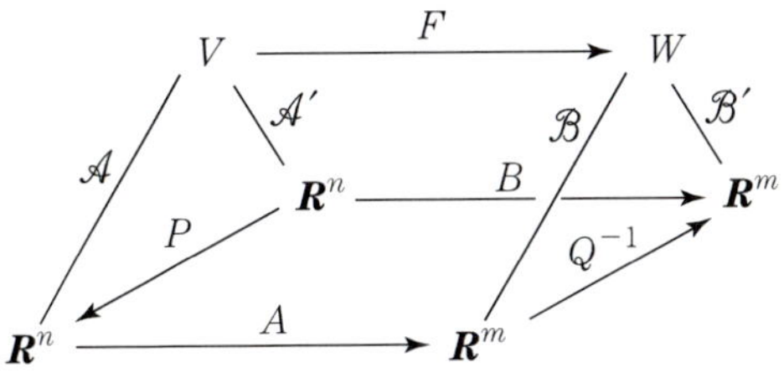


とくに，W と V が一致する場合，$P$ を $V$ の基底変換 $\mathscr{A} \to \mathscr{A}'$ の行列とする．$A$，$B$ を，それぞれ，線形変換 $F : V \to V$ の基底 $\mathscr{A}$ および $\mathscr{A}'$ に関する表現行列とすれば，

$$B = P^{-1}AP$$

基底を上手に選んで，線形変換 $F$ の表現行列を対角行列のような簡明な行列にすることが，線形代数の**最大問題**で，これは，Chapter 5 で扱う．

▶**注**　上の**ポイント**の証明は，念のため，次の **例題 17. 2** で実行する．

**例題 17.2**　**基底変換と表現行列**

線形写像 $F: \boldsymbol{R}^2 \to \boldsymbol{R}^2$ の基底 $\langle \boldsymbol{a}_1, \boldsymbol{a}_2 \rangle$, $\langle \boldsymbol{b}_1, \boldsymbol{b}_2 \rangle$ に関する表現行列が, $A = \begin{bmatrix} 24 & 14 \\ -9 & -5 \end{bmatrix}$ であるとき, この写像 $F$ の基底 $\langle \boldsymbol{a}_1', \boldsymbol{a}_2' \rangle$, $\langle \boldsymbol{b}_1', \boldsymbol{b}_2' \rangle$ に関する表現行列 $B$ を求めよ. ここに,

$$\boldsymbol{a}_1 = \begin{bmatrix} 1 \\ 0 \end{bmatrix},\quad \boldsymbol{a}_2 = \begin{bmatrix} 1 \\ 1 \end{bmatrix},\quad \boldsymbol{b}_1 = \begin{bmatrix} 1 \\ 2 \end{bmatrix},\quad \boldsymbol{b}_2 = \begin{bmatrix} 2 \\ 3 \end{bmatrix}$$

$$\boldsymbol{a}_1' = \begin{bmatrix} 2 \\ 5 \end{bmatrix},\quad \boldsymbol{a}_2' = \begin{bmatrix} 1 \\ 3 \end{bmatrix},\quad \boldsymbol{b}_1' = \begin{bmatrix} 1 \\ 1 \end{bmatrix},\quad \boldsymbol{b}_2' = \begin{bmatrix} 0 \\ 1 \end{bmatrix}$$

**【解】**　基底変換 $\langle \boldsymbol{a}_1, \boldsymbol{a}_2 \rangle \to \langle \boldsymbol{a}_1', \boldsymbol{a}_2' \rangle$ および $\langle \boldsymbol{b}_1, \boldsymbol{b}_2 \rangle \to \langle \boldsymbol{b}_1', \boldsymbol{b}_2' \rangle$ の行列を, それぞれ, $P$, $Q$ とすれば,

$$[\, \boldsymbol{a}_1' \ \ \boldsymbol{a}_2' \,] = [\, \boldsymbol{a}_1 \ \ \boldsymbol{a}_2 \,] P \quad \cdots \quad ①$$

$$[\, \boldsymbol{b}_1' \ \ \boldsymbol{b}_2' \,] = [\, \boldsymbol{b}_1 \ \ \boldsymbol{b}_2 \,] Q \quad \cdots \quad ②$$

**基底変換**

$[$ 新基底 $] = [$ 旧基底 $] P$

$\begin{bmatrix} 旧 \\ 座 \\ 標 \end{bmatrix} = P \begin{bmatrix} 新 \\ 座 \\ 標 \end{bmatrix}$

①の両辺に, 写像 $F$ を施せば,

$[\, F(\boldsymbol{a}_1') \ \ F(\boldsymbol{a}_2') \,] = [\, F(\boldsymbol{a}_1) \ \ F(\boldsymbol{a}_2) \,] P$

また, 表現行列の意味から,

$$[\, F(\boldsymbol{a}_1) \ \ F(\boldsymbol{a}_2) \,] = [\, \boldsymbol{b}_1 \ \ \boldsymbol{b}_2 \,] A$$

$$[\, F(\boldsymbol{a}_1') \ \ F(\boldsymbol{a}_2') \,] = [\, \boldsymbol{b}_1' \ \ \boldsymbol{b}_2' \,] B$$

ゆえに,

$$\begin{aligned} [\, \boldsymbol{b}_1 \ \ \boldsymbol{b}_2 \,] AP &= [\, F(\boldsymbol{a}_1) \ \ F(\boldsymbol{a}_2) \,] P = [\, F(\boldsymbol{a}_1') \ \ F(\boldsymbol{a}_2') \,] \\ &= [\, \boldsymbol{b}_1' \ \ \boldsymbol{b}_2' \,] B = [\, \boldsymbol{b}_1 \ \ \boldsymbol{b}_2 \,] QB \end{aligned}$$

ところが, $\boldsymbol{b}_1, \boldsymbol{b}_2$ は, 一次独立だから,

$$AP = QB \qquad \therefore \quad B = Q^{-1}AP$$

$$\begin{aligned} B &= Q^{-1}AP \\ &= ([\, \boldsymbol{b}_1 \ \ \boldsymbol{b}_2 \,]^{-1} [\, \boldsymbol{b}_1' \ \ \boldsymbol{b}_2' \,])^{-1} A ([\, \boldsymbol{a}_1 \ \ \boldsymbol{a}_2 \,]^{-1} [\, \boldsymbol{a}_1' \ \ \boldsymbol{a}_2' \,]) \\ &= [\, \boldsymbol{b}_1' \ \ \boldsymbol{b}_2' \,]^{-1} [\, \boldsymbol{b}_1 \ \ \boldsymbol{b}_2 \,] A [\, \boldsymbol{a}_1 \ \ \boldsymbol{a}_2 \,]^{-1} [\, \boldsymbol{a}_1' \ \ \boldsymbol{a}_2' \,] \\ &= \begin{bmatrix} 1 & 0 \\ 1 & 1 \end{bmatrix}^{-1} \begin{bmatrix} 1 & 2 \\ 2 & 3 \end{bmatrix} \begin{bmatrix} 24 & 14 \\ -9 & -5 \end{bmatrix} \begin{bmatrix} 1 & 1 \\ 0 & 1 \end{bmatrix}^{-1} \begin{bmatrix} 2 & 1 \\ 5 & 3 \end{bmatrix} = \begin{bmatrix} 2 & 0 \\ 0 & -3 \end{bmatrix} \end{aligned}$$

これが, 求める表現行列である. □

**線形写像の特徴**

線形写像が**大切な理由**は，次の三点に要約されるだろう：

1．線形写像は，自然科学・社会科学・日常生活に頻繁(ひんぱん)に現われる．

2．線形写像は，ベクトル世界の正比例関数 $\boldsymbol{y}=A\boldsymbol{x}$ であり，正体も明白．微分法は一般の写像（関数）を局所的に線形写像で近似しようというものである．

3．1次方程式・線形微分方程式の解空間など，線形写像の Ker（核）として定義されるベクトル空間が多い．

## 演習問題

**17.1**　（1）$F(\boldsymbol{x})=A\boldsymbol{x}$ なる線形写像 $F:\boldsymbol{R}^2\to\boldsymbol{R}^2$ の基底 $\langle \boldsymbol{a}_1, \boldsymbol{a}_2\rangle$，$\langle \boldsymbol{b}_1, \boldsymbol{b}_2\rangle$ に関する表現行列を求めよ．

（2）$F(\boldsymbol{x})=A\boldsymbol{x}$ なる線形変換 $F:\boldsymbol{R}^2\to\boldsymbol{R}^2$ の基底 $\langle \boldsymbol{a}_1, \boldsymbol{a}_2\rangle$ に関する表現行列を求めよ．ここに，

$$A=\begin{bmatrix} 2 & -1 \\ 1 & 4 \end{bmatrix},\quad \boldsymbol{a}_1=\begin{bmatrix} -1 \\ 1 \end{bmatrix},\quad \boldsymbol{a}_2=\begin{bmatrix} 1 \\ 0 \end{bmatrix},\quad \boldsymbol{b}_1=\begin{bmatrix} 1 \\ 3 \end{bmatrix},\quad \boldsymbol{b}_2=\begin{bmatrix} 2 \\ 5 \end{bmatrix}$$

**17.2**　2次以下の実係数多項式全体の作るベクトル空間 $P(2\,;\boldsymbol{R})$ に二つの基底 $\mathscr{A}=\langle 1, x, x^2\rangle$，$\mathscr{B}=\langle 1, x-a, (x-a)^2\rangle$ を考える．

（1）基底変換 $\mathscr{A}\to\mathscr{B}$ の行列 $P$ を求めよ．

（2）$P(2\,;\boldsymbol{R})$ 上の次の線形変換の基底 $\mathscr{A}$ に関する表現行列，基底 $\mathscr{B}$ に関する表現行列を求めよ．

（i）$F(f(x))=f(x-a)$

（ii）$G(f(x))=f'(x)$

**17.3**　$\boldsymbol{R}^2$ の線形変換 $F$ の標準基底 $\langle \boldsymbol{e}_1, \boldsymbol{e}_2\rangle$ に関する表現行列が，$A$ であるとき，この変換 $F$ の基底 $\langle \boldsymbol{a}_1, \boldsymbol{a}_2\rangle$ に関する表現行列を求めよ．

ここに，$$A=\begin{bmatrix} 7 & 4 \\ -1 & 3 \end{bmatrix},\quad \boldsymbol{a}_1=\begin{bmatrix} 2 \\ -1 \end{bmatrix},\quad \boldsymbol{a}_2=\begin{bmatrix} 1 \\ 0 \end{bmatrix}.$$

# §18 内積空間

数の〝積〟が成長してベクトルの〝内積〟

## 内　積

われわれは，§1において，数の拡張としての(実)数ベクトル $\boldsymbol{a}, \boldsymbol{b}$ に対して，数の積の拡張としての内積 $(\boldsymbol{a}, \boldsymbol{b})$ を考えた：

$$\boldsymbol{a} = \begin{bmatrix} a_1 \\ a_2 \\ a_3 \end{bmatrix}, \quad \boldsymbol{b} = \begin{bmatrix} b_1 \\ b_2 \\ b_3 \end{bmatrix} \implies (\boldsymbol{a}, \boldsymbol{b}) = a_1b_1 + a_2b_2 + a_3b_3$$

この内積は，次の性質をもつのであった：

1° $(\boldsymbol{b}, \boldsymbol{a}) = (\boldsymbol{a}, \boldsymbol{b})$

2° $(\boldsymbol{a}+\boldsymbol{b}, \boldsymbol{c}) = (\boldsymbol{a}, \boldsymbol{c}) + (\boldsymbol{b}, \boldsymbol{c})$

3° $(s\boldsymbol{a}, \boldsymbol{b}) = s(\boldsymbol{a}, \boldsymbol{b})$

4° $\boldsymbol{a} \neq \boldsymbol{0} \implies (\boldsymbol{a}, \boldsymbol{a}) > 0$

**内積の公理(系)**
**(実ベクトル)**

ここで，ベクトル空間誕生の経緯を思い出すと，数ベクトルの性質から，三角行列・多項式・幾何ベクトルなどに共通の〝ベクトルとよぶに足る重要な条件〟を抽出し，その条件にパスしたものは，何でも〝ベクトル〟とよんでしまおう，ということであった．そのベクトルになれる条件(資格)が**ベクトル空間の公理(系)**であった．

内積についても同じことを考えよう．

上の内積の公理(系)を，ベクトルの〝積〟とよばれるに足る資格と考えて，必ずしも数ベクトルとはかぎらない一般のベクトル $\boldsymbol{a}, \boldsymbol{b}$ に対して，この条件1°～4°を満たす $(\boldsymbol{a}, \boldsymbol{b})$ を，すべて $\boldsymbol{a}, \boldsymbol{b}$ の**内積**とよぶのである．

さらに，内積の定義されているベクトル空間 $V$ を，**内積空間**または**計量ベクトル空間**などとよぶ．

**例**　$\boldsymbol{a} = \begin{bmatrix} a_1 \\ a_2 \end{bmatrix}, \ \boldsymbol{b} = \begin{bmatrix} b_1 \\ b_2 \end{bmatrix}$ のとき，$(\boldsymbol{a}, \boldsymbol{b}) = 2a_1b_1 + 3a_2b_2$

とおけば，この $(\boldsymbol{a}, \boldsymbol{b})$ は内積の公理 **1°**〜**4°** を満たすことは，明らかだから，$(\boldsymbol{a}, \boldsymbol{b})$ は $\boldsymbol{R}^2$ の内積である．ベクトル空間に内積はただ一つに決まったものではない．$\boldsymbol{R}^n$ で，とくに，次の内積を $\boldsymbol{R}^n$ の**自然内積**という：

$$(\boldsymbol{a}, \boldsymbol{b}) = a_1b_1 + a_2b_2 + \cdots + a_nb_n$$

▶**注**　**1°**（交換律）を用いて，**2°**，**3°** より，次が成立する：

$$(\boldsymbol{a}, \boldsymbol{b}+\boldsymbol{c}) = (\boldsymbol{a}, \boldsymbol{b}) + (\boldsymbol{a}, \boldsymbol{c}), \qquad (\boldsymbol{a}, s\boldsymbol{b}) = s(\boldsymbol{a}, \boldsymbol{b})$$

また，$s=0$ について **3°** を用いて，$(\boldsymbol{0}, \boldsymbol{b}) = 0$ が得られる．

いま，

$$\boldsymbol{a} = \begin{bmatrix} a_1 \\ a_2 \end{bmatrix}, \qquad \boldsymbol{b} = \begin{bmatrix} b_1 \\ b_2 \end{bmatrix}$$

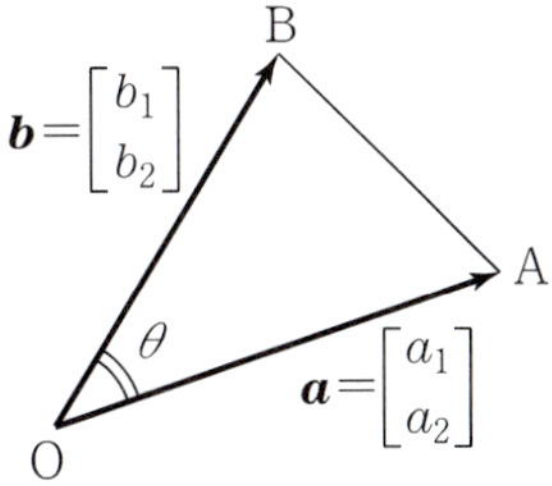


を，平面ベクトル $\overrightarrow{\mathrm{OA}}$，$\overrightarrow{\mathrm{OB}}$ の成分表示とみて，$\boldsymbol{a}$ の長さ $\|\boldsymbol{a}\|$，$\boldsymbol{b}$ の長さ $\|\boldsymbol{b}\|$，$\boldsymbol{a}, \boldsymbol{b}$ の交角 $\theta$ を考えると，

$$\|\boldsymbol{a}\|^2 = \mathrm{OA}^2 = a_1{}^2 + a_2{}^2 = (\boldsymbol{a}, \boldsymbol{a})$$

$$\|\boldsymbol{b}\|^2 = \mathrm{OB}^2 = b_1{}^2 + b_2{}^2 = (\boldsymbol{b}, \boldsymbol{b})$$

$$\begin{aligned}\|\boldsymbol{a}-\boldsymbol{b}\|^2 = \mathrm{AB}^2 &= (a_1-b_1)^2 + (a_2-b_2)^2 \\ &= a_1{}^2 + a_2{}^2 + b_1{}^2 + b_2{}^2 - 2(a_1b_1 + a_2b_2) \\ &= \|\boldsymbol{a}\|^2 + \|\boldsymbol{b}\|^2 - 2(\boldsymbol{a}, \boldsymbol{b})\end{aligned}$$

$$\cos\theta = \frac{\mathrm{OA}^2 + \mathrm{OB}^2 - \mathrm{AB}^2}{2\,\mathrm{OA}\cdot\mathrm{OB}} = \frac{(\boldsymbol{a}, \boldsymbol{b})}{\|\boldsymbol{a}\|\,\|\boldsymbol{b}\|}$$

そこで，一般のベクトルについて，あらためて次のように定義する：

**■ポイント**　　ノルム・交角

一つのベクトル空間 $V$ のベクトル $\boldsymbol{a}, \boldsymbol{b}$ に対して，

$\|\boldsymbol{a}\| = \sqrt{(\boldsymbol{a}, \boldsymbol{a})}$ を，ベクトル $\boldsymbol{a}$ の**ノルム**（**長さ**）

$\|\boldsymbol{a}-\boldsymbol{b}\|$ を，ベクトル $\boldsymbol{a}, \boldsymbol{b}$ の**距離**

$\cos\theta = \dfrac{(\boldsymbol{a}, \boldsymbol{b})}{\|\boldsymbol{a}\|\,\|\boldsymbol{b}\|}$，$0 \leqq \theta \leqq \pi$ なる $\theta$ を，$\boldsymbol{a}, \boldsymbol{b}$ の**交角**

という．（交角は実ベクトルだけに定義される）とくに，$(\boldsymbol{a}, \boldsymbol{b}) = 0$ のとき，$\boldsymbol{a} \perp \boldsymbol{b}$ と記し，ベクトル $\boldsymbol{a}, \boldsymbol{b}$ は**直交する**という．

**例題 18.1　　$M(2,2\,;\boldsymbol{R})$ の自然内積**

2 次実正方行列全体の作るベクトル空間 $M(2,2\,;\boldsymbol{R})$ において,

$$(A, B) = \mathrm{tr}(A'B)$$

とおく. ここに, tr はトレース(対角成分の総和)を表わす.

（1）$A = \begin{bmatrix} a_1 & a_3 \\ a_2 & a_4 \end{bmatrix}$, $B = \begin{bmatrix} b_1 & b_3 \\ b_2 & b_4 \end{bmatrix}$ のとき, $(A, B)$ を成分で表わせ.

（2）$(A, B)$ は内積であることを示せ.

（3）$A = \begin{bmatrix} 1 & 1 \\ -1 & 3 \end{bmatrix}$, $B = \begin{bmatrix} 1 & -1 \\ 0 & 2 \end{bmatrix}$ の交角 $\theta$ を求めよ.

---

$X = \begin{bmatrix} x_{11} & x_{12} \\ x_{21} & x_{22} \end{bmatrix}$ のとき, $\mathrm{tr}\,X = x_{11} + x_{22}$ を行列 $X$ の**トレース**という.

**【解】**（1）$A'B = \begin{bmatrix} a_1 & a_2 \\ a_3 & a_4 \end{bmatrix}\begin{bmatrix} b_1 & b_3 \\ b_2 & b_4 \end{bmatrix} = \begin{bmatrix} a_1b_1 + a_2b_2 & a_1b_3 + a_2b_4 \\ a_3b_1 + a_4b_2 & a_3b_3 + a_4b_4 \end{bmatrix}$

$$\therefore\quad (A, B) = \mathrm{tr}(A'B) = a_1b_1 + a_2b_2 + a_3b_3 + a_4b_4$$

（2）内積の公理を満たしていることを示す.

1°　$(B, A) = \mathrm{tr}(B'A) = \mathrm{tr}((B'A)')$
$= \mathrm{tr}(A'B) = (A, B)$

2°　$(A+B, C) = \mathrm{tr}((A+B)'C)$
$= \mathrm{tr}(A'C + B'C)$
$= \mathrm{tr}(A'C) + \mathrm{tr}(B'C)$
$= (A, C) + (B, C)$

**トレースの性質**

- $\mathrm{tr}(A') = \mathrm{tr}\,A$
- $\mathrm{tr}(A+B) = \mathrm{tr}\,A + \mathrm{tr}\,B$
- $\mathrm{tr}(sA) = s\,\mathrm{tr}\,A$

3°　$(sA, B) = \mathrm{tr}((sA)'B)$
$= \mathrm{tr}(s(A'B)) = s\,\mathrm{tr}(A'B) = s(A, B)$

4°　$A = \begin{bmatrix} a_1 & a_3 \\ a_2 & a_4 \end{bmatrix} \neq \begin{bmatrix} 0 & 0 \\ 0 & 0 \end{bmatrix} \Longrightarrow (A, A) = a_1{}^2 + a_2{}^2 + a_3{}^2 + a_4{}^2 > 0$

（3）$\|A\|^2 = (A, A) = 1^2 + (-1)^2 + 1^2 + 3^2 = 12$

$\|B\|^2 = (B, B) = 1^2 + 0^2 + (-1)^2 + 2^2 = 6$

$(A, B) = (1\times 1) + ((-1)\times 0) + (1\times(-1)) + (3\times 2) = 6$

ゆえに,

$$\cos\theta = \frac{(A, B)}{\|A\|\|B\|} = \frac{6}{\sqrt{12}\sqrt{6}} = \frac{1}{\sqrt{2}} \qquad \therefore \quad \theta = \frac{\pi}{4} \qquad \square$$

▶注　2次正方行列 $A$ を成分を1列に並べた4次元ベクトルと見ている！

## 複素ベクトルの内積

先ほど，数ベクトルの自然内積を次のように定義した：

$$\boldsymbol{a} = \begin{bmatrix} a_1 \\ a_2 \\ a_3 \end{bmatrix}, \ \boldsymbol{b} = \begin{bmatrix} b_1 \\ b_2 \\ b_3 \end{bmatrix} \Longrightarrow (\boldsymbol{a}, \boldsymbol{b}) = a_1b_1 + a_2b_2 + a_3b_3 \qquad (*)$$

このとき，$\boldsymbol{a}, \boldsymbol{b}$ は〝実〟数ベクトル(成分が実数の数ベクトル)であることが大切なのであって，複素ベクトルは，もはや，内積の公理を満たさないのである．あまりに簡単な例で恐縮だが，たとえば，

$$\boldsymbol{a} = \begin{bmatrix} i \\ 0 \\ 0 \end{bmatrix} \Longrightarrow (\boldsymbol{a}, \boldsymbol{a}) = (i \times i) + (0 \times 0) + (0 \times 0) = -1$$

となり，この $\boldsymbol{a}$ は，公理 4° を満たさない．$(\boldsymbol{a}, \boldsymbol{a}) < 0$ では，ベクトル $\boldsymbol{a}$ に，ノルム $\|\boldsymbol{a}\| = \sqrt{(\boldsymbol{a}, \boldsymbol{a})}$ を考えることもできない．他にいくつかの例を作ればお分かりのように，複素ベクトルは公理 1° や 3° も満たさない．

複素ベクトルの自然内積として，上の $(*)$ を採用するのは無理なのだ．

どうしたらいいだろう？

そこで，まず，一番簡単な，1次元

$$\boldsymbol{a} = [\ a\ ]$$

の場合を考えてみよう．

> 困ったときは，**一番簡単な場合**を考えよ

$\boldsymbol{a}$ が実ベクトルならば，

$$\|\boldsymbol{a}\| = \sqrt{(\boldsymbol{a}, \boldsymbol{a})} = \sqrt{a^2} = |\ a\ |$$

$\|\boldsymbol{a}\|$ は，成分の絶対値になる．

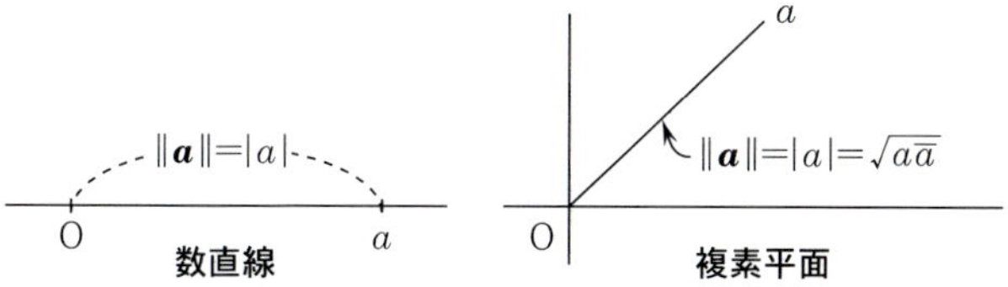

そこで，$\|\boldsymbol{a}\| = |a|$ を複素ベクトル $\boldsymbol{a} = [\,a\,]\ (a = b + ci)$ にも適用してみると，

$$(\boldsymbol{a}, \boldsymbol{a}) = \|\boldsymbol{a}\|^2 = |a|^2 = a\bar{a} = b^2 + c^2 \geqq 0$$

この $(\boldsymbol{a}, \boldsymbol{a}) = a\bar{a}$ を，多次元ベクトルの内積 $(\boldsymbol{a}, \boldsymbol{b})$ に拡張すると，次のようになる：

**■ポイント**　　（複素）ベクトルの自然内積

$$\boldsymbol{a} = \begin{bmatrix} a_1 \\ a_2 \\ a_3 \end{bmatrix},\quad \boldsymbol{b} = \begin{bmatrix} b_1 \\ b_2 \\ b_3 \end{bmatrix} \implies (\boldsymbol{a}, \boldsymbol{b}) = a_1\bar{b}_1 + a_2\bar{b}_2 + a_3\bar{b}_3$$

この内積は，下の 1°～4° を満たす．そして，必ずしも数ベクトル空間とはかぎらない一般の複素ベクトル空間 $V$ のベクトルが，この 1°～4° を満たすとき，$(\boldsymbol{a}, \boldsymbol{b})$ を $\boldsymbol{a}, \boldsymbol{b}$ の**内積**とよび，内積の定義されている複素ベクトル空間を，**複素内積空間**または**複素計量空間**などとよぶことは，実内積空間の場合と同様である．

1°　$(\boldsymbol{b}, \boldsymbol{a}) = \overline{(\boldsymbol{a}, \boldsymbol{b})}$

2°　$(\boldsymbol{a} + \boldsymbol{b}, \boldsymbol{c}) = (\boldsymbol{a}, \boldsymbol{c}) + (\boldsymbol{b}, \boldsymbol{c})$

3°　$(s\boldsymbol{a}, \boldsymbol{b}) = s(\boldsymbol{a}, \boldsymbol{b}),\ (\boldsymbol{a}, s\boldsymbol{b}) = \bar{s}(\boldsymbol{a}, \boldsymbol{b})$

4°　$\boldsymbol{a} \neq \boldsymbol{0} \implies (\boldsymbol{a}, \boldsymbol{a}) > 0$

**内積の公理(系)（複素ベクトル）**

▶**注**　3° の第 2 式は，1° と 3° の第 1 式から，次のように得られる：

$$(\boldsymbol{a}, s\boldsymbol{b}) = \overline{(s\boldsymbol{b}, \boldsymbol{a})} = \overline{s(\boldsymbol{b}, \boldsymbol{a})} = \bar{s}\,\overline{(\boldsymbol{b}, \boldsymbol{a})} = \bar{s}(\boldsymbol{a}, \boldsymbol{b})$$

### 正規直交基底

複素ベクトルについても，実ベクトルの場合と同様に，

ノルム $\|\boldsymbol{a}\| = \sqrt{(\boldsymbol{a}, \boldsymbol{a})}$，　距離 $\|\boldsymbol{a} - \boldsymbol{b}\|$，　直交性 $\boldsymbol{a} \perp \boldsymbol{b} \Leftrightarrow (\boldsymbol{a}, \boldsymbol{b}) = 0$

が定義される．ただし，$\boldsymbol{a}, \boldsymbol{b}$ の交角は定義されない．

実または複素ベクトル空間 $V$ のベクトル $\boldsymbol{u}_1, \boldsymbol{u}_2, \cdots, \boldsymbol{u}_r, \cdots$ が互いに直交し，どのベクトルの長さも 1 であるとき，これらのベクトルは**正規直交系**で

あるという．$V$ が有限次元で，正規直交系 $\boldsymbol{u}_1, \boldsymbol{u}_2, \cdots, \boldsymbol{u}_n$ が $V$ の基底を作るとき，$\langle \boldsymbol{u}_1, \boldsymbol{u}_2, \cdots, \boldsymbol{u}_n \rangle$ を $V$ の**正規直交基底**という．たとえば，自然内積を考えれば，$\langle \boldsymbol{e}_1, \boldsymbol{e}_2, \cdots, \boldsymbol{e}_n \rangle$ は正規直交基底である．

次に，内積空間 $V$ において，一次独立なベクトル $\boldsymbol{a}_1, \boldsymbol{a}_2, \cdots, \boldsymbol{a}_r$ から，正規直交系 $\boldsymbol{u}_1, \boldsymbol{u}_2, \cdots, \boldsymbol{u}_r$ を作ってみよう．

まず，$\boldsymbol{b}_1 = \boldsymbol{a}_1$ とおき，$\boldsymbol{u}_1 = \boldsymbol{b}_1/\|\boldsymbol{b}_1\|$ とおけば，$\|\boldsymbol{u}_1\| = 1$．

次に，$\boldsymbol{b}_2 = \boldsymbol{a}_2 + s_1\boldsymbol{u}_1$ とおき，$\boldsymbol{b}_2 \perp \boldsymbol{u}_1$ なる $s_1$ を求める．

$$(\boldsymbol{b}_2, \boldsymbol{u}_1) = (\boldsymbol{a}_2 + s_1\boldsymbol{u}_1, \boldsymbol{u}_1) = (\boldsymbol{a}_2, \boldsymbol{u}_1) + s_1(\boldsymbol{u}_1, \boldsymbol{u}_1) = 0$$

$$\therefore \quad s_1 = -(\boldsymbol{a}_2, \boldsymbol{u}_1) \qquad [\because \ (\boldsymbol{u}_1, \boldsymbol{u}_1) = 1]$$

$$\therefore \quad \boldsymbol{b}_2 = \boldsymbol{a}_2 - (\boldsymbol{a}_2, \boldsymbol{u}_1)\boldsymbol{u}_1$$

そこで，$\boldsymbol{u}_2 = \boldsymbol{b}_2/\|\boldsymbol{b}_2\|$ とおけば，$\|\boldsymbol{u}_2\| = 1$，$\boldsymbol{u}_2 \perp \boldsymbol{u}_1$．

次に，$\boldsymbol{b}_3 = \boldsymbol{a}_3 + t_1\boldsymbol{u}_1 + t_2\boldsymbol{u}_2$ とおき，上と同様にして，$\boldsymbol{b}_3 \perp \boldsymbol{u}_1$，$\boldsymbol{b}_3 \perp \boldsymbol{u}_2$ なる $t_1, t_2$ を求めると，

$$t_1 = -(\boldsymbol{a}_3, \boldsymbol{u}_1), \qquad t_2 = -(\boldsymbol{a}_3, \boldsymbol{u}_2)$$

$$\therefore \quad \boldsymbol{b}_3 = \boldsymbol{a}_3 - (\boldsymbol{a}_3, \boldsymbol{u}_1)\boldsymbol{u}_1 - (\boldsymbol{a}_3, \boldsymbol{u}_2)\boldsymbol{u}_2$$

そこで，$\boldsymbol{u}_3 = \boldsymbol{b}_3/\|\boldsymbol{b}_3\|$ とおけば，$\|\boldsymbol{u}_3\| = 1$，$\boldsymbol{u}_3 \perp \boldsymbol{u}_1$，$\boldsymbol{u}_3 \perp \boldsymbol{u}_2$．

以下，順次，$\boldsymbol{u}_4, \boldsymbol{u}_5, \cdots, \boldsymbol{u}_r$ を作ることができる．

▶ **注** $\boldsymbol{a}_1, \boldsymbol{a}_2, \cdots, \boldsymbol{a}_r$ の一次独立性から，$\boldsymbol{b}_1 \neq \boldsymbol{0}, \boldsymbol{b}_2 \neq \boldsymbol{0}, \cdots, \boldsymbol{b}_r \neq \boldsymbol{0}$．

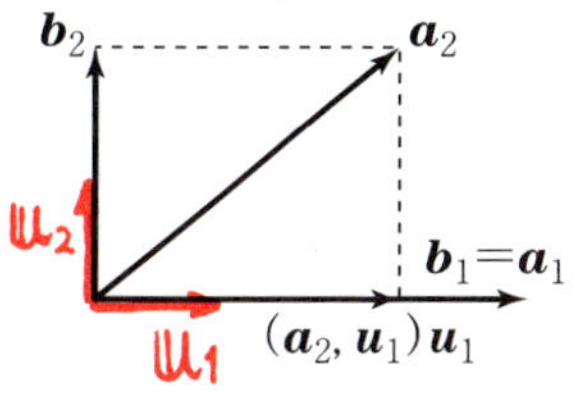


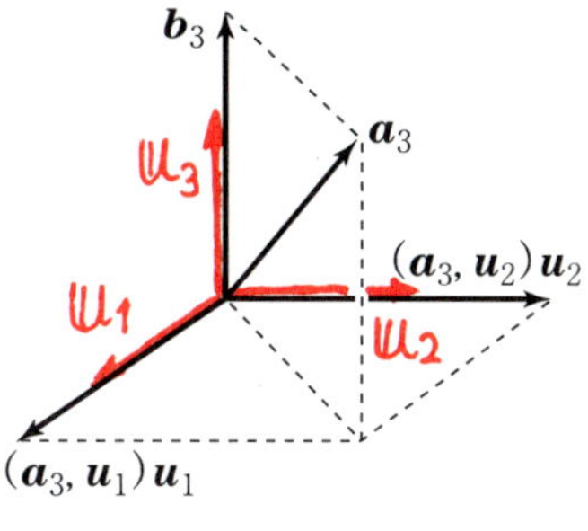


**●ポイント** ―― シュミットの直交化法

一次独立な $\boldsymbol{a}_1, \boldsymbol{a}_2, \boldsymbol{a}_3$ を正規直交化した $\boldsymbol{u}_1, \boldsymbol{u}_2, \boldsymbol{u}_3$ は，

$$\begin{cases} \boldsymbol{b}_1 = \boldsymbol{a}_1, & \boldsymbol{u}_1 = \boldsymbol{b}_1/\|\boldsymbol{b}_1\| \\ \boldsymbol{b}_2 = \boldsymbol{a}_2 - (\boldsymbol{a}_2, \boldsymbol{u}_1)\boldsymbol{u}_1, & \boldsymbol{u}_2 = \boldsymbol{b}_2/\|\boldsymbol{b}_2\| \\ \boldsymbol{b}_3 = \boldsymbol{a}_3 - (\boldsymbol{a}_3, \boldsymbol{u}_1)\boldsymbol{u}_1 - (\boldsymbol{a}_3, \boldsymbol{u}_2)\boldsymbol{u}_2, & \boldsymbol{u}_3 = \boldsymbol{b}_3/\|\boldsymbol{b}_3\| \end{cases}$$

## 例題 18.2　シュミットの直交化法

シュミットの直交化法により，次のベクトルより，自然内積をもつ $\boldsymbol{R}^3$ の正規直交基底 $\langle \boldsymbol{u}_1, \boldsymbol{u}_2, \boldsymbol{u}_3 \rangle$ を作れ：

$$\boldsymbol{a}_1 = \begin{bmatrix} 1 \\ -1 \\ 0 \end{bmatrix}, \quad \boldsymbol{a}_2 = \begin{bmatrix} 2 \\ -1 \\ 1 \end{bmatrix}, \quad \boldsymbol{a}_3 = \begin{bmatrix} 1 \\ -1 \\ 2 \end{bmatrix}$$

**【解】**　○　$\boldsymbol{b}_1 = \boldsymbol{a}_1 = \begin{bmatrix} 1 \\ -1 \\ 0 \end{bmatrix} \qquad \therefore \quad \boldsymbol{u}_1 = \dfrac{1}{\|\boldsymbol{b}_1\|}\boldsymbol{b}_1 = \dfrac{1}{\sqrt{2}}\begin{bmatrix} 1 \\ -1 \\ 0 \end{bmatrix}$

○　$(\boldsymbol{a}_2, \boldsymbol{u}_1) = 3/\sqrt{2}$　となるから，

$$\boldsymbol{b}_2 = \boldsymbol{a}_2 - (\boldsymbol{a}_2, \boldsymbol{u}_1)\boldsymbol{u}_1 = \begin{bmatrix} 2 \\ -1 \\ 1 \end{bmatrix} - \frac{3}{\sqrt{2}} \cdot \frac{1}{\sqrt{2}}\begin{bmatrix} 1 \\ -1 \\ 0 \end{bmatrix} = \frac{1}{2}\begin{bmatrix} 1 \\ 1 \\ 2 \end{bmatrix}$$

$$\therefore \quad \boldsymbol{u}_2 = \frac{1}{\|\boldsymbol{b}_2\|}\boldsymbol{b}_2 = \frac{1}{\sqrt{6}/2} \cdot \frac{1}{2}\begin{bmatrix} 1 \\ 1 \\ 2 \end{bmatrix} = \frac{1}{\sqrt{6}}\begin{bmatrix} 1 \\ 1 \\ 2 \end{bmatrix}$$

○　$(\boldsymbol{a}_3, \boldsymbol{u}_1) = \sqrt{2}$，$(\boldsymbol{a}_3, \boldsymbol{u}_2) = 4/\sqrt{6}$　となるから，

$\boldsymbol{b}_3 = \boldsymbol{a}_3 - (\boldsymbol{a}_3, \boldsymbol{u}_1)\boldsymbol{u}_1 - (\boldsymbol{a}_3, \boldsymbol{u}_2)\boldsymbol{u}_2$

$$= \begin{bmatrix} 1 \\ -1 \\ 2 \end{bmatrix} - \sqrt{2} \cdot \frac{1}{\sqrt{2}}\begin{bmatrix} 1 \\ -1 \\ 0 \end{bmatrix} - \frac{4}{\sqrt{6}} \cdot \frac{1}{\sqrt{6}}\begin{bmatrix} 1 \\ 1 \\ 2 \end{bmatrix} = \frac{2}{3}\begin{bmatrix} -1 \\ -1 \\ 1 \end{bmatrix}$$

$$\therefore \quad \boldsymbol{u}_3 = \frac{1}{\|\boldsymbol{b}_3\|}\boldsymbol{b}_3 = \frac{1}{2/\sqrt{3}} \cdot \frac{2}{3}\begin{bmatrix} -1 \\ -1 \\ 1 \end{bmatrix} = \frac{1}{\sqrt{3}}\begin{bmatrix} -1 \\ -1 \\ 1 \end{bmatrix} \qquad \square$$

最後に，〝ベクトル空間＋基底＝数ベクトル空間〟に関連して，次の大切な事実に注意しておく．

内積空間　＋　正規直交基底　＝　内積空間としての数ベクトル空間

## 演習問題

**18. 1** （1） 実内積空間において，次の等式が成立することを示せ：

$$\|\boldsymbol{a}-t\,\boldsymbol{b}\|^2=\frac{1}{\|\boldsymbol{b}\|^2}(\|\boldsymbol{a}\|^2\|\boldsymbol{b}\|^2-(\boldsymbol{a},\boldsymbol{b})^2)\quad \text{ただし，}\ t=\frac{(\boldsymbol{a},\boldsymbol{b})}{\|\boldsymbol{b}\|^2}$$

（2） 次の不等式が成立することを示せ：

（i） $|(\boldsymbol{a},\boldsymbol{b})|\leqq\|\boldsymbol{a}\|\|\boldsymbol{b}\|$　　（**シュワルツの不等式**）

（ii） $\|\boldsymbol{a}+\boldsymbol{b}\|\leqq\|\boldsymbol{a}\|+\|\boldsymbol{b}\|$　　（**三角不等式**）

（3） 自然内積をもつ $\boldsymbol{R}^n$ で，シュワルツの不等式を(成分を用いて)具体的にかき下せ.

**18. 2** 2 次実正方行列全体の作るベクトル空間 $M(n,n\,;\boldsymbol{R})$ に，

$$\text{自然内積}\quad (A,B)=\mathrm{tr}(A'B)$$

を考えるとき，次の $A$, $B$ の交角 $\theta$ を求めよ．ただし，$0\leqq\alpha-\beta\leqq\pi$.

$$A=\begin{bmatrix}\cos\alpha & -\sin\alpha\\ \sin\alpha & \cos\alpha\end{bmatrix},\quad B=\begin{bmatrix}\cos\beta & -\sin\beta\\ \sin\beta & \cos\beta\end{bmatrix}$$

**18. 3** $\langle\boldsymbol{u}_1,\boldsymbol{u}_2,\cdots,\boldsymbol{u}_n\rangle$ を $n$ 次元内積空間 $V$ の正規直交基底とし，

$$\boldsymbol{a}=a_1\boldsymbol{u}_1+a_2\boldsymbol{u}_2+\cdots+a_n\boldsymbol{u}_n$$

$$\boldsymbol{b}=b_1\boldsymbol{u}_1+b_2\boldsymbol{u}_2+\cdots+b_n\boldsymbol{u}_n$$

とおくとき，次を示せ.

（1） $a_i=(\boldsymbol{a},\boldsymbol{u}_i)$，$b_i=(\boldsymbol{b},\boldsymbol{u}_i)$　　$(i=1,2,\cdots,n)$

（2） $(\boldsymbol{a},\boldsymbol{b})=a_1\overline{b}_1+a_2\overline{b}_2+\cdots+a_n\overline{b}_n$

▶ **注** 内積空間は，基底を上手に採ると，内積は自然内積の形でかける．その上手な基底は正規直交基底であり，それ以外にない.

**18. 4** 2 次以下の実係数多項式全体の作るベクトル空間 $P(2\,;\boldsymbol{R})$ で，

$$(f(x),g(x))=\int_{-1}^{1}f(x)g(x)\,dx$$

とおく.

（1） $(f(x),g(x))$ は，内積であることを示せ.

（2） 基底 $\langle 1,x,x^2\rangle$ から，シュミットの直交化法によって，正規直交基底を作れ.

# § 19 ユニタリー変換・直交変換

長さを変えない線形変換

## ユニタリー変換・直交変換

本節では，回転や折り返しのような〝長さ〟を変えない線形変換を考えることにする．$\|\boldsymbol{x}\|=\sqrt{(\boldsymbol{x},\boldsymbol{x})}$ だから，内積を変えない線形変換といってもよく，いろいろな特徴づけが可能である．

**●ポイント** ―― ユニタリー変換・直交変換

$n$ 次元内積空間 $V$ 上の線形変換 $T:V\to V$ について，次の条件 (1)～(4) は，互いに同値である．

(1) $T$ は長さを変えない： $\|T(\boldsymbol{x})\|=\|\boldsymbol{x}\|$

(2) $T$ は内積を変えない： $(T(\boldsymbol{x}),T(\boldsymbol{y}))=(\boldsymbol{x},\boldsymbol{y})$

(3) $T$ は，単位ベクトル(長さ 1 のベクトル)を単位ベクトルに写す．

(4) $T$ は，$V$ の正規直交基底 $\langle \boldsymbol{u}_1,\boldsymbol{u}_2,\cdots,\boldsymbol{u}_n\rangle$ を正規直交基底 $\langle T(\boldsymbol{u}_1),T(\boldsymbol{u}_2),\cdots,T(\boldsymbol{u}_n)\rangle$ に写す．

これらの条件を満たす $T$ を，$V$ 上の**ユニタリー変換**，とくに，$V$ が実内積空間のとき，$T$ を**直交変換**という．

**証明** まず，(1)⇔(2) を示す．(2)⇒(1) は，等式

$$\|\boldsymbol{x}\|=\sqrt{(\boldsymbol{x},\boldsymbol{x})}$$

によって，次のように示される．

$$\|T(\boldsymbol{x})\|=\sqrt{(T(\boldsymbol{x}),T(\boldsymbol{x}))}=\sqrt{(\boldsymbol{x},\boldsymbol{x})}=\|\boldsymbol{x}\|$$

(1)⇒(2) 内積を長さ(ノルム)で表わす次の等式(p. 134)による：

$$(\boldsymbol{x},\boldsymbol{y})=\frac{\|\boldsymbol{x}+\boldsymbol{y}\|^2-\|\boldsymbol{x}-\boldsymbol{y}\|^2}{4}+i\frac{\|\boldsymbol{x}+i\boldsymbol{y}\|^2-\|\boldsymbol{x}-i\boldsymbol{y}\|^2}{4}$$

$T$ は線形変換で，長さを変えないから，

$$\begin{aligned}&\|T(\boldsymbol{x})+T(\boldsymbol{y})\|^2-\|T(\boldsymbol{x})-T(\boldsymbol{y})\|^2\\&=\|T(\boldsymbol{x}+\boldsymbol{y})\|^2-\|T(\boldsymbol{x}-\boldsymbol{y})\|^2=\|\boldsymbol{x}+\boldsymbol{y}\|^2-\|\boldsymbol{x}-\boldsymbol{y}\|^2\end{aligned}$$

よって，

$(T(\boldsymbol{x}), T(\boldsymbol{y}))$ の実数部 $=(\boldsymbol{x}, \boldsymbol{y})$ の実数部

同様に，

$(T(\boldsymbol{x}), T(\boldsymbol{y}))$ の虚数部 $=(\boldsymbol{x}, \boldsymbol{y})$ の虚数部 ← 実内積空間のときは，この部分不要

したがって，

$$(T(\boldsymbol{x}), T(\boldsymbol{y}))=(\boldsymbol{x}, \boldsymbol{y})$$

次に，(1)⇒(3) は自明だから，(3)⇒(1) を示す．

$\boldsymbol{x} \neq \boldsymbol{0}$ を任意のベクトルとすると，$\dfrac{1}{\|\boldsymbol{x}\|}\boldsymbol{x}$ の長さは1だから，

$$T\left(\frac{1}{\|\boldsymbol{x}\|}\boldsymbol{x}\right)=1 \qquad \therefore \quad \frac{1}{\|\boldsymbol{x}\|}T(\boldsymbol{x})=1 \qquad \therefore \quad T(\boldsymbol{x})=\|\boldsymbol{x}\|$$

(2)⇒(4)：$(T(\boldsymbol{u}_i), T(\boldsymbol{u}_j))=(\boldsymbol{u}_i, \boldsymbol{u}_j)$ で，$\dim V=n$ だから，
$\langle T(\boldsymbol{u}_1), T(\boldsymbol{u}_2), \cdots, T(\boldsymbol{u}_n)\rangle$ は正規直交基底

(4)⇒(2)：$\langle \boldsymbol{u}_1, \boldsymbol{u}_2, \cdots, \boldsymbol{u}_n\rangle$ を正規直交基底とすると，(4) より，
$\langle T(\boldsymbol{u}_1), T(\boldsymbol{u}_2), \cdots, T(\boldsymbol{u}_n)\rangle$ も正規直交基底になるから，

$$\boldsymbol{x}=x_1\boldsymbol{u}_1+x_2\boldsymbol{u}_2+\cdots+x_n\boldsymbol{u}_n$$
$$\boldsymbol{y}=y_1\boldsymbol{u}_1+y_2\boldsymbol{u}_2+\cdots+y_n\boldsymbol{u}_n$$

とすると，

$$T(\boldsymbol{x})=x_1T(\boldsymbol{u}_1)+x_2T(\boldsymbol{u}_2)+\cdots+x_nT(\boldsymbol{u}_n)$$
$$T(\boldsymbol{y})=y_1T(\boldsymbol{u}_1)+y_2T(\boldsymbol{u}_2)+\cdots+y_nT(\boldsymbol{u}_n)$$

これらのとき，

$$(T(\boldsymbol{x}), T(\boldsymbol{y}))=x_1\overline{y}_1+x_2\overline{y}_2+\cdots+x_n\overline{y}_n=(\boldsymbol{x}, \boldsymbol{y}) \qquad \square$$

**例**　$T: \boldsymbol{R}^2 \to \boldsymbol{R}^2$，$T(\boldsymbol{x})=\dfrac{1}{2}\begin{bmatrix} 1 & \sqrt{3} \\ \sqrt{3} & -1 \end{bmatrix}\boldsymbol{x}$ は，直交変換．

実際，$T(\boldsymbol{x})=T\left(\begin{bmatrix} x_1 \\ x_2 \end{bmatrix}\right)=\dfrac{1}{2}\begin{bmatrix} x_1+\sqrt{3}\,x_2 \\ \sqrt{3}\,x_1-x_2 \end{bmatrix}$ だから，

$$\|T(\boldsymbol{x})\|^2=\left(\frac{x_1+\sqrt{3}\,x_2}{2}\right)^2+\left(\frac{\sqrt{3}\,x_1-x_2}{2}\right)^2=x_1{}^2+x_2{}^2=\|\boldsymbol{x}\|^2$$

さて，ユニタリー変換(または直交変換) $T: V \to V$ の正規直交基底に関する表現行列 $U$ を，ユニタリー行列(または直交行列)とよびたいのであるが，これらは行列としてどのように特徴づけられるのであろうか．

理屈は同じなので，簡単のため $n=2$ の場合で考えることにする．

いま，$\boldsymbol{x} \in V$ の座標を $\begin{bmatrix} x_1 \\ x_2 \end{bmatrix}$ とすると，$T(\boldsymbol{x})$ の座標は $U\begin{bmatrix} x_1 \\ x_2 \end{bmatrix}$，

$\boldsymbol{y} \in V$ の座標を $\begin{bmatrix} y_1 \\ y_2 \end{bmatrix}$ とすると，$T(\boldsymbol{y})$ の座標は $U\begin{bmatrix} y_1 \\ y_2 \end{bmatrix}$

となるから，

$$(\boldsymbol{x}, \boldsymbol{y}) = [\, x_1 \;\; x_2 \,]\begin{bmatrix} \overline{y}_1 \\ \overline{y}_2 \end{bmatrix}, \quad (T(\boldsymbol{x}), T(\boldsymbol{y})) = [\, x_1 \;\; x_2 \,]\, U'\overline{U}\begin{bmatrix} \overline{y}_1 \\ \overline{y}_2 \end{bmatrix}$$

したがって，つねに $(\boldsymbol{x}, \boldsymbol{y}) = (T(\boldsymbol{x}), T(\boldsymbol{y}))$ が成立する条件は，

$$U'\overline{U} = E$$

また，この両辺の転置行列，共役行列をとって，

$$(\overline{U})'U = E, \qquad \overline{(U')}\,U = E$$

と表わすこともできる．

$$(AB)' = B'A'$$
$$\overline{AB} = \overline{A}\,\overline{B}$$

そこで，一般に，行列 $A$ は，$(\overline{A})' = \overline{(A')}$ を満たすから，$(m, n)$行列 $A$ に対して，$(n, m)$行列

$$A^* = (\overline{A})' = \overline{(A')}$$

を，$A$ の**共役転置行列**または**随伴**（ずいはん）**行列**とよぶ．

▶**注**　$A$ の各成分を共役複素数で置き換えた行列 $\overline{A}$ を $A$ の**共役行列**という．

「任意の $\boldsymbol{x}, \boldsymbol{y}$ に対して，$\boldsymbol{x}'A\boldsymbol{y} = \boldsymbol{x}'B\boldsymbol{y}$」$\Leftrightarrow$ $A = B$

（$\boldsymbol{e}_i{}'A\boldsymbol{e}_j = A$ の $(i, j)$ 成分 という事実から明らか）

**例**　$A = \begin{bmatrix} 1+2i & 3+4i & 5+6i \\ 7+8i & 9+10i & 11+12i \end{bmatrix} \Longrightarrow A^* = \begin{bmatrix} 1-2i & 7-8i \\ 3-4i & 9-10i \\ 5-6i & 11-12i \end{bmatrix}$

ここで，転置行列・共役転置行列の基本性質を列挙しておく．

**●ポイント**　　転置行列・共役転置行列

- ● $(A')' = A$　　○ $(A^*)^* = A$
- ● $(A \pm B)' = A' \pm B'$　　○ $(A \pm B)^* = A^* \pm B^*$
- ● $(sA)' = sA'$　　○ $(sA)^* = \overline{s}\,A^*$
- ● $(AB)' = B'A'$　　○ $(AB)^* = B^*A^*$
- ● $(A^{-1})' = (A')^{-1}$　　○ $(A^{-1})^* = (A^*)^{-1}$

以上の考察から，次のように定義する：

**ユニタリー行列** … 複素正方行列で，　$U^*U = UU^* = E$

**直　交　行　列** … 実正方行列で，　$U'U = UU' = E$

**例** $\dfrac{1}{\sqrt{2}}\begin{bmatrix} 1 & i \\ 1 & -i \end{bmatrix}$ は，ユニタリー行列．

**例** $\dfrac{1}{5}\begin{bmatrix} 3 & -4 \\ 4 & 3 \end{bmatrix}$, $\dfrac{1}{15}\begin{bmatrix} 5 & -10 & 10 \\ 14 & 5 & -2 \\ -2 & 10 & 11 \end{bmatrix}$ は，直交行列．

この定義から，次の性質は，ほぼ明らかであろう：

（1）　$U_1$, $U_2$：ユニタリー行列　⇒　$U_1U_2$：ユニタリー行列

（2）　$U$：ユニタリー行列　⇒　$U^{-1}$, $U^*$：ユニタリー行列

（3）　$U$：ユニタリー行列　⇒　行列式 $|U|$ の絶対値は，1.

直交行列についても同様である．

さらに，ユニタリー(直交)行列の特徴づけを整理すると，

**●ポイント**　　　ユニタリー行列・直交行列

| | |
|---|---|
| 次の（1),（2),（3）は同値： | 次の（1),（2),（3）は同値： |
| （1）　$U$ は $n$ 次ユニタリー行列． | （1）　$U$ は $n$ 次直交行列． |
| （2）　$T : \boldsymbol{C}^n \to \boldsymbol{C}^n$,　$\boldsymbol{x} \mapsto U\boldsymbol{x}$ は，ユニタリー変換． | （2）　$T : \boldsymbol{R}^n \to \boldsymbol{R}^n$,　$\boldsymbol{x} \mapsto U\boldsymbol{x}$ は，直交変換． |
| （3）　$U$ の $n$ 個の列ベクトルは，$\boldsymbol{C}^n$ の正規直交基底． | （3）　$U$ の $n$ 個の列ベクトルは，$\boldsymbol{R}^n$ の正規直交基底． |

念のために，コメントすると，$T(\boldsymbol{x}) = U\boldsymbol{x}$ とすると，先ほどのように，

$$
\begin{aligned}
(U\boldsymbol{x}, U\boldsymbol{y}) = (\boldsymbol{x}, \boldsymbol{y}) &\iff \boldsymbol{x}'U'\overline{U}\overline{\boldsymbol{y}} = \boldsymbol{x}'\overline{\boldsymbol{y}} \\
&\iff U'\overline{U} = E \\
&\iff U：\text{ユニタリー行列}
\end{aligned}
$$

より，（1）⇔（2）は明らか．

また，$U = [\,\boldsymbol{u}_1\ \boldsymbol{u}_2\ \cdots\ \boldsymbol{u}_n\,]$ とするとき，

$$U^*U \text{ の } (i, j) \text{ 成分} = (\boldsymbol{u}_j, \boldsymbol{u}_i)$$

だから，（1）⇔（3）が成り立つ．

**例題 19.1　2 次直交行列**

2 次直交行列は，次のどちらかの形の行列であることを示せ：

$$\begin{bmatrix} \cos\theta & -\sin\theta \\ \sin\theta & \cos\theta \end{bmatrix}, \quad \begin{bmatrix} \cos\theta & \sin\theta \\ \sin\theta & -\cos\theta \end{bmatrix}$$

**【解】**

$$U = \begin{bmatrix} a & c \\ b & d \end{bmatrix}$$

を，直交行列とすると，$U'U = E$ より，

$$U'U = \begin{bmatrix} a & b \\ c & d \end{bmatrix}\begin{bmatrix} a & c \\ b & d \end{bmatrix} = \begin{bmatrix} a^2+b^2 & ac+bd \\ ac+bd & c^2+d^2 \end{bmatrix} = \begin{bmatrix} 1 & 0 \\ 0 & 1 \end{bmatrix}$$

ゆえに，

$a^2+b^2=1 \quad \cdots$ ①　　$c^2+d^2=1 \quad \cdots$ ②　　$ac+bd=0 \quad \cdots$ ③

①，②より，

$$\begin{cases} a = \cos\theta \\ b = \sin\theta \end{cases}, \quad \begin{cases} c = \cos\theta' \\ d = \sin\theta' \end{cases}$$

とかける．これらを③へ代入して，

$$\cos\theta\cos\theta' + \sin\theta\sin\theta' = 0$$

$$\therefore \quad \cos(\theta-\theta') = \cos(\theta'-\theta) = 0$$

$$\therefore \quad \theta'-\theta = 2n\pi \pm \frac{\pi}{2}, \quad \theta' = \theta + 2n\pi \pm \frac{\pi}{2}$$

このとき，

$$c = \cos\theta' = \cos\left(\theta + 2n\pi \pm \frac{\pi}{2}\right) = \cos\left(\theta \pm \frac{\pi}{2}\right) = \mp\sin\theta$$

$$d = \sin\theta' = \sin\left(\theta + 2n\pi \pm \frac{\pi}{2}\right) = \sin\left(\theta \pm \frac{\pi}{2}\right) = \pm\cos\theta$$

ゆえに，題意の通りである．　□

### 直交補空間

$V$ を内積空間，$W \subseteq V$ をその部分空間とする．

このとき，$W$ のすべてのベクトルと直交する $V$ のベクトルの全体

$$W^{\perp} = \{\, \boldsymbol{x} \mid すべての\ \boldsymbol{y} \in W\ に対して\ (\boldsymbol{x}, \boldsymbol{y}) = 0 \,\}$$

は，$V$ の部分空間になるので，$W$ の**直交補空間**という．

実際，$\boldsymbol{a}, \boldsymbol{b} \in W^{\perp}$ ならば，任意の $\boldsymbol{y} \in W$ に対して，

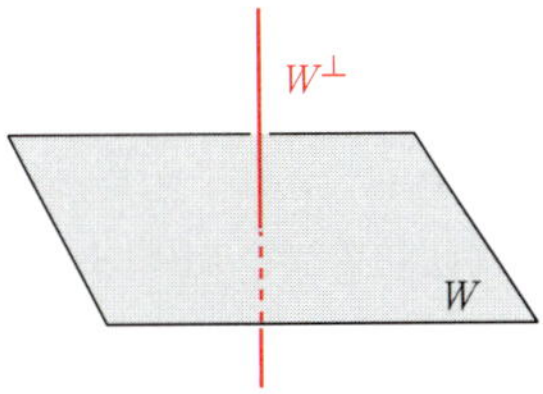


$$(\boldsymbol{a}, \boldsymbol{y}) = 0, \ (\boldsymbol{b}, \boldsymbol{y}) = 0$$

$$\therefore \quad (s\boldsymbol{a} + t\boldsymbol{b}, \boldsymbol{y}) = s(\boldsymbol{a}, \boldsymbol{y}) + t(\boldsymbol{b}, \boldsymbol{y}) = 0$$

$$\therefore \quad s\boldsymbol{a} + t\boldsymbol{b} \in W^{\perp}$$

とくに，$V$ が有限次元内積空間で，

$\langle \boldsymbol{b}_1, \boldsymbol{b}_2, \cdots, \boldsymbol{b}_r \rangle$ が $W$ の基底

ならば，次のようになる：

$$W^{\perp} = \{\boldsymbol{x} \mid \boldsymbol{x} \perp \boldsymbol{b}_1, \boldsymbol{x} \perp \boldsymbol{b}_2, \cdots, \boldsymbol{x} \perp \boldsymbol{b}_r\}$$

さて，いま，$\langle \boldsymbol{u}_1, \boldsymbol{u}_2, \cdots, \boldsymbol{u}_r \rangle$ を $W$ の正規直交基底とするとき，これを延長して，$V$ の正規直交基底 $\langle \boldsymbol{u}_1, \cdots, \boldsymbol{u}_r, \boldsymbol{u}_{r+1}, \cdots, \boldsymbol{u}_n \rangle$ を作ることができる．追加したベクトル $\boldsymbol{u}_{r+1}, \cdots, \boldsymbol{u}_n$ は，どれも，$\boldsymbol{u}_1, \cdots, \boldsymbol{u}_r$ のすべてと直交するから，

$$\boldsymbol{u}_{r+1}, \cdots, \boldsymbol{u}_n \in W^{\perp}$$

逆に，$W^{\perp}$ の任意のベクトル

$$\boldsymbol{x} = x_1\boldsymbol{u}_1 + \cdots + x_r\boldsymbol{u}_r + x_{r+1}\boldsymbol{u}_{r+1} + \cdots + x_n\boldsymbol{u}_n$$

をとると，これは，$\boldsymbol{u}_1, \cdots, \boldsymbol{u}_r$ のすべてと直交するから，

$$x_1 = (\boldsymbol{x}, \boldsymbol{u}_1) = 0, \ x_2 = (\boldsymbol{x}, \boldsymbol{u}_2) = 0, \ \cdots, \ x_r = (\boldsymbol{x}, \boldsymbol{u}_r) = 0$$

$$\therefore \quad \boldsymbol{x} = x_{r+1}\boldsymbol{u}_{r+1} + \cdots + x_n\boldsymbol{u}_n$$

ゆえに，

$$\underbrace{\boldsymbol{u}_1, \ \boldsymbol{u}_2, \ \cdots, \ \boldsymbol{u}_r,}_{W\text{ の正規直交基底}} \ \underbrace{\boldsymbol{u}_{r+1}, \ \boldsymbol{u}_{r+2}, \ \cdots, \ \boldsymbol{u}_n}_{W^{\perp}\text{ の正規直交基底}}$$

したがって，

**●ポイント**　　直交補空間

$W$ を $n$ 次元内積空間 $V$ の部分空間とするとき，

（1）　$\dim V = \dim W + \dim W^{\perp}$

（2）　$V = W \oplus W^{\perp}, \ W \cap W^{\perp} = \{\boldsymbol{0}\}$

## 例題 19.2 直交補空間

次のベクトル $\boldsymbol{a}_1, \boldsymbol{a}_2, \boldsymbol{a}_3$ によって生成される $\boldsymbol{R}^4$ の部分空間 $W$ の直交補空間 $W^{\perp}$ の(一つの)基底 $\langle \boldsymbol{x}_1, \boldsymbol{x}_2 \rangle$ を求めよ：

$$\boldsymbol{a}_1 = \begin{bmatrix} 1 \\ -2 \\ 3 \\ 0 \end{bmatrix}, \quad \boldsymbol{a}_2 = \begin{bmatrix} 2 \\ -3 \\ 2 \\ 1 \end{bmatrix}, \quad \boldsymbol{a}_3 = \begin{bmatrix} 3 \\ -2 \\ -7 \\ 4 \end{bmatrix}$$

---

**【解】** $W^{\perp} = \{ \boldsymbol{x} \mid \boldsymbol{a}_1 \perp \boldsymbol{x}, \boldsymbol{a}_2 \perp \boldsymbol{x}, \boldsymbol{a}_3 \perp \boldsymbol{x} \}$

だから，$\boldsymbol{x} = \begin{bmatrix} x_1 \\ x_2 \\ x_3 \\ x_4 \end{bmatrix}$ とおけば，$W$ の直交補空間 $W^{\perp}$ は，連立1次方程式

$$\begin{cases} (\boldsymbol{a}_1, \boldsymbol{x}) = x_1 - 2x_2 + 3x_3 = 0 \\ (\boldsymbol{a}_2, \boldsymbol{x}) = 2x_1 - 3x_2 + 2x_3 + x_4 = 0 \\ (\boldsymbol{a}_3, \boldsymbol{x}) = 3x_1 - 2x_2 - 7x_3 + 4x_4 = 0 \end{cases}$$

の解空間である．この方程式の一般解は，

$$\boldsymbol{x} = s\,\boldsymbol{x}_1 + t\,\boldsymbol{x}_2$$

ここに，$\boldsymbol{x}_1 = \begin{bmatrix} 5 \\ 4 \\ 1 \\ 0 \end{bmatrix}$，$\boldsymbol{x}_2 = \begin{bmatrix} -2 \\ -1 \\ 0 \\ 1 \end{bmatrix}$

よって，この $\boldsymbol{x}_1, \boldsymbol{x}_2$ は上の方程式の基本解で，$\langle \boldsymbol{x}_1, \boldsymbol{x}_2 \rangle$ は $W^{\perp}$ の一つの基底である． □

> $W = L(\boldsymbol{a}_1, \boldsymbol{a}_2, \cdots, \boldsymbol{a}_r)$
>
> ⬇
>
> $W^{\perp} = \{ \boldsymbol{x} \mid \boldsymbol{x} \perp \boldsymbol{a}_1, \cdots, \boldsymbol{x} \perp \boldsymbol{a}_r \}$

$$\begin{bmatrix} 1 & -2 & 3 & 0 \\ 2 & -3 & 2 & 1 \\ 3 & -2 & -7 & 4 \end{bmatrix}$$

$$\Downarrow$$

$$\begin{bmatrix} 1 & 0 & -5 & 2 \\ 0 & 1 & -4 & 1 \\ 0 & 0 & 0 & 0 \end{bmatrix}$$

## 演習問題

**19.1** 内積空間 $V$ において，次の等式が成立することを示せ．

$$(\boldsymbol{x}, \boldsymbol{y}) = \frac{\|\boldsymbol{x}+\boldsymbol{y}\|^2 - \|\boldsymbol{x}-\boldsymbol{y}\|^2}{4} + i\frac{\|\boldsymbol{x}+i\boldsymbol{y}\|^2 - \|\boldsymbol{x}-i\boldsymbol{y}\|^2}{4}$$

**19. 2**　実内積空間において，次は直交変換であることを示せ．

$$F(\boldsymbol{x}) = \boldsymbol{x} - \frac{2(\boldsymbol{x}, \boldsymbol{a})}{(\boldsymbol{a}, \boldsymbol{a})}\boldsymbol{a} \qquad (\boldsymbol{a} \neq \boldsymbol{0})$$

**19. 3**　内積 $(X, Y) = \mathrm{tr}(X'Y)$ をもつ実内積空間 $M(n, n\,;\boldsymbol{R})$ において，次の部分空間 $W$ の直交補空間 $W^{\perp}$ は，どんな行列から成るか．

> 実対称行列 … 実行列で，$A' = A$
> 実交代行列 … 実行列で，$A' = -A$

（1）　$W$：上三角行列の全体

（2）　$W$：対称行列の全体

**19. 4**

$$\boldsymbol{a}_1 = \begin{bmatrix} 1 \\ 1 \\ 1 \end{bmatrix}, \quad \boldsymbol{a}_2 = \begin{bmatrix} 2 \\ 3 \\ 1 \end{bmatrix}, \quad \boldsymbol{a}_3 = \begin{bmatrix} 5 \\ 7 \\ 3 \end{bmatrix}$$

とする．各 $\boldsymbol{a}_i$ で生成される $\boldsymbol{R}^3$ の1次元部分空間を $W_i$ とするとき，次の等式は成立するか．

（1）　$(W_1^{\perp})^{\perp} = W_1$

（2）　$(W_1 + W_2)^{\perp} = W_1^{\perp} \cap W_2^{\perp}$

（3）　$W_1 \cap (W_2 + W_3) = (W_1 \cap W_2) + (W_1 \cap W_3)$

**19. 5**　$W$ を内積空間 $V$ の部分空間とするとき，$V$ の元 $\boldsymbol{x}$ は，**一意的に**

$$\boldsymbol{x} = \boldsymbol{y} + \boldsymbol{z}, \quad \boldsymbol{y} \in W, \quad \boldsymbol{z} \in W^{\perp}$$

と表わされる．このとき，$\boldsymbol{y} \in W$ を $\boldsymbol{x}$ の $W$ への**正射影**といい，写像

$$p : V \longrightarrow V, \qquad p(\boldsymbol{x}) = \boldsymbol{y}$$

を $W$ への**射影変換**という．

（1）　内積空間 $\boldsymbol{R}^3$ において，

$$W = \left\{ \begin{bmatrix} x_1 \\ x_2 \\ x_3 \end{bmatrix} \middle| \, x_1 + 2x_2 - x_3 = 0 \right\}, \qquad \boldsymbol{a} = \begin{bmatrix} -1 \\ 3 \\ 5 \end{bmatrix}$$

とするとき，$\boldsymbol{a}$ の $W$ への正射影 $p(\boldsymbol{a})$ を求めよ．

（2）　（1）の射影変換 $p : \boldsymbol{R}^3 \to \boldsymbol{R}^3$ の表現行列 $P$ を求め，

$$P^2 = P, \qquad P' = P$$

を確かめよ．

# Chapter 5

# 固有値問題

線形変換 $F: V \to V$ の解明は，この変換 $F$ で**方向の変わらないベクトル**（固有ベクトル）を見出し，$F$ の表現行列が対角行列のような**簡明な行列になるような基底**を採用することである．

ここから，**固有値問題**が自然に発生し，線形代数の多くの問題は，固有値問題によって解決する．

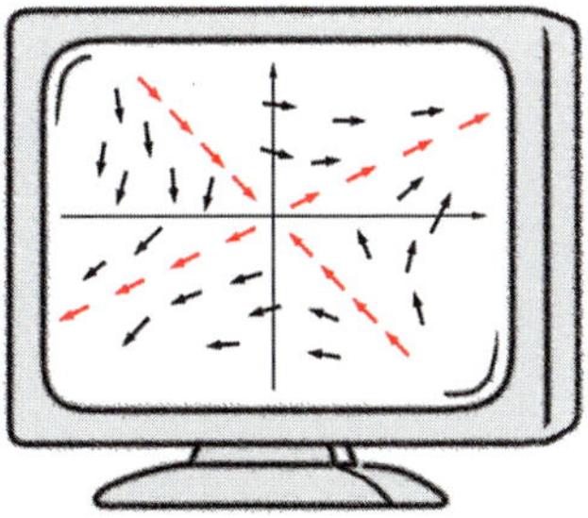

線形変換によって方向の変わらないベクトル


§20　固有値・固有ベクトル　*138*
§21　行列の対角化　………　*146*
§22　行列の三角化　………　*152*
§23　正規行列　……………　*159*
§24　指数行列　……………　*166*
§25　線形微分方程式　……　*171*

# §20 固有値・固有ベクトル

線形変換で方向の変わらないベクトル

### 行列と線形変換

線形変換 $F: V \to V$ の解明は，線形代数の大きな任務であり，線形変換の考察は，(表現)行列の計算に帰着される．

行列の積は，〝掛けて・加える〞のだから，成分に0が多い方が計算がラクである．とくに，対角行列では，積・ベキも，普通の数のように計算ができてしまう：

$$\begin{bmatrix} a_1 & \\ & a_2 \end{bmatrix}\begin{bmatrix} b_1 & \\ & b_2 \end{bmatrix} = \begin{bmatrix} a_1 b_1 & \\ & a_2 b_2 \end{bmatrix}, \quad \begin{bmatrix} a & \\ & b \end{bmatrix}^n = \begin{bmatrix} a^n & \\ & b^n \end{bmatrix}$$

また，対角行列を表現行列とする線形変換

$$F(\boldsymbol{x}) = \begin{bmatrix} a & \\ & b \end{bmatrix}\boldsymbol{x}$$

の正体は，明快である．この線形変換 $F$ によって，

$\boldsymbol{e}_1$ 方向のベクトルは，方向は変わらず，長さが $a$ 倍になり，

$\boldsymbol{e}_2$ 方向のベクトルも，方向は変わらず，長さが $b$ 倍になる：

$$\begin{bmatrix} a & \\ & b \end{bmatrix}\begin{bmatrix} x_1 \\ 0 \end{bmatrix} = a\begin{bmatrix} x_1 \\ 0 \end{bmatrix}, \quad \begin{bmatrix} a & \\ & b \end{bmatrix}\begin{bmatrix} 0 \\ x_2 \end{bmatrix} = b\begin{bmatrix} 0 \\ x_2 \end{bmatrix}$$

その他のベクトルは，これらの合成である．

それでは，一般の行列を表現行列とする線形変換はどうであろうか．

たとえば，次の線形変換 $F: \boldsymbol{R}^2 \to \boldsymbol{R}^2$ を考えよう：

$$F(\boldsymbol{x}) = A\boldsymbol{x} = \frac{1}{4}\begin{bmatrix} 4 & -2 \\ -1 & 5 \end{bmatrix}\boldsymbol{x}$$

この線形変換は，たとえば，次のような働きをする：

$$F: \begin{bmatrix} 1 \\ 0 \end{bmatrix} \longmapsto \frac{1}{4}\begin{bmatrix} 4 & -2 \\ -1 & 5 \end{bmatrix}\begin{bmatrix} 1 \\ 0 \end{bmatrix} = \frac{1}{4}\begin{bmatrix} 4 \\ -1 \end{bmatrix}$$

$$F: \begin{bmatrix} 0 \\ 1 \end{bmatrix} \longmapsto \frac{1}{4}\begin{bmatrix} 4 & -2 \\ -1 & 5 \end{bmatrix}\begin{bmatrix} 0 \\ 1 \end{bmatrix} = \frac{1}{4}\begin{bmatrix} -2 \\ 5 \end{bmatrix}$$

$$F : \begin{bmatrix} 1 \\ 1 \end{bmatrix} \longmapsto \frac{1}{4}\begin{bmatrix} 4 & -2 \\ -1 & 5 \end{bmatrix}\begin{bmatrix} 1 \\ 1 \end{bmatrix} = \frac{1}{4}\begin{bmatrix} 2 \\ 4 \end{bmatrix}$$

この働きを図示してみよう．ベクトル $\boldsymbol{x} = \overrightarrow{\mathrm{OP}}$ が $F(\boldsymbol{x}) = \overrightarrow{\mathrm{OP'}}$ に写されるとき，この作用を矢印 $\overrightarrow{\mathrm{PP'}}$ で図示する．これを多くのベクトルについて実行したのが下の図である：

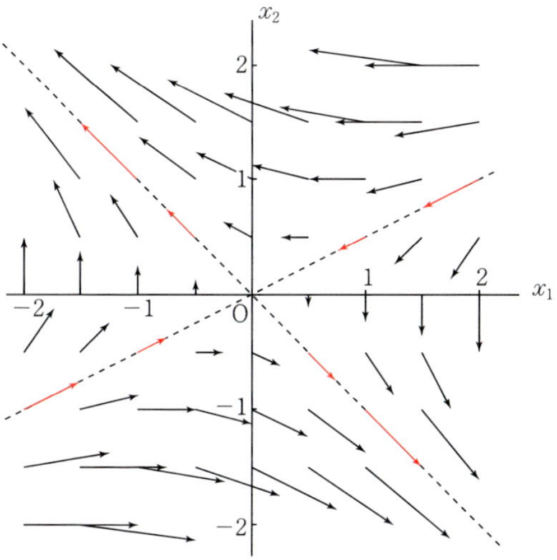


## 固有値・固有ベクトル

上の図をよく見ると，線形変換 $F$ で方向の変わらないベクトル，すなわち，原点 O，矢印の始点 P，矢印の終点 P′ が一直線上に並んでいるベクトルはたくさんある．次は，すべて，そうである：

$$\begin{bmatrix} 2 \\ 1 \end{bmatrix} \text{ に平行なベクトル,} \qquad \begin{bmatrix} -1 \\ 1 \end{bmatrix} \text{ に平行なベクトル}$$

このようなベクトルを，線形変換 $F(\boldsymbol{x}) = A\boldsymbol{x}$ の（または行列 $A$ の）〝固有ベクトル〟というのである．

$F(\boldsymbol{x}) = A\boldsymbol{x}$ がベクトル $\boldsymbol{x}$ と同じ方向だというのは，$A\boldsymbol{x}$ が $\boldsymbol{x}$ のスカラー倍 $\lambda\boldsymbol{x}$（ラムダ）になっているということだから，

$$A\boldsymbol{x} = \lambda\boldsymbol{x}$$

あるいは,

$$\frac{1}{4}\begin{bmatrix} 4 & -2 \\ -1 & 5 \end{bmatrix}\begin{bmatrix} x_1 \\ x_2 \end{bmatrix}=\lambda\begin{bmatrix} x_1 \\ x_2 \end{bmatrix}$$

したがって,

$$\begin{bmatrix} \lambda-4/4 & 2/4 \\ 1/4 & \lambda-5/4 \end{bmatrix}\begin{bmatrix} x_1 \\ x_2 \end{bmatrix}=\begin{bmatrix} 0 \\ 0 \end{bmatrix} \qquad \cdots\cdots\cdots\cdots \quad (*)$$

$\begin{bmatrix} x_1 \\ x_2 \end{bmatrix}=\begin{bmatrix} 0 \\ 0 \end{bmatrix}$ が，この等式を満たすのは自明だから，$\begin{bmatrix} x_1 \\ x_2 \end{bmatrix}\neq\begin{bmatrix} 0 \\ 0 \end{bmatrix}$ なる解を問題にする.

ところが,（＊）が自明でない解をもつ条件は,

$$\text{係数行列式} = 0$$

だから,

$$\begin{vmatrix} \lambda-4/4 & 2/4 \\ 1/4 & \lambda-5/4 \end{vmatrix}=0$$

したがって,

$$\left(\lambda-\frac{4}{4}\right)\left(\lambda-\frac{5}{4}\right)-\frac{2}{4}\cdot\frac{1}{4}=0$$

$$\lambda^2-\frac{9}{4}\lambda+\frac{18}{16}=0$$

> $A\boldsymbol{x}=\boldsymbol{0}$ は解 $\boldsymbol{x}\neq\boldsymbol{0}$ をもつ
>
> ⬇
>
> $|A|=0$
>
> ただし，$A$ は正方行列

$$\therefore \quad \lambda=\frac{3}{4} \text{ または } \lambda=\frac{6}{4}$$

（i） $\lambda=3/4$ のとき：

（＊）より,

$$\begin{bmatrix} -1 & 2 \\ 1 & -2 \end{bmatrix}\begin{bmatrix} x_1 \\ x_2 \end{bmatrix}=\begin{bmatrix} 0 \\ 0 \end{bmatrix} \qquad \therefore \quad \begin{bmatrix} x_1 \\ x_2 \end{bmatrix}=s\begin{bmatrix} 2 \\ 1 \end{bmatrix}$$

（ii） $\lambda=6/4$ のとき：

（＊）より,

$$\begin{bmatrix} -2 & -2 \\ -1 & -1 \end{bmatrix}\begin{bmatrix} x_1 \\ x_2 \end{bmatrix}=\begin{bmatrix} 0 \\ 0 \end{bmatrix} \qquad \therefore \quad \begin{bmatrix} x_1 \\ x_2 \end{bmatrix}=t\begin{bmatrix} -1 \\ 1 \end{bmatrix}$$

したがって，線形変換 $F(\boldsymbol{x})=A\boldsymbol{x}$ によって方向の変わらないベクトルは，次の二種類だけであることが確認された：

$$s\begin{bmatrix}2\\1\end{bmatrix},\qquad t\begin{bmatrix}-1\\1\end{bmatrix}$$

すなわち，線形変換 $F$ によって，

$\boldsymbol{a}_1=\begin{bmatrix}2\\1\end{bmatrix}$　方向のベクトルは，$\dfrac{3}{4}$ 倍に縮小され，

$\boldsymbol{a}_2=\begin{bmatrix}-1\\1\end{bmatrix}$　方向のベクトルは，$\dfrac{6}{4}$ 倍に拡大される

したがって，このベクトル $\boldsymbol{a}_1, \boldsymbol{a}_2$ を用いて，$\langle \boldsymbol{a}_1, \boldsymbol{a}_2\rangle$ を基底にとれば，線形変換 $F$ の表現行列は，対角行列

$$B=\begin{bmatrix}3/4 & 0\\0 & 6/4\end{bmatrix}=\frac{1}{4}\begin{bmatrix}3 & 0\\0 & 6\end{bmatrix}$$

になるハズである．

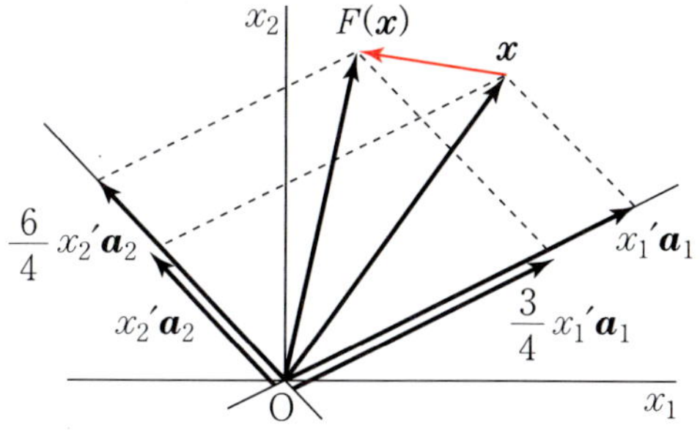


いまや，$F$ の正体は解明された．ベクトル $\boldsymbol{x}$ の像 $F(\boldsymbol{x})$ は，$\boldsymbol{x}$ を $\boldsymbol{a}_1$ 方向と $\boldsymbol{a}_2$ 方向の成分に分け，

$$\boldsymbol{x}=x_1'\boldsymbol{a}_1+x_2'\boldsymbol{a}_2$$

各成分を，それぞれ，3/4 倍，6/4 倍して，これらの和を作ることになる：

$$F(\boldsymbol{x})=\frac{3}{4}x_1'\boldsymbol{a}_1+\frac{6}{4}x_2'\boldsymbol{a}_2\quad \text{比例拡大の合成！}$$

さて，一般に，$n$ 次元ベクトル空間上の線形変換 $F: V\to V$ を考える．この変換 $F$ によって方向の変わらないベクトルを考える：

$$F(\boldsymbol{x})=\lambda\boldsymbol{x},\qquad \boldsymbol{x}\neq\boldsymbol{0}$$

このとき，ベクトルの拡大率 $\lambda$ を，線形変換 $F$ の**固有値**，ベクトル $\boldsymbol{x}$ を固有値 $\lambda$ に対応する（または単に〝対する〟）**固有ベクトル**という．

ところで，ベクトルは数ベクトルで，線形変換は，その表現行列で考えるのが便利なので，次に，そのことを考える．

いま，2 次元の場合で記すことにする．基底 $\mathscr{A}=\langle \boldsymbol{a}_1, \boldsymbol{a}_2\rangle$ に関するベク

トル $\boldsymbol{x} = x_1\boldsymbol{a}_1 + x_2\boldsymbol{a}_2$ の成分を $\begin{bmatrix} x_1 \\ x_2 \end{bmatrix}$ とし，変換 $F$ の表現行列を $A$ とすると，次が成立する：

$$F(\boldsymbol{x}) = \lambda\boldsymbol{x} \iff A\begin{bmatrix} x_1 \\ x_2 \end{bmatrix} = \lambda\begin{bmatrix} x_1 \\ x_2 \end{bmatrix} \qquad \cdots\cdots\cdots \quad (*)$$

なぜかといえば，

$$F(\boldsymbol{x}) = F(x_1\boldsymbol{a}_1 + x_2\boldsymbol{a}_2) = x_1F(\boldsymbol{a}_1) + x_2F(\boldsymbol{a}_2)$$
$$= [\, F(\boldsymbol{a}_1) \;\; F(\boldsymbol{a}_2)\,]\begin{bmatrix} x_1 \\ x_2 \end{bmatrix} = [\, \boldsymbol{a}_1 \;\; \boldsymbol{a}_2\,]A\begin{bmatrix} x_1 \\ x_2 \end{bmatrix}$$
$$\lambda\boldsymbol{x} = \lambda(x_1\boldsymbol{a}_1 + x_2\boldsymbol{a}_2) = [\, \boldsymbol{a}_1 \;\; \boldsymbol{a}_2\,]\lambda\begin{bmatrix} x_1 \\ x_2 \end{bmatrix}$$

であり，$\boldsymbol{a}_1, \boldsymbol{a}_2$ が一次独立であることから，上の関係（$*$）が得られる．

そこで，あらためて，次のように定義する：

**■ポイント**　　固有値・固有ベクトル

○ $V$ 上の線形変換 $F$ に対して，

$$F(\boldsymbol{x}) = \lambda\boldsymbol{x}, \quad \boldsymbol{x} \neq \boldsymbol{0}$$

なる $\lambda$ を $F$ の**固有値**，$\boldsymbol{x} \in V$ を $\lambda$ に対する**固有ベクトル**という．

○ $n$ 次正方行列 $A$ に対して，

$$A\boldsymbol{x} = \lambda\boldsymbol{x}, \quad \boldsymbol{x} \neq \boldsymbol{0}$$

なる $\lambda$ を $A$ の**固有値**，$\boldsymbol{x} \in \boldsymbol{C}^n$ を $\lambda$ に対する**固有ベクトル**という．

とくに，$A$ が基底 $\mathscr{A}$ に関する $F$ の表現行列ならば，$F$ と $A$ の固有値は一致し，その固有値に対する $A$ の固有ベクトルは，$F$ の固有ベクトルの $\mathscr{A}$ に関する成分である．

また，$F$ の固有値 $\lambda$ に対して，$\lambda$ に対する固有ベクトルの全体と $\boldsymbol{0}$ の集合

$$W(\lambda) = \{\boldsymbol{x} \in V \mid F(\boldsymbol{x}) = \lambda\boldsymbol{x}\}$$

は，$V$ の部分空間になる．これを，固有値 $\lambda$ に対する $F$ の**固有空間**とよぶ．

$n$ 次正方行列 $A$ については，

$$W(\lambda) = \{\boldsymbol{x} \in \boldsymbol{C}^n \mid A\boldsymbol{x} = \lambda\boldsymbol{x}\}$$

を，固有値 $\lambda$ に対する $A$ の**固有空間**とよぶ．

以後，主として，行列の固有値を扱うことにする．

いま，$(i, j)$ 成分が $a_{ij}$ の $n$ 次正方行列 $A$ の固有値 $\lambda$ を求めよう．

$$A\boldsymbol{x}=\lambda\boldsymbol{x} \quad \text{すなわち，} (\lambda E-A)\boldsymbol{x}=\boldsymbol{0}$$

が，$\boldsymbol{x}\neq\boldsymbol{0}$ なる解をもつ条件は，係数行列式 $=|\lambda E-A|=0$ だった．

$n$ 次正方行列 $A$ の固有値は，$x$ の $n$ 次方程式

$$\varphi_A(x)=|xE-A|=\begin{vmatrix} x-a_{11} & -a_{12} & \cdots & -a_{1n} \\ -a_{21} & x-a_{22} & \cdots & -a_{2n} \\ \vdots & \vdots & & \vdots \\ -a_{n1} & -a_{n2} & \cdots & x-a_{nn} \end{vmatrix}=0$$

の解である．したがって，$n$ 次正方行列 $A$ は，重複度もこめて，ちょうど $n$ 個の固有値をもつ．

このとき，$x$ の $n$ 次方程式 $\varphi_A(x)=0$ を行列 $A$ の**固有方程式**，$n$ 次多項式 $\varphi_A(x)$ を行列 $A$ の**固有多項式**という．

また，$n$ 次元ベクトル空間 $V$ 上の線形変換 $F$ の( $V$ の任意の基底に関する)表現行列 $A$ の固有方程式・固有多項式を，それぞれ，線形変換 $F$ の固有方程式・固有多項式といい，$\varphi_F(x)=0$・$\varphi_F(x)$ と記すことがある．

▶**注**　$\varphi_{P^{-1}AP}(x)=|xE-P^{-1}AP|=|P^{-1}(xE-A)P|$
$=|P^{-1}||xE-A||P|=|xE-A|=\varphi_A(x)$

だから，$F$ の固有多項式は，基底のとり方によらない．

［**例**］　$A=\begin{bmatrix} 5 & -3 \\ -2 & 6 \end{bmatrix}$ の固有値とそれに対する固有ベクトルを求めよ．

**解**　$xE-A=\begin{bmatrix} x & 0 \\ 0 & x \end{bmatrix}-\begin{bmatrix} 5 & -3 \\ -2 & 6 \end{bmatrix}=\begin{bmatrix} x-5 & 3 \\ 2 & x-6 \end{bmatrix}$

$$\varphi_A(x)=\begin{vmatrix} x-5 & 3 \\ 2 & x-6 \end{vmatrix}=(x-5)(x-6)-3\times 2=(x-3)(x-8)$$

ゆえに，行列 $A$ の固有値は，3 と 8．固有値 3 に対する固有ベクトルは，

$$\begin{bmatrix} 5 & -3 \\ -2 & 6 \end{bmatrix}\begin{bmatrix} x \\ y \end{bmatrix}=3\begin{bmatrix} x \\ y \end{bmatrix} \qquad \therefore \begin{cases} 5x-3y=3x \\ -2x+6y=3y \end{cases}$$

$$\therefore \begin{cases} 2x-3y=0 \\ -2x+3y=0 \end{cases} \qquad \therefore \begin{bmatrix} x \\ y \end{bmatrix}=s\begin{bmatrix} 3 \\ 2 \end{bmatrix} \quad (s\neq 0)$$

同様に，固有値 8 に対する固有ベクトルは，$\begin{bmatrix} x \\ y \end{bmatrix}=t\begin{bmatrix} 1 \\ -1 \end{bmatrix}$　$(t\neq 0)$

**例題 20.1 固有値・固有空間**

次の行列 $A$ の固有値と，それに対する固有空間の一つの基底を求めよ：

$$A=\begin{bmatrix} 4 & 2 & 1 \\ -1 & 7 & 1 \\ 2 & -4 & 3 \end{bmatrix}$$

**【解】** $\varphi_A(x)=|xE-A|=\begin{vmatrix} x-4 & -2 & -1 \\ 1 & x-7 & -1 \\ -2 & 4 & x-3 \end{vmatrix}=(x-4)(x-5)^2$

ゆえに，行列 $A$ の固有値は，4，5 である．

（i） 固有値 4 に対する固有空間 $W(4)$ は，$A\boldsymbol{x}=4\boldsymbol{x}$ すなわち，

$$\begin{cases} 4x+2y+\ \ z=4x \\ -x+7y+\ \ z=4y \\ 2x-4y+3z=4z \end{cases} \qquad \therefore \begin{cases} 2y+z=0 \\ -x+3y+z=0 \\ 2x-4y-z=0 \end{cases}$$

の解空間である．これを解いて，

$$\boldsymbol{x}=\begin{bmatrix} x \\ y \\ z \end{bmatrix}=s\begin{bmatrix} 1 \\ 1 \\ -2 \end{bmatrix}$$

ゆえに，$W(4)$ の一つの基底は，

$$\left\langle \begin{bmatrix} 1 \\ 1 \\ -2 \end{bmatrix} \right\rangle$$

> **固有値・固有空間**
>
> ● $\lambda$ は行列 $A$ の固有値
>
> $A\boldsymbol{x}=\lambda\boldsymbol{x}$，$\boldsymbol{x}\neq\boldsymbol{0}$
>
> ● $\lambda$ に対する固有空間
>
> $W(\lambda)=\{\boldsymbol{x} \mid A\boldsymbol{x}=\lambda\boldsymbol{x}\}$

（ii） 固有値 5 に対する固有空間 $W(5)$ は，同様に，$A\boldsymbol{x}=5\boldsymbol{x}$ を解いて，

$$\begin{cases} 4x+2y+\ \ z=5x \\ -x+7y+\ \ z=5y \\ 2x-4y+3z=5z \end{cases} \qquad \therefore\ \boldsymbol{x}=\begin{bmatrix} x \\ y \\ z \end{bmatrix}=s\begin{bmatrix} 2 \\ 1 \\ 0 \end{bmatrix}+t\begin{bmatrix} 1 \\ 0 \\ 1 \end{bmatrix}$$

ゆえに，$W(5)$ の一つの基底は，

$$\left\langle \begin{bmatrix} 2 \\ 1 \\ 0 \end{bmatrix}, \begin{bmatrix} 1 \\ 0 \\ 1 \end{bmatrix} \right\rangle$$

□

**●ポイント**　**固有ベクトルの一次独立性**

> $n$ 次正方行列 $A$ の異なる固有値 $\lambda_1, \lambda_2, \cdots, \lambda_r$ に対する固有ベクトルを，それぞれ，$\boldsymbol{x}_1, \boldsymbol{x}_2, \cdots, \boldsymbol{x}_r$ とすると，これらは一次独立である．

**証明**　$\boldsymbol{x}_1, \boldsymbol{x}_2, \cdots, \boldsymbol{x}_r$ が一次従属だと仮定する．さらに，たとえば，$\boldsymbol{x}_1, \boldsymbol{x}_2$ が一次独立で，$\boldsymbol{x}_3$ が $\boldsymbol{x}_1, \boldsymbol{x}_2$ の一次結合でかけると仮定する：

$$\boldsymbol{x}_3 = s_1\boldsymbol{x}_1 + s_2\boldsymbol{x}_2 \quad \cdots\cdots\cdots\cdots\cdots\cdots\cdots\cdots \text{①}$$

そこで，$A\boldsymbol{x}_1 = \lambda_1\boldsymbol{x}_1$，$A\boldsymbol{x}_2 = \lambda_2\boldsymbol{x}_2$，$A\boldsymbol{x}_3 = \lambda_3\boldsymbol{x}_3$ であることを頭におき，①の両辺に $A$ を左から掛けると，

$$A\boldsymbol{x}_3 = s_1A\boldsymbol{x}_1 + s_2A\boldsymbol{x}_2$$

$$\therefore \quad \lambda_3\boldsymbol{x}_3 = s_1\lambda_1\boldsymbol{x}_1 + s_2\lambda_2\boldsymbol{x}_2 \quad \cdots\cdots\cdots\cdots\cdots \text{②}$$

ここで，①×$\lambda_3$－② を作ると，

$$\boldsymbol{0} = s_1(\lambda_3 - \lambda_1)\boldsymbol{x}_1 + s_2(\lambda_3 - \lambda_2)\boldsymbol{x}_2$$

$\boldsymbol{x}_1, \boldsymbol{x}_2$ が一次独立で，$\lambda_3 \neq \lambda_1, \lambda_3 \neq \lambda_2$ だから，$s_1 = 0$，$s_2 = 0$．このとき，$\boldsymbol{x}_3 = \boldsymbol{0}$ となり，固有ベクトルであることに矛盾する．　□

## 演習問題

**20. 1**　次の行列 $A$ の固有値と，それに対する固有ベクトルを求めよ．

(1) $\begin{bmatrix} 7 & -2 \\ -4 & 5 \end{bmatrix}$　(2) $\begin{bmatrix} 3 & 1 \\ 0 & 3 \end{bmatrix}$　(3) $\begin{bmatrix} 0 & -1 \\ 1 & 0 \end{bmatrix}$

(4) $\begin{bmatrix} 5 & -2 & -2 \\ -1 & 7 & 3 \\ 1 & -4 & 0 \end{bmatrix}$　(5) $\begin{bmatrix} 3 & 2 & 1 \\ -1 & 6 & 1 \\ 2 & -4 & 2 \end{bmatrix}$

**20. 2**　$A = \begin{bmatrix} a_{11} & a_{12} \\ a_{21} & a_{22} \end{bmatrix}$ の固有多項式は，次のようになることを示せ：

$$\varphi_A(x) = x^2 - (\mathrm{tr}\,A)x + |A|$$

**20. 3**　3 次元幾何ベクトル全体の作るベクトル空間 $E^3$ 上の線形変換

$$F(\boldsymbol{x}) = \boldsymbol{x} - \frac{2(\boldsymbol{x}, \boldsymbol{a})}{(\boldsymbol{a}, \boldsymbol{a})}\boldsymbol{a}$$

の固有値と，それに対する固有ベクトルを求めよ．

# §21 行列の対角化

行列を脱がせる

## 行列の対角化

本節では，いよいよ，行列の対角化の問題を扱う．

$n$ 次正方行列 $A$ に対して，何かある正則行列 $P$ を見つけて，

$$P^{-1}AP = \begin{bmatrix} \alpha_1 & & & \\ & \alpha_2 & & \\ & & \ddots & \\ & & & \alpha_n \end{bmatrix} \quad \text{（空白の成分は 0 とする）}$$

のように対角行列にできるとすれば，

（1） 右辺の対角成分 $\alpha_1, \alpha_2, \cdots, \alpha_n$ は，いったい何か？

（2） 変換行列 $P$ は何か？　どのようにして求めるのか？

（3） どんな正方行列も，つねに対角化可能なのか？

これらの問題を順次考えることにする．

いま，簡単のため，2 次の場合で述べることにして，

$$P^{-1}AP = \begin{bmatrix} \alpha_1 & 0 \\ 0 & \alpha_2 \end{bmatrix}$$

とする．このとき，

$$AP = P\begin{bmatrix} \alpha_1 & 0 \\ 0 & \alpha_2 \end{bmatrix}$$

であるが，変換行列 $P$ を，

$$P = \begin{bmatrix} p_{11} & p_{12} \\ p_{21} & p_{22} \end{bmatrix} = [\,\boldsymbol{p}_1 \ \ \boldsymbol{p}_2\,]$$

とおけば，

$$A[\,\boldsymbol{p}_1 \ \ \boldsymbol{p}_2\,] = AP = P\begin{bmatrix} \alpha_1 & 0 \\ 0 & \alpha_2 \end{bmatrix} = [\,\boldsymbol{p}_1 \ \ \boldsymbol{p}_2\,]\begin{bmatrix} \alpha_1 & 0 \\ 0 & \alpha_2 \end{bmatrix}$$

$$\therefore \quad [\,A\boldsymbol{p}_1 \ \ A\boldsymbol{p}_2\,] = [\,\alpha_1\boldsymbol{p}_1 \ \ \alpha_2\boldsymbol{p}_2\,]$$

$$\therefore \quad A\boldsymbol{p}_1 = \alpha_1\boldsymbol{p}_1, \quad A\boldsymbol{p}_2 = \alpha_2\boldsymbol{p}_2$$

したがって，

　　$\alpha_1$ は行列 $A$ の固有値で，$\boldsymbol{p}_1$ は固有値 $\alpha_1$ に対する固有ベクトル

　　$\alpha_2$ は行列 $A$ の固有値で，$\boldsymbol{p}_2$ は固有値 $\alpha_2$ に対する固有ベクトル

であることが分かった．

こうして，対角成分 $\alpha_1, \alpha_2$ および変換行列 $P$ の正体がつかめた．

すなわち，2 次正方行列 $A$ が異なる 2 個の固有値 $\lambda_1, \lambda_2$ をもつとき，これらの固有値に対する $A$ の固有ベクトルを，それぞれ $\boldsymbol{p}_1, \boldsymbol{p}_2$ とすれば，これらは一次独立だから，行列

$$P = [\ \boldsymbol{p}_1\ \ \boldsymbol{p}_2\ ]$$

は，正則である．$A\boldsymbol{p}_1 = \lambda_1\boldsymbol{p}_1$，$A\boldsymbol{p}_2 = \lambda_2\boldsymbol{p}_2$ に注意すれば，

$$\begin{aligned} AP &= A[\ \boldsymbol{p}_1\ \ \boldsymbol{p}_2\ ] = [\ A\boldsymbol{p}_1\ \ A\boldsymbol{p}_2\ ] \\ &= [\ \lambda_1\boldsymbol{p}_1\ \ \lambda_2\boldsymbol{p}_2\ ] = [\ \boldsymbol{p}_1\ \ \boldsymbol{p}_2\ ]\begin{bmatrix} \lambda_1 & 0 \\ 0 & \lambda_2 \end{bmatrix} = P\begin{bmatrix} \lambda_1 & 0 \\ 0 & \lambda_2 \end{bmatrix} \end{aligned}$$

したがって，$P^{-1}$ が存在するから，行列 $A$ は正則行列 $P$ によって，

$$P^{-1}AP = \begin{bmatrix} \lambda_1 & 0 \\ 0 & \lambda_2 \end{bmatrix}$$

のように対角化される．このとき，なんと，

固有値 $\lambda_1, \lambda_2$ が対角線上に並んでいる！

のだ．この推論は，$n$ 次の場合でも，まったく同様である：

**●ポイント**　　**正則行列による対角化**

$n$ 次正方行列 $A$ が $n$ 個の異なる固有値 $\lambda_1, \lambda_2, \cdots, \lambda_n$ をもつとき，これらに対する固有ベクトル $\boldsymbol{p}_1, \boldsymbol{p}_2, \cdots, \boldsymbol{p}_n$ を列ベクトルにもつ正則行列 $P = [\ \boldsymbol{p}_1\ \ \boldsymbol{p}_2\ \cdots\ \boldsymbol{p}_n\ ]$ によって，行列 $A$ は次のように対角化される：

$$P^{-1}AP = \begin{bmatrix} \lambda_1 & & & \\ & \lambda_2 & & \\ & & \ddots & \\ & & & \lambda_n \end{bmatrix}$$

こんなにすばらしいことが分かったのだから，さっそく，具体例でやってみよう．

**例題 21.1　正則行列による対角化・1**

（1）　$A=\begin{bmatrix} 8 & -6 \\ 3 & -1 \end{bmatrix}$ の固有値は，2 と 5 であることを示せ．

（2）　固有値 2 に対する（一つの）固有ベクトル $\boldsymbol{p}_1$ を求めよ．

固有値 5 に対する（一つの）固有ベクトル $\boldsymbol{p}_2$ を求めよ．

（3）　$P=[\,\boldsymbol{p}_1\ \boldsymbol{p}_2\,]$ とおくとき，$P^{-1}AP$ を計算せよ．

$Q=[\,\boldsymbol{p}_2\ \boldsymbol{p}_1\,]$ とおくとき，$Q^{-1}AQ$ を計算せよ．

---

**【解】**（1）　$\varphi_A(x)=|xE-A|=\begin{vmatrix} x-8 & 6 \\ -3 & x+1 \end{vmatrix}$

$$=(x-8)(x+1)-6\cdot(-3)=(x-2)(x-5)$$

（2）　連立 1 次方程式 $A\boldsymbol{x}=2\boldsymbol{x}$ および $A\boldsymbol{x}=5\boldsymbol{x}$ を解く．

（i）　$A\boldsymbol{x}=2\boldsymbol{x}$ ：

$(A-2E)\boldsymbol{x}=\boldsymbol{0}$ より，

$$\begin{bmatrix} 6 & -6 \\ 3 & -3 \end{bmatrix}\begin{bmatrix} x \\ y \end{bmatrix}=\begin{bmatrix} 0 \\ 0 \end{bmatrix}$$

$$\therefore\ \begin{cases} 6x-6y=0 \\ 3x-3y=0 \end{cases}$$

解の一つとして，$\boldsymbol{p}_1=\begin{bmatrix} 1 \\ 1 \end{bmatrix}$

（ii）　$A\boldsymbol{x}=5\boldsymbol{x}$ ：

$(A-5E)\boldsymbol{x}=\boldsymbol{0}$ より，

$$\begin{bmatrix} 3 & -6 \\ 3 & -6 \end{bmatrix}\begin{bmatrix} x \\ y \end{bmatrix}=\begin{bmatrix} 0 \\ 0 \end{bmatrix}$$

$$\therefore\ \begin{cases} 3x-6y=0 \\ 3x-6y=0 \end{cases}$$

解の一つとして，$\boldsymbol{p}_2=\begin{bmatrix} 2 \\ 1 \end{bmatrix}$

（3）　$P=[\,\boldsymbol{p}_1\ \boldsymbol{p}_2\,]=\begin{bmatrix} 1 & 2 \\ 1 & 1 \end{bmatrix}$ とおけば，$P^{-1}=\begin{bmatrix} -1 & 2 \\ 1 & -1 \end{bmatrix}$

$$\therefore\quad P^{-1}AP=\begin{bmatrix} -1 & 2 \\ 1 & -1 \end{bmatrix}\begin{bmatrix} 8 & -6 \\ 3 & -1 \end{bmatrix}\begin{bmatrix} 1 & 2 \\ 1 & 1 \end{bmatrix}=\begin{bmatrix} 2 & \\ & 5 \end{bmatrix}$$

同様に，

$$Q^{-1}AQ=\begin{bmatrix} 1 & -1 \\ -1 & 2 \end{bmatrix}\begin{bmatrix} 8 & -6 \\ 3 & -1 \end{bmatrix}\begin{bmatrix} 2 & 1 \\ 1 & 1 \end{bmatrix}=\begin{bmatrix} 5 & \\ & 2 \end{bmatrix}$$ □

## 対角化可能条件

行列 $A$ の対角化は，固有値がすべて異なる場合は容易であった．

問題は，固有方程式が重解をもつ場合である．$\varphi_A(x)=\varphi_{P^{-1}AP}(x)$ だから，対角行列 $P^{-1}AP$ の対角成分は，行列 $A$ の固有値である．

**●ポイント** 対角化可能条件

$n$ 次正方行列 $A$ の固有多項式を，

$$\varphi_A(x)=(x-\lambda_1)^{n_1}(x-\lambda_2)^{n_2}\cdots(x-\lambda_r)^{n_r}$$

とするとき，ある正則行列 $P$ によって，行列 $A$ が，

$$P^{-1}AP=\begin{bmatrix} \overbrace{\lambda_1 \ \ddots \ \lambda_1}^{n_1} & & & & \\ & \lambda_2 & & & \\ & & \ddots & & \\ & & & \overbrace{\lambda_r \ \ddots \ \lambda_r}^{n_r} \end{bmatrix} \qquad (*)$$

のように対角化される条件は，各 $i\,(i=1,2,\cdots,r)$ について，

$$\dim W(\lambda_i)=n-\mathrm{rank}(A-\lambda_i E)=n_i$$

が成立することである．ただし，$\lambda_1,\lambda_2,\cdots,\lambda_r$ は行列 $A$ の異なる固有値で，$n=n_1+n_2+\cdots+n_r$ である．

この $n_i$ を固有値 $\lambda_i$ の**代数的重複度**といい，固有空間 $W(\lambda_i)$ の次元 $\dim W(\lambda_i)$ を固有値 $\lambda_i$ の**幾何学的重複度**ということがある．

**証明** 上の $(*)$ の右辺の対角行列を $D$ とおくと，$A=PDP^{-1}$ だから，

$$A-\lambda_i E=PDP^{-1}-\lambda_i E=P(D-\lambda_i E)P^{-1}$$

ところが，$D-\lambda_i E$ は，対角線上に，左上から，順に，

$$\lambda_1-\lambda_i,\ \lambda_2-\lambda_i,\ \cdots,\ \lambda_r-\lambda_i$$

が，それぞれ，$n_1$ 個，$n_2$ 個，$\cdots$，$n_r$ 個ずつ並ぶ対角行列だから，

$$\mathrm{rank}(A-\lambda_i E)=\mathrm{rank}\,P(D-\lambda_i E)P^{-1}=\mathrm{rank}(D-\lambda_i E)=n-n_i$$

$$\therefore\quad \dim W(\lambda_i)=\dim\{\boldsymbol{x}\mid(A-\lambda_i E)\boldsymbol{x}=\boldsymbol{0}\}$$
$$=n-\mathrm{rank}(A-\lambda_i E)=n-(n-n_i)=n_i$$

逆にこのとき，各 $W(\lambda_i)$ の基底 $\langle \boldsymbol{p}_{i1},\cdots,\boldsymbol{p}_{in_i}\rangle$ を順に並べて得られる次の正則行列によって行列 $A$ は対角化される：

$$P=[\,\boldsymbol{p}_{11}\ \cdots\ \boldsymbol{p}_{1n_1}\ \boldsymbol{p}_{21}\ \cdots\ \boldsymbol{p}_{2n_2}\ \cdots\ \boldsymbol{p}_{r1}\ \cdots\ \boldsymbol{p}_{rn_r}\,]$$ □

**例題 21.2　　　正則行列による対角化・2**

次の行列 $A$ の固有多項式は，いずれも，$\varphi_A(x)=(x-3)(x-4)^2$ である．正則行列によって対角化可能ならば，対角化せよ．

（1）$\begin{bmatrix} 6 & -1 & 1 \\ 2 & 3 & 1 \\ -4 & 2 & 2 \end{bmatrix}$　　（2）$\begin{bmatrix} 5 & 1 & 1 \\ 0 & 4 & 1 \\ -1 & -1 & 2 \end{bmatrix}$

**【解】**（1）連立1次方程式 $A\boldsymbol{x}=3\boldsymbol{x}$ および $A\boldsymbol{x}=4\boldsymbol{x}$ を解く．

（i）$A\boldsymbol{x}=3\boldsymbol{x}$ ：

$(A-3E)\boldsymbol{x}=\boldsymbol{0}$ より，

$$\begin{bmatrix} 3 & -1 & 1 \\ 2 & 0 & 1 \\ -4 & 2 & -1 \end{bmatrix}\begin{bmatrix} x \\ y \\ z \end{bmatrix}=\begin{bmatrix} 0 \\ 0 \\ 0 \end{bmatrix}$$

$$\therefore \begin{cases} 3x-y+z=0 \\ 2x+z=0 \\ -4x+2y-z=0 \end{cases}$$

$\boldsymbol{0}$ でない解として，たとえば，

$$\boldsymbol{p}_1=\begin{bmatrix} 1 \\ 1 \\ -2 \end{bmatrix}$$

をとる．

（ii）$A\boldsymbol{x}=4\boldsymbol{x}$ ：

$(A-4E)\boldsymbol{x}=\boldsymbol{0}$ より，

$$\begin{bmatrix} 2 & -1 & 1 \\ 2 & -1 & 1 \\ -4 & 2 & -2 \end{bmatrix}\begin{bmatrix} x \\ y \\ z \end{bmatrix}=\begin{bmatrix} 0 \\ 0 \\ 0 \end{bmatrix}$$

$$\therefore \begin{cases} 2x-y+z=0 \\ 2x-y+z=0 \\ -4x+2y-2z=0 \end{cases}$$

一次独立な解として，たとえば，

$$\boldsymbol{p}_2=\begin{bmatrix} 1 \\ 2 \\ 0 \end{bmatrix},\quad \boldsymbol{p}_3=\begin{bmatrix} 0 \\ 1 \\ 1 \end{bmatrix}$$

をとる．

このとき，

$$P=[\,\boldsymbol{p}_1\ \boldsymbol{p}_2\ \boldsymbol{p}_3\,]=\begin{bmatrix} 1 & 1 & 0 \\ 1 & 2 & 1 \\ -2 & 0 & 1 \end{bmatrix},\qquad P^{-1}=\begin{bmatrix} -2 & 1 & -1 \\ 3 & -1 & 1 \\ -4 & 2 & -1 \end{bmatrix}$$

とおけば，

$$P^{-1}AP=\begin{bmatrix} 3 & & \\ & 4 & \\ & & 4 \end{bmatrix}$$

（2）行基本変形によって，

$$A-4E=\begin{bmatrix} 1 & 1 & 1 \\ 0 & 0 & 1 \\ -1 & -1 & -2 \end{bmatrix} \longrightarrow \begin{bmatrix} 1 & 1 & 1 \\ 0 & 0 & 1 \\ 0 & 0 & 0 \end{bmatrix}$$

$\therefore\quad \mathrm{rank}\, W(4)=3-\mathrm{rank}\,(A-4E)=3-2=1$

代数的重複度 $=2$
幾何学的重複度 $=1$ } 一致しない

ゆえに，**対角化可能ではない．** □

## 演習問題

**21.1** 次の行列 $A$ は正則行列によって対角化可能か．可能ならば対角化せよ．

（1）$\begin{bmatrix} 5 & -1 \\ -2 & 6 \end{bmatrix}$　（2）$\begin{bmatrix} 5 & 1 \\ 0 & 5 \end{bmatrix}$

（3）$\begin{bmatrix} 4 & 0 & -1 \\ -3 & 1 & 5 \\ -2 & -2 & 7 \end{bmatrix}$　（4）$\begin{bmatrix} 6 & -1 & 1 \\ 3 & 2 & 3 \\ -1 & 1 & 4 \end{bmatrix}$

（5）$\begin{bmatrix} 2 & 2 & -1 \\ -3 & 7 & -1 \\ 3 & -2 & 6 \end{bmatrix}$　（6）$\begin{bmatrix} 2 & -1 & 1 \\ 0 & 2 & 1 \\ -1 & 0 & 3 \end{bmatrix}$

**21.2** $A=\begin{bmatrix} 3 & -2 \\ 1 & 6 \end{bmatrix}$ のとき，$A^n$ を求めよ．

▶**注** $D=P^{-1}AP \Rightarrow A^n=(PDP^{-1})^n=PD^nP^{-1}$ を用いよ．

**21.3** ある国で，都市部と郊外の人口の移動を調べたところ，毎年，都市部の人口の 2 % が郊外へ引越し，郊外の人口の 9 % が都市部へ移住することが分かった．

（1） $n$ 年後の都市部・郊外の人口を，それぞれ，$x_n$ 人・$y_n$ 人とするとき，$x_{n+1}, y_{n+1}$ を $x_n, y_n$ で表わせ．

（2） 将来，都市部と郊外の人口分布はどうなるか．ただし，他国との転入・転出は無視できる程度とする．

# §22 行列の三角化

使って分かる三角化の偉力

### 行列の三角化

$n$ 次正方行列 $A$ に対して，適当な正則行列 $P$ を選べば，

$P^{-1}AP$ が，対角行列になるとき，$A$ は**対角化可能**である，

$P^{-1}AP$ が，三角行列になるとき，$A$ は**三角化可能**である

という．

行列の対角化は，可能な場合も不可能な場合もあったが，三角化はつねに可能であって，ケーリー・ハミルトンの定理への応用，フロベニウスの定理への応用など，三角化の活躍の場は大である．（ジョルダン標準形への変換は，2 次の場合について後述する．）

まず，三角化はつねに可能だ，という次の性質から入ろう：

**●ポイント** —— 行列の三角化

$\varphi_A(x)=(x-\lambda_1)(x-\lambda_2)\cdots(x-\lambda_n)$ なる $n$ 次正方行列 $A$ は，適当な正則行列 $P$ によって，次のように三角化できる：

$$P^{-1}AP=\begin{bmatrix} \lambda_1 & * & \cdots & * \\ & \lambda_2 & \cdots & * \\ & & \ddots & \vdots \\ & & & \lambda_n \end{bmatrix}$$

この変換行列 $P$ を，とくにユニタリー行列にとることもできる．

次に，この性質を証明しよう．

三角化は，次数が，1 次 → 2 次 → … → $n$ 次 のように順次実行するのであり，証明法は，次数 $n$ についての**数学的帰納法**という形になる．

まず，1 次正方行列 $A=[\,a\,]$ であるが，この行列自身すでに上三角行列になっているので，$P=E=[\,1\,]$（1 次単位行列）とすればよい．

次に，$\varphi_B(x)=(x-\lambda_2)(x-\lambda_3)\cdots(x-\lambda_n)$ なる $n-1$ 次正方行列 $B$ が正則行列によって，対角成分が，$\lambda_2, \lambda_3, \cdots, \lambda_n$ の上三角行列に三角化される

と仮定して，$n$ 次の場合も上のように三角化可能であることを示す．

いま，$\boldsymbol{p}_1$ を行列 $A$ の固有値 $\lambda_1$ に対する固有ベクトルとする：

$$A\boldsymbol{p}_1 = \lambda_1 \boldsymbol{p}_1$$

さて，この $\boldsymbol{p}_1$ を 1 列にもつ正則行列の一つを，

$$P_0 = [\ \boldsymbol{p}_1\ \ \boldsymbol{p}_2\ \cdots\ \boldsymbol{p}_n\ ]$$

とすると，

$$P_0^{-1}P_0 = P_0^{-1}[\ \boldsymbol{p}_1\ \ \boldsymbol{p}_2\ \cdots\ \boldsymbol{p}_n\ ] = [\ P_0^{-1}\boldsymbol{p}_1\ \ P_0^{-1}\boldsymbol{p}_2\ \cdots\ P_0^{-1}\boldsymbol{p}_n\ ]$$

$$P_0^{-1}P_0 = E = [\ \boldsymbol{e}_1\ \ \boldsymbol{e}_2\ \cdots\ \boldsymbol{e}_n\ ]$$

両者の 1 列を比較して，

$$P_0^{-1}\boldsymbol{p}_1 = \boldsymbol{e}_1$$

したがって，

$$\begin{aligned} P_0^{-1}AP_0 &= P_0^{-1}A[\ \boldsymbol{p}_1\ \ \boldsymbol{p}_2\ \cdots\ \boldsymbol{p}_n\ ] \\ &= [\ P_0^{-1}A\boldsymbol{p}_1\ \ P_0^{-1}A\boldsymbol{p}_2\ \cdots\ P_0^{-1}A\boldsymbol{p}_n\ ] \\ &= [\ P_0^{-1}\lambda_1\boldsymbol{p}_1\ \ P_0^{-1}A\boldsymbol{p}_2\ \cdots\ P_0^{-1}A\boldsymbol{p}_n\ ] \\ &= [\ \ \lambda_1\boldsymbol{e}_1\ \ \ P_0^{-1}A\boldsymbol{p}_2\ \cdots\ P_0^{-1}A\boldsymbol{p}_n\ ] \\ &= \left[\begin{array}{c|ccc} \lambda_1 & * & \cdots & * \\ \hline 0 & & & \\ \vdots & & B & \\ 0 & & & \end{array}\right] \end{aligned}$$

という形になる．ここに，$B$ は $\varphi_B(x) = (x-\lambda_2)(x-\lambda_3)\cdots(x-\lambda_n)$ なる $n-1$ 次正方行列だから，数学的帰納法の仮定から，$B$ は三角化可能で，

$$Q^{-1}BQ = \begin{bmatrix} \lambda_2 & * & \cdots & * \\ & \lambda_3 & \cdots & * \\ & & \ddots & \vdots \\ & & & \lambda_n \end{bmatrix}$$

となる $n-1$ 次正則行列 $Q$ が存在する．このとき，

$$P = P_0\left[\begin{array}{c|ccc} 1 & 0 & \cdots & 0 \\ \hline 0 & & & \\ \vdots & & Q & \\ 0 & & & \end{array}\right]$$

とおけば，この $P$ は正則行列で，

$$P^{-1}=\left[\begin{array}{c:ccc} 1 & 0 & \cdots & 0 \\ \hdashline 0 & & & \\ \vdots & & Q^{-1} & \\ 0 & & & \end{array}\right]P_0^{-1}$$

したがって，

$$P^{-1}AP=\left[\begin{array}{c:ccc} 1 & 0 & \cdots & 0 \\ \hdashline 0 & & & \\ \vdots & & Q^{-1} & \\ 0 & & & \end{array}\right]P_0^{-1}AP_0\left[\begin{array}{c:ccc} 1 & 0 & \cdots & 0 \\ \hdashline 0 & & & \\ \vdots & & Q & \\ 0 & & & \end{array}\right]$$

$$=\left[\begin{array}{c:ccc} 1 & 0 & \cdots & 0 \\ \hdashline 0 & & & \\ \vdots & & Q^{-1} & \\ 0 & & & \end{array}\right]\left[\begin{array}{c:ccc} \lambda_1 & * & \cdots & * \\ \hdashline 0 & & & \\ \vdots & & B & \\ 0 & & & \end{array}\right]\left[\begin{array}{c:ccc} 1 & 0 & \cdots & 0 \\ \hdashline 0 & & & \\ \vdots & & Q & \\ 0 & & & \end{array}\right]$$

$$=\left[\begin{array}{c:ccc} 1 & 0 & \cdots & 0 \\ \hdashline 0 & & & \\ \vdots & & Q^{-1} & \\ 0 & & & \end{array}\right]\left[\begin{array}{c:ccc} \lambda_1 & * & \cdots & * \\ \hdashline 0 & & & \\ \vdots & & BQ & \\ 0 & & & \end{array}\right]$$

$$=\left[\begin{array}{c:ccc} \lambda_1 & * & \cdots & * \\ \hdashline 0 & & & \\ \vdots & & Q^{-1}BQ & \\ 0 & & & \end{array}\right]=\begin{bmatrix} \lambda_1 & * & \cdots & * \\ & \lambda_2 & \cdots & * \\ & & \ddots & \vdots \\ & & & \lambda_n \end{bmatrix}$$

のように，行列 $A$ は行列 $P$ によって三角化される．

また，上の証明で，$A$ の固有値 $\lambda_1$ に対する固有ベクトル $\boldsymbol{p}_1$ を 1 列にもつ正則行列 $P_0$，さらに，小行列 $B$ の変換行列 $Q$ を考えたが，

$\boldsymbol{p}_1$ を単位ベクトル　$(\|\boldsymbol{p}_1\|=1)$

$P_0$ をユニタリー行列

$Q$ をユニタリー行列

のようにとれば（これは可能！），$P$ はユニタリー行列になる．　□

この三角化を具体例で実行してみよう．

**例題 22.1　　行列の三角化**

次の行列 $A$ に対して，$P^{-1}AP$ が上三角行列になるような正則行列 $P$ を一つ求めよ．

（1）$\begin{bmatrix} 2 & -3 & -7 \\ 1 & 6 & 3 \\ 1 & 1 & 7 \end{bmatrix}$　　（2）$\begin{bmatrix} 3 & -1 & 3 \\ 1 & 6 & -1 \\ -2 & -1 & 8 \end{bmatrix}$

**【解】**（1）$\varphi_A(x)=(x-5)^3$.　行列 $A$ の固有値は，5 だけ．

$A\boldsymbol{x}=5\boldsymbol{x}$ すなわち $(A-5E)\boldsymbol{x}=\boldsymbol{0}$ の解は，

$$\boldsymbol{x}=s\begin{bmatrix} 1 \\ -1 \\ 0 \end{bmatrix}$$

dim W(5) = 1 となり，固有値5に対する一次独立な固有ベクトルは1本だけ．A は対角化不可能．

この一つの解 $\boldsymbol{p}_1=\begin{bmatrix} 1 \\ -1 \\ 0 \end{bmatrix}$ を 1 列にもつ正則行列，たとえば，

$$P_0=\begin{bmatrix} 1 & 0 & 0 \\ -1 & 1 & 0 \\ 0 & 0 & 1 \end{bmatrix},\quad P_0^{-1}=\begin{bmatrix} 1 & 0 & 0 \\ 1 & 1 & 0 \\ 0 & 0 & 1 \end{bmatrix}$$

をとる．このとき，

$$P_0^{-1}AP_0=\left[\begin{array}{c|cc} 5 & -3 & -7 \\ \hline 0 & 3 & -4 \\ 0 & 1 & 7 \end{array}\right]=\left[\begin{array}{c|cc} 5 & -3 & -7 \\ \hline 0 & & \\ 0 & \multicolumn{2}{c}{B} \end{array}\right]$$

とおけば，小行列 $B=\begin{bmatrix} 3 & -4 \\ 1 & 7 \end{bmatrix}$ の固有多項式は，明らかに，

$$\varphi_B(x)=(x-5)^2$$

そこで，行列 $B$ の固有値 5 に対する固有ベクトル $\begin{bmatrix} 2 \\ -1 \end{bmatrix}$ を 1 列にもつ

$$\text{正則行列}\quad Q=\begin{bmatrix} 2 & 1 \\ -1 & 0 \end{bmatrix}$$

をとり，この行列 $Q$ と上の行列 $P_0$ から，次の行列 $P$ を作る：

$$P=P_0\left[\begin{array}{c:cc}1&0&0\\ \hdashline 0&&\\0&\multicolumn{2}{c}{Q}\end{array}\right]=\begin{bmatrix}1&0&0\\-1&1&0\\0&0&1\end{bmatrix}\left[\begin{array}{c:cc}1&0&0\\ \hdashline 0&2&1\\0&-1&0\end{array}\right]=\begin{bmatrix}1&0&0\\-1&2&1\\0&-1&0\end{bmatrix}$$

このとき，行列 $A$ は，この正則行列 $P$ により次のように三角化される：

$$P^{-1}AP=\begin{bmatrix}5&1&-3\\&5&-1\\&&5\end{bmatrix}$$

（2）　$\varphi_A(x)=(x-5)(x-6)^2$.　　行列 $A$ の固有値は，5，6，6.

$Ax=5x$ より，固有値 5 に対する固有ベクトル $\boldsymbol{p}_1$,

$Ax=6x$ より，固有値 6 に対する固有ベクトル $\boldsymbol{p}_2$,

として，たとえば，

$$\boldsymbol{p}_1=\begin{bmatrix}2\\-1\\1\end{bmatrix},\qquad \boldsymbol{p}_2=\begin{bmatrix}1\\0\\1\end{bmatrix}$$

をとり，$\boldsymbol{p}_1$ を 1 列に，$\boldsymbol{p}_2$ を 2 列にもつ正則行列の一つとして，

$$P=\begin{bmatrix}2&1&1\\-1&0&0\\1&1&0\end{bmatrix}$$

をとれば，行列 $A$ は，この行列 $P$ によって，次のように三角化される：

$$P^{-1}AP=\begin{bmatrix}5&0&-1\\&6&-1\\&&6\end{bmatrix}$$

□

**ケーリー・ハミルトンの定理**

$$A=\begin{bmatrix}a&b\\c&d\end{bmatrix}\implies \varphi_A(A)=A^2-(a+d)A+(ad-bc)E=O$$

という事実は，一般の $n$ 次正方行列 $A$ の場合にも成立する：

$$\varphi_A(A)=O$$

これが，**ケーリー・ハミルトンの定理**である.（$\varphi_A(x)$：$A$ の固有多項式）

証明は，簡単のため，3 次の場合について，次の例題で行う.

**例題 22. 2　ケーリー・ハミルトンの定理**

3 次正方行列 $A$ の固有多項式を,

$$\varphi_A(x) = x^3 + ax^2 + bx + c$$

とするとき，次の等式が成立することを示せ：

$$\varphi_A(A) = A^3 + aA^2 + bA + cE = O$$

---

**【解】**

$$\varphi_A(x) = (x-\alpha)(x-\beta)(x-\gamma)$$

とし，行列 $A$ を三角化する：

$$B = P^{-1}AP = \begin{bmatrix} \alpha & * & * \\ & \beta & * \\ & & \gamma \end{bmatrix}$$

このとき,

$$\begin{aligned}
&P^{-1}\varphi_A(A)\,P \\
&= P^{-1}(A^3 + aA^2 + bA + cE)\,P \\
&= (P^{-1}AP)^3 + a(P^{-1}AP)^2 + b(P^{-1}AP) + cE \\
&= B^3 + aB^2 + bB + cE \\
&= \varphi_A(B) \\
&= (B-\alpha E)(B-\beta E)(B-\gamma E) \\
&= \begin{bmatrix} 0 & * & * \\ & \beta-\alpha & * \\ & & \gamma-\alpha \end{bmatrix}\begin{bmatrix} \alpha-\beta & * & * \\ & 0 & * \\ & & \gamma-\beta \end{bmatrix}\begin{bmatrix} \alpha-\gamma & * & * \\ & \beta-\gamma & * \\ & & 0 \end{bmatrix} \\
&= \begin{bmatrix} 0 & * & * \\ & \beta-\alpha & * \\ & & \gamma-\alpha \end{bmatrix}\begin{bmatrix} * & * & * \\ 0 & 0 & 0 \\ 0 & 0 & 0 \end{bmatrix} = \begin{bmatrix} 0 & 0 & 0 \\ 0 & 0 & 0 \\ 0 & 0 & 0 \end{bmatrix} = O
\end{aligned}$$

ゆえに,

$$\varphi_A(A) = P(P^{-1}\varphi_A(A)\,P)\,P^{-1} = POP^{-1} = O \qquad \square$$

▶**注**　$f(x) = a_0x^n + a_1x^{n-1} + \cdots + a_{n-1}x + a_n$　Eを補う

のとき，$f(A)$ は次の行列を意味する：

$$a_0A^n + a_1A^{n-1} + \cdots + a_{n-1}A + a_nE$$

## 演習問題

**22. 1**　次の行列 $A$ に対して，$P^{-1}AP$ が上三角行列になるような正則行列 $P$ を一つ求めよ．

（1）$\begin{bmatrix} 2 & -1 & 5 \\ -1 & 4 & 2 \\ -1 & 0 & 6 \end{bmatrix}$　　（2）$\begin{bmatrix} 3 & 0 & 1 \\ -1 & 4 & 1 \\ 1 & -1 & 3 \end{bmatrix}$

**22. 2**　次の行列に対して，$P^{-1}AP$ が上三角行列になるようなユニタリー行列 $U$ を一つ求めよ：

$$A=\begin{bmatrix} 2+i & -1 \\ 4 & -2+i \end{bmatrix}$$

**22. 3**　正方行列 $A$ に対して，$f(A)=O$ となる最小次数($\geqq 1$)で，最高次の係数が1の多項式を，行列 $A$ の**最小多項式**といい，$\mu_A(x)$ などと記す．

（1）行列 $A$ の最小多項式 $\mu_A(x)$ は，固有多項式 $\varphi_A(x)$ の約数であることを示せ．

（2）次の行列の最小多項式を求めよ．ただし，$\alpha \neq \beta$ とする．

$$A=\begin{bmatrix} \alpha & 1 & \\ & \alpha & 1 \\ & & \alpha \end{bmatrix},\quad B=\begin{bmatrix} \alpha & 1 & \\ & \alpha & 1 \\ & & \beta \end{bmatrix},\quad C=\begin{bmatrix} \alpha & & \\ & \alpha & \\ & & \beta \end{bmatrix}$$

（3）行列 $A$ と $P^{-1}AP$ の最小多項式は一致することを示せ．

（4）対角化可能な行列 $A$ の最小多項式は重解をもたないことを示せ．

**22. 4**　3次正方行列 $A$ の固有多項式を，

$$\varphi_A(x)=(x-\alpha)(x-\beta)(x-\gamma)$$

とする．$f(x)=ax^2+bx+c$ のとき，行列 $f(A)$ の固有多項式は，

$$\varphi_{f(A)}(x)=(x-f(\alpha))(x-f(\beta))(x-f(\gamma))$$

となることを示せ．

▶ **ヒント**　行列 $A$ を三角化し，上三角行列 $B=P^{-1}AP$ について $f(B)$ を計算してみよ．本問は，一般の $n$ 次正方行列，$m$ 次多項式 $f(x)$ についても成立し，この事実を**フロベニウスの定理**という．

# § 23 正規行列

ユニタリー行列によって対角化される行列

### 正規行列

どんな正方行列 $A$ も，上手にユニタリー行列 $U$ を選べば，上三角行列に直せるのであった：　$U^{-1}AU =$ 上三角行列

それでは，ユニタリー行列によって，とくに，対角行列に直せるような行列 $A$ は，どのように特徴づけられるのか？

この問題を考えよう．

> **ユニタリー行列**
> $UU^* = U^*U = E$
> $U^* = U^{-1}$

いま，正方行列 $A$ が，ユニタリー行列 $U$ によって対角行列 $D$ に変換されたとする：

$$D = U^*AU$$

このとき，

$$D^* = U^*A^*U$$

> $(ABC)^* = C^*B^*A^*$

だから，行列 $A^*$ もまたユニタリー行列 $U$ によって対角行列 $D^*$ に変換される．

このとき，

$$A = UDU^*, \qquad A^* = UD^*U^*$$

したがって，

$$A^*A = UD^*U^*UDU^* = UD^*DU^*$$
$$AA^* = UDU^*UD^*U^* = UDD^*U^*$$

となり，対角行列 $D^*$ と $D$ は可換 $D^*D = DD^*$ だから，$A^*$ と $A$ も可換 $A^*A = AA^*$ になる．

逆に，$A^*A = AA^*$ であったらどうであろうか？

正方行列 $A$ は，つねに，適当なユニタリー行列 $U$ によって三角化されるのであったから，簡単のため 3 次の場合で記せば，

$$B = U^*AU = \begin{bmatrix} b_{11} & b_{12} & b_{13} \\ & b_{22} & b_{23} \\ & & b_{33} \end{bmatrix}$$

このとき，

$$B^*B = U^*A^*AU$$
$$BB^* = U^*AA^*U$$

だから，

$$A^*A = AA^* \iff B^*B = BB^*$$

ところで，

$$B^*B = \begin{bmatrix} \overline{b}_{11} & & \\ \overline{b}_{12} & \overline{b}_{22} & \\ \overline{b}_{13} & \overline{b}_{23} & \overline{b}_{33} \end{bmatrix} \begin{bmatrix} b_{11} & b_{12} & b_{13} \\ & b_{22} & b_{23} \\ & & b_{33} \end{bmatrix}$$

$$BB^* = \begin{bmatrix} b_{11} & b_{12} & b_{13} \\ & b_{22} & b_{23} \\ & & b_{33} \end{bmatrix} \begin{bmatrix} \overline{b}_{11} & & \\ \overline{b}_{12} & \overline{b}_{22} & \\ \overline{b}_{13} & \overline{b}_{23} & \overline{b}_{33} \end{bmatrix}$$

この $B^*B = BB^*$ の $(1,1)$ 成分，$(2,2)$ 成分を比較すると，

$$\overline{b}_{11}b_{11} = b_{11}\overline{b}_{11} + b_{12}\overline{b}_{12} + b_{13}\overline{b}_{13} \qquad \therefore \quad 0 = |\,b_{12}\,|^2 + |\,b_{13}\,|^2$$

$$\overline{b}_{12}b_{12} + \overline{b}_{22}b_{22} = b_{22}\overline{b}_{22} + b_{23}\overline{b}_{23} \qquad \therefore \quad |\,b_{12}\,|^2 = |\,b_{23}\,|^2$$

これらから，$b_{12} = b_{13} = 0$，$b_{23} = 0$ が得られて，

$$A = \begin{bmatrix} b_{11} & & \\ & b_{22} & \\ & & b_{33} \end{bmatrix} \quad : \text{ 対角行列}$$

したがって，次の大切な定理が得られた：

**●ポイント** テープリッツの定理

$A$ を $n$ 次正方行列とするとき，

$A$ はユニタリー行列によって対角化可能 $\iff$ $A^*A = AA^*$

このような行列 $A$ を，**正規行列**という．

**例** 対角行列・エルミート行列・ユニタリー行列は，正規行列である：

$$D^*D = DD^*, \qquad A^*A = AA = AA^*, \qquad U^*U = E = UU^*$$

▶**注** $A$： エルミート $\iff$ $A^* = A$

**例** $A = \begin{bmatrix} 0 & 1 \\ 0 & 0 \end{bmatrix}$ は，案外正規行列ではない．

**例題 23.1　　　正規行列の対角化**

（1）$A=\begin{bmatrix} 2+i & -1-3i \\ 1+3i & 2+i \end{bmatrix}$ は，正規行列であることを確かめよ．

（2）$U^*AU$ が対角行列になるようなユニタリー行列を一つ求めよ．

---

**【解】**（1）$A^*A=AA^*$ を確認する．

$$A^*A=\begin{bmatrix} 2-i & 1-3i \\ -1+3i & 2-i \end{bmatrix}\begin{bmatrix} 2+i & -1-3i \\ 1+3i & 2+i \end{bmatrix}=\begin{bmatrix} 15 & -10i \\ 10i & 15 \end{bmatrix}$$

$$AA^*=\begin{bmatrix} 2+i & -1-3i \\ 1+3i & 2+i \end{bmatrix}\begin{bmatrix} 2-i & 1-3i \\ -1+3i & 2-i \end{bmatrix}=\begin{bmatrix} 15 & -10i \\ 10i & 15 \end{bmatrix}$$

与えられた行列 $A$ は，$A^*A=AA^*$ を満たすから，正規行列である．

（2）
$$\varphi_A(x)=\begin{vmatrix} x-(2+i) & 1+3i \\ -1-3i & x-(2+i) \end{vmatrix}$$
$$=x^2-(4+2i)x+(-5+10i)$$
$$=(x-5)(x-(-1+2i))=0$$

本問の行列Aは，
対角行列でも，
エルミート行列でも
ユニタリー行列でも
ない．

よって，行列 $A$ の固有値は，5，$-1+2i$．

さて，$A\boldsymbol{x}=5\boldsymbol{x}$ すなわち $(A-5E)\boldsymbol{x}=\boldsymbol{0}$ を解いて，固有値5に対する単位固有ベクトルの一つ $\boldsymbol{u}_1$ を求めると，

$$\boldsymbol{u}_1=\frac{1}{\sqrt{2}}\begin{bmatrix} 1 \\ i \end{bmatrix}$$

この単位ベクトル $\boldsymbol{u}_1$ を1列にもつユニタリー行列として，たとえば，

$$U=\frac{1}{\sqrt{2}}\begin{bmatrix} 1 & i \\ i & 1 \end{bmatrix}$$

をとる．このとき，与えられた行列 $A$ は $U$ によって次のように対角化される：

Aが正規ならば，
ユニタリー行列による
三角化を実行すると
U*AU は自然に
対角行列になる．

$$U^*AU=\frac{1}{\sqrt{2}}\begin{bmatrix} 1 & -i \\ -i & 1 \end{bmatrix}\begin{bmatrix} 2+i & -1-3i \\ 1+3i & 2+i \end{bmatrix}\frac{1}{\sqrt{2}}\begin{bmatrix} 1 & i \\ i & 1 \end{bmatrix}$$
$$=\begin{bmatrix} 5 & 0 \\ 0 & -1+2i \end{bmatrix}$$

□

### エルミート行列

対称行列と類似な〝エルミート行列〞を扱う．

$n$ 次正方行列 $A$ について，次のように定義する：

$A$： **エルミート行列** $\iff$ 複素行列で，$A^* = A$

$A$： **実対称行列** $\iff$ 実 行 列で，$A' = A$

実数は複素数でもあるのと同様に，実対称行列はエルミート行列である．

次に，エルミート行列の大切な性質を見ておこう：

**●ポイント**　エルミート行列

$n$ 次正方行列 $A$ について，次の（1）～（3）は同値である．

（1）　$A$ はエルミート行列である：　$A^* = A$

（2）　$A$ は正規行列で，固有値はすべて実数である．

（3）　$A$ はユニタリー行列によって実対角行列に対角化可能である．

**証明**　簡単のため，$n=3$ の場合を記す．

（1）⇒（2）：　$\varphi_A(x) = (x-\lambda_1)(x-\lambda_2)(x-\lambda_3)$

$$U^*AU = D = \begin{bmatrix} \lambda_1 & & \\ & \lambda_2 & \\ & & \lambda_3 \end{bmatrix}, \quad D^* = \begin{bmatrix} \overline{\lambda}_1 & & \\ & \overline{\lambda}_2 & \\ & & \overline{\lambda}_3 \end{bmatrix}$$

とおく．$A^* = A$ なる仮定を用いて，

$$D^* = (U^*AU)^* = U^*A^*U = U^*AU = D$$

よって，$D$ は実行列，すなわち，$A$ の固有値は実数である．

（2）⇒（3）：　正規行列 $A$ はユニタリー行列によって対角成分が $A$ の固有値の対角行列に直せるから，（3）は成立する．

（3）⇒（1）：　$D = U^*AU$ を実対角行列とすると，$D^* = D$．

また，$A = UDU^*$ だから，

$$A^* = (UDU^*)^* = UD^*U^* = UDU^* = A$$

よって，$A$ はエルミート行列である．　□

▶**注**　この性質は，次のように読みかえても成立する：

エルミート行列 ⇒ 実対称行列，　ユニタリー行列 ⇒ 直交行列

**例題 23.2 エルミート行列の対角化**

次のエルミート行列を，ユニタリー行列 $U$ によって対角化せよ：

$$A=\begin{bmatrix} 5 & -1 & -\sqrt{2}\,i \\ -1 & 5 & -\sqrt{2}\,i \\ \sqrt{2}\,i & \sqrt{2}\,i & 4 \end{bmatrix}$$

---

**【解】** $\varphi_A(x)=(x-2)(x-6)^2$ よって，行列 $A$ の固有値は，2，6，6．

$A\boldsymbol{x}=2\boldsymbol{x}$ の正規解（長さ 1 の解）$\boldsymbol{u}_1$　$u_1 \perp u_2$ を確かめよ．

$A\boldsymbol{x}=6\boldsymbol{x}$ の正規解（長さ 1 の解）$\boldsymbol{u}_2$　☞ 演習問題 23.5

として，たとえば，

$$\boldsymbol{u}_1=\frac{1}{2}\begin{bmatrix} 1 \\ 1 \\ -\sqrt{2}\,i \end{bmatrix},\qquad \boldsymbol{u}_2=\frac{1}{2}\begin{bmatrix} 1 \\ 1 \\ \sqrt{2}\,i \end{bmatrix}$$

をとり，この $\boldsymbol{u}_1, \boldsymbol{u}_2$ を 1 列，2 列にもつユニタリー行列の一つとして，

$$U=\frac{1}{2}\begin{bmatrix} 1 & 1 & \sqrt{2} \\ 1 & 1 & -\sqrt{2} \\ -\sqrt{2}\,i & \sqrt{2}\,i & 0 \end{bmatrix}$$

をとると，

$$U^*AU=\begin{bmatrix} 2 & & \\ & 6 & \\ & & 6 \end{bmatrix}$$ □

**2 次ジョルダン行列**

固有多項式が $\varphi_A(x)=(x-\lambda)^2$ の 2 次正方行列 $A$ は，はじめから対角行列の $A=\lambda E$ 以外は，正則行列によって対角化できない．

そこで，対角行列に近い形に変換することを考える：

$$P^{-1}AP=\begin{bmatrix} \lambda & 1 \\ & \lambda \end{bmatrix}$$

この右辺の形の行列を **2 次ジョルダン行列** という．この形にすることは，**つねに可能**で，変換行列 $P$ の求め方は，次の例題で述べる．

**例題 23. 3** **2 次行列のジョルダン標準形**

行列 $A=\begin{bmatrix} 2 & -4 \\ 9 & -10 \end{bmatrix}$ のとき，$P^{-1}AP=\begin{bmatrix} \lambda & 1 \\ & \lambda \end{bmatrix}$ の形になるような正則行列 $P$ を一つ求めよ．

**【解】** $\varphi_{P^{-1}AP}(x)=\varphi_A(x)=(x+4)^2$ より，$\lambda=-4$．

いま，

$$J=P^{-1}AP=\begin{bmatrix} -4 & 1 \\ & -4 \end{bmatrix}$$

とおけば，$AP=PJ$．

変換行列を，$P=[\,\boldsymbol{p}\ \boldsymbol{q}\,]$ とおけば，

$$[\,A\boldsymbol{p}\ A\boldsymbol{q}\,]=A[\,\boldsymbol{p}\ \boldsymbol{q}\,]=AP=PJ$$
$$=[\,\boldsymbol{p}\ \boldsymbol{q}\,]\begin{bmatrix} -4 & 1 \\ & -4 \end{bmatrix}=[\,-4\boldsymbol{p}\ \ \boldsymbol{p}-4\boldsymbol{q}\,]$$

ゆえに，

$$\begin{cases} A\boldsymbol{p}=-4\boldsymbol{p} & \cdots\cdots\cdots\cdots ① \\ A\boldsymbol{q}=\boldsymbol{p}-4\boldsymbol{q} & \cdots\cdots\cdots\cdots ② \end{cases}$$

したがって，この①，②を満たす（一組の）$\boldsymbol{p}, \boldsymbol{q}$ を求めればよい．

①より，$(A+4E)\boldsymbol{p}=\boldsymbol{0}$ だから，

$$\begin{bmatrix} 6 & -4 \\ 9 & -6 \end{bmatrix}\begin{bmatrix} p_1 \\ p_2 \end{bmatrix}=\begin{bmatrix} 0 \\ 0 \end{bmatrix} \qquad \therefore\ \ \boldsymbol{p}=\begin{bmatrix} p_1 \\ p_2 \end{bmatrix}=s\begin{bmatrix} 2 \\ 3 \end{bmatrix}$$

よって，①の解の一つとして，$\boldsymbol{p}=\begin{bmatrix} 2 \\ 3 \end{bmatrix}$ をとる．このとき，②は，

$$\begin{bmatrix} 2 & -4 \\ 9 & -10 \end{bmatrix}\begin{bmatrix} q_1 \\ q_2 \end{bmatrix}=\begin{bmatrix} 2 \\ 3 \end{bmatrix}-4\begin{bmatrix} q_1 \\ q_2 \end{bmatrix} \qquad \therefore\ \begin{cases} 6q_1-4q_2=2 \\ 9q_1-6q_2=3 \end{cases}$$

よって，②の解の一つとして，$\boldsymbol{q}=\begin{bmatrix} 1 \\ 1 \end{bmatrix}$ をとる．このとき，

$$P=[\,\boldsymbol{p}\ \boldsymbol{q}\,]=\begin{bmatrix} 2 & 1 \\ 3 & 1 \end{bmatrix}$$

とおけば，

$$P^{-1}AP=\begin{bmatrix} -4 & 1 \\ & -4 \end{bmatrix}$$ □

## 演習問題

**23.1** $A=\begin{bmatrix} 4+i & -2-2i \\ 2+2i & 1+4i \end{bmatrix}$は正規行列であることを確かめ，$U^*AU$ が対角行列になるようなユニタリー行列 $U$ を一つ求めよ．

**23.2** 次のエルミート行列 $A$ をユニタリー行列 $U$ によって対角化せよ．

(1) $\begin{bmatrix} 2 & 1-i \\ 1+i & 2 \end{bmatrix}$　　(2) $\begin{bmatrix} 7 & 2i & 2 \\ -2i & 4 & -i \\ 2 & i & 4 \end{bmatrix}$

**23.3** 次の実対称行列 $A$ を直交行列 $T$ によって対角化せよ．

(1) $\begin{bmatrix} 6 & 12 \\ 12 & -1 \end{bmatrix}$　　(2) $\begin{bmatrix} 6 & -2 & 2 \\ -2 & 3 & 4 \\ 2 & 4 & 3 \end{bmatrix}$

**23.4** $A=\begin{bmatrix} 5 & -1 \\ 4 & 9 \end{bmatrix}$ に対して，$P^{-1}AP=\begin{bmatrix} \lambda & 1 \\ & \lambda \end{bmatrix}$ の形になるような正則行列 $P$ を一つ求めよ．

**23.5** 正規行列は次の性質をもつことを示せ．

(1) $A$ が正規行列，$U$ がユニタリー行列ならば，$U^*AU$ は正規行列．

(2) 正規行列 $A$ の異なる固有値に対する固有ベクトルは直交する．

**23.6** エルミート行列は次の性質をもつことを示せ．

(1) エルミート行列 $A$ の行列式 $|A|$ は実数である．

(2) エルミート行列 $A$ の共役行列 $\bar{A}$，転置行列 $A'$，共役転置行列 $A^*$，逆行列 $A^{-1}$ は，すべてエルミート行列である．

**23.7** 特殊な正規行列の固有値について，次を示せ．

(1) $A$： ユニタリー行列 $\Leftrightarrow$ $A$ の固有値は，絶対値1の複素数

(2) $A$： 反エルミート行列 $\Leftrightarrow$ $A$ の固有値は，0か純虚数

▶**注** $A$： **反エルミート行列** $\Leftrightarrow$ $A^*=-A$

# §24 指数行列

**$e$ の行列乗 $e^A$ って何？**

## 連立線形微分方程式

$t$ の関数 $x_1, x_2$ を未知関数とする定係数同次連立線形微分方程式

$$\begin{cases} \dfrac{dx_1}{dt} = a_{11}x_1 + a_{12}x_2 \\ \dfrac{dx_2}{dt} = a_{21}x_1 + a_{22}x_2 \end{cases}$$

あるいは，

$$\frac{d}{dt}\begin{bmatrix} x_1 \\ x_2 \end{bmatrix} = \begin{bmatrix} a_{11} & a_{12} \\ a_{21} & a_{22} \end{bmatrix}\begin{bmatrix} x_1 \\ x_2 \end{bmatrix}$$

または，

$$\boldsymbol{x} = \begin{bmatrix} x_1 \\ x_2 \end{bmatrix}, \quad A = \begin{bmatrix} a_{11} & a_{12} \\ a_{21} & a_{22} \end{bmatrix}$$

とおき，

$$\frac{d\boldsymbol{x}}{dt} = A\boldsymbol{x}$$

を考えよう．

▶**注**　ベクトル値関数 $\boldsymbol{x}(t) = \begin{bmatrix} x_1(t) \\ x_2(t) \end{bmatrix}$ と 定ベクトル $\boldsymbol{b} = \begin{bmatrix} b_1 \\ b_2 \end{bmatrix}$ に対して，

$$\lim_{t \to a} \boldsymbol{x}(t) = \boldsymbol{b} \iff \lim_{t \to a} \|\boldsymbol{x}(t) - \boldsymbol{b}\| = 0$$
$$\iff \lim_{t \to a} \sqrt{|x_1(t) - b_1|^2 + |x_2(t) - b_2|^2} = 0$$

と定義すると，次が得られる：

$$\lim_{t \to a} \begin{bmatrix} x_1(t) \\ x_2(t) \end{bmatrix} = \begin{bmatrix} \lim_{t \to a} x_1(t) \\ \lim_{t \to a} x_2(t) \end{bmatrix}$$

すなわち，成分ごとに lim をとればよいことになる．したがって，導関数も成分ごとに微分すればよいことが分かる：

$$\frac{d}{dt}\begin{bmatrix} x_1 \\ x_2 \end{bmatrix} = \begin{bmatrix} dx_1/dt \\ dx_2/dt \end{bmatrix}$$

さらに，行列値関数については，次のようである：

$$\frac{d}{dt}\left[\, \boldsymbol{a}_1(t)\ \ \boldsymbol{a}_2(t)\,\right] = \left[\, \frac{d}{dt}\boldsymbol{a}_1(t)\ \ \frac{d}{dt}\boldsymbol{a}_2(t)\,\right]$$

単独線形微分方程式 $\dfrac{dx}{dt} = ax$ の解は，$x = Ce^{at}$ $(C = x(0))$ であった．そこで，連立線形微分方程式と対比すると，

$$\frac{dx}{dt} = ax \implies x = x(0)\,e^{at}$$

$$\frac{d\boldsymbol{x}}{dt} = A\boldsymbol{x} \implies \boldsymbol{x} = e^{tA}\boldsymbol{x}(0)$$

そこで，連立微分方程式の解を，$\boldsymbol{x} = e^{tA}\boldsymbol{x}(0)$ の形に表わしたい．

それには，$e$ の行列乗 $e^{\text{行列}}$ なるものを考えなければならない．

手掛りは，実数または複素数 $x$ の場合のテイラー級数

$$e^x = 1 + \frac{1}{1!}x + \frac{1}{2!}x^2 + \frac{1}{3!}x^3 + \cdots\cdots$$

である．そこで，一般の正方行列 $A$ について，

**■ポイント** 指数行列

$$e^A = E + \frac{1}{1!}A + \frac{1}{2!}A^2 + \frac{1}{3!}A^3 + \cdots\cdots$$

と定義し，$e^A$ を $\exp A$ とも記し，**指数行列**とよぶ．まず，例を挙げよう．

［**例**］ 次の各行列の指数行列を計算せよ：

$$A = \begin{bmatrix} \alpha & \\ & \beta \end{bmatrix}, \quad B = \begin{bmatrix} \alpha & 1 \\ & \alpha \end{bmatrix}, \quad C = \begin{bmatrix} & -\alpha \\ \alpha & \end{bmatrix}$$

**解** 上のポイントによる．

$$e^A = \begin{bmatrix} 1 & \\ & 1 \end{bmatrix} + \frac{1}{1!}\begin{bmatrix} \alpha & \\ & \beta \end{bmatrix} + \frac{1}{2!}\begin{bmatrix} \alpha & \\ & \beta \end{bmatrix}^2 + \frac{1}{3!}\begin{bmatrix} \alpha & \\ & \beta \end{bmatrix}^3 + \cdots\cdots$$

$$= \begin{bmatrix} 1 & \\ & 1 \end{bmatrix} + \frac{1}{1!}\begin{bmatrix} \alpha & \\ & \beta \end{bmatrix} + \frac{1}{2!}\begin{bmatrix} \alpha^2 & \\ & \beta^2 \end{bmatrix} + \frac{1}{3!}\begin{bmatrix} \alpha^3 & \\ & \beta^3 \end{bmatrix} + \cdots\cdots$$

$$= \begin{bmatrix} 1 + \dfrac{\alpha}{1!} + \dfrac{\alpha^2}{2!} + \dfrac{\alpha^3}{3!} + \cdots & 0 \\ 0 & 1 + \dfrac{\beta}{1!} + \dfrac{\beta^2}{2!} + \dfrac{\beta^3}{3!} + \cdots \end{bmatrix} = \begin{bmatrix} e^{\alpha} & \\ & e^{\beta} \end{bmatrix}$$

$$e^B = \begin{bmatrix} 1 & \\ & 1 \end{bmatrix} + \frac{1}{1!}\begin{bmatrix} \alpha & 1 \\ & \alpha \end{bmatrix} + \frac{1}{2!}\begin{bmatrix} \alpha & 1 \\ & \alpha \end{bmatrix}^2 + \frac{1}{3!}\begin{bmatrix} \alpha & 1 \\ & \alpha \end{bmatrix}^3 + \cdots\cdots$$

$$= \begin{bmatrix} 1 & \\ & 1 \end{bmatrix} + \frac{1}{1!}\begin{bmatrix} \alpha & 1 \\ & \alpha \end{bmatrix} + \frac{1}{2!}\begin{bmatrix} \alpha^2 & 2\alpha \\ & \alpha^2 \end{bmatrix} + \frac{1}{3!}\begin{bmatrix} \alpha^3 & 3\alpha^2 \\ & \alpha^3 \end{bmatrix} + \cdots\cdots$$

$$= \begin{bmatrix} 1+\frac{1}{1!}\alpha+\frac{1}{2!}\alpha^2+\cdots & \frac{1}{1!}+\frac{2}{2!}\alpha+\frac{3}{3!}\alpha^2+\cdots \\ 0 & 1+\frac{1}{1!}\alpha+\frac{1}{2!}\alpha^2+\cdots \end{bmatrix} = \begin{bmatrix} e^\alpha & e^\alpha \\ & e^\alpha \end{bmatrix}$$

$$e^C = \begin{bmatrix} 1 & \\ & 1 \end{bmatrix} + \frac{1}{1!}\begin{bmatrix} & -\alpha \\ \alpha & \end{bmatrix} + \frac{1}{2!}\begin{bmatrix} & -\alpha \\ \alpha & \end{bmatrix}^2 + \frac{1}{3!}\begin{bmatrix} & -\alpha \\ \alpha & \end{bmatrix}^3 + \cdots$$

$$= \begin{bmatrix} 1 & \\ & 1 \end{bmatrix} + \frac{1}{1!}\begin{bmatrix} & -\alpha \\ \alpha & \end{bmatrix} + \frac{1}{2!}\begin{bmatrix} -\alpha^2 & \\ & -\alpha^2 \end{bmatrix} + \frac{1}{3!}\begin{bmatrix} & \alpha^3 \\ -\alpha^3 & \end{bmatrix} + \cdots$$

$$= \begin{bmatrix} 1-\frac{\alpha^2}{2!}+\frac{\alpha^4}{4!}-\cdots & -\alpha+\frac{\alpha^3}{3!}-\frac{\alpha^5}{5!}+\cdots \\ \alpha-\frac{\alpha^3}{3!}+\frac{\alpha^5}{5!}-\cdots & 1-\frac{\alpha^2}{2!}+\frac{\alpha^4}{4!}-\cdots \end{bmatrix} = \begin{bmatrix} \cos\alpha & -\sin\alpha \\ \sin\alpha & \cos\alpha \end{bmatrix} \quad \square$$

この［**例**］と同様にして，次が得られる：

**●ポイント** —— **対角・ジョルダン行列の $e^{tJ}$**

$$J = \begin{bmatrix} \alpha & \\ & \beta \end{bmatrix} \implies e^{tJ} = \begin{bmatrix} e^{\alpha t} & \\ & e^{\beta t} \end{bmatrix}$$

$$J = \begin{bmatrix} \alpha & 1 \\ & \alpha \end{bmatrix} \implies e^{tJ} = \begin{bmatrix} e^{\alpha t} & t e^{\alpha t} \\ & e^{\alpha t} \end{bmatrix}$$

▶**注** 指数行列 $e^{tA} = \sum_{k=0}^{\infty} \frac{1}{k!} A^k t^k$ の各成分は，任意の $r>0$ に対して，区間 $-r \leqq t \leqq r$ で絶対一様収束することが知られている．

したがって，**項別微分**ができて，

$$\frac{d}{dt}e^{tA} = \frac{d}{dt}\left(\sum_{k=0}^{\infty}\frac{1}{k!}A^k t^k\right)$$

$$= \sum_{k=0}^{\infty}\frac{d}{dt}\left(\frac{1}{k!}A^k t^k\right) = \sum_{k=1}^{\infty}\frac{k}{k!}A^k t^{k-1}$$

$$= A\sum_{k=1}^{\infty}\frac{1}{(k-1)!}A^{k-1}t^{k-1} = Ae^{tA}$$

ここで，指数行列 $e^A$ の大切な性質をまとめておく．

**●ポイント** ―――― **$e^A$ の基本性質**

1° $\dfrac{d}{dt}e^{tA}=Ae^{tA}$

2° $AB=BA \Longrightarrow e^{A+B}=e^Ae^B$ ［**指数法則**］

3° $e^A$ はつねに正則で，$(e^A)^{-1}=e^{-A}$

4° $e^{PAP^{-1}}=Pe^AP^{-1}$

**証明** 1° は，すでに上で述べた．

2° $X_1(t)=e^{t(A+B)}$ も $X_2(t)=e^{tA}e^{tB}$ も，行列微分方程式

$$\frac{dX}{dt}=(A+B)X, \qquad X(0)=E$$

の解であることを示せば，解の一意性から，$e^{t(A+B)}=e^{tA}e^{tB}$ が得られ，この式で，$t=1$ とおけば，$e^{A+B}=e^Ae^B$ が示される．

さて，$X_1(0)=E$，$X_2(0)=E$ は明らか．

$$\frac{dX_1}{dt}=\frac{d}{dt}e^{t(A+B)}=(A+B)e^{t(A+B)}=(A+B)X_1$$

$$\begin{aligned}\frac{dX_2}{dt}=\frac{d}{dt}(e^{tA}e^{tB})&=Ae^{tA}e^{tB}+e^{tA}Be^{tB}\\&=Ae^{tA}e^{tB}+Be^{tA}e^{tB}\\&=(A+B)e^{tA}e^{tB}=(A+B)X_2\end{aligned}$$

積の微分法

この変形中の $e^{tA}B=Be^{tA}$ は，次のように得られる：

$$\begin{aligned}e^{tA}B&=\left(\sum_{k=0}^{\infty}\frac{1}{k!}A^kt^k\right)B=\sum_{k=0}^{\infty}\frac{1}{k!}(A^kB)t^k=\sum_{k=0}^{\infty}\frac{1}{k!}(BA^k)t^k\\&=B\sum_{k=0}^{\infty}\frac{1}{k!}A^kt^k=Be^{tA}\end{aligned}$$

ここに，$A^kB=BA^k$ は，$AB=BA$ より得られる．

3° $A$ と $A^{-1}$ は可換だから，$e^Ae^{-A}=e^{A+(-A)}=e^O=E$．

4° $$\begin{aligned}e^{PAP^{-1}}&=\sum_{k=0}^{\infty}\frac{1}{k!}(PAP^{-1})^k=\sum_{k=0}^{\infty}\frac{1}{k!}PA^kP^{-1}\\&=P\left(\sum_{k=0}^{\infty}\frac{1}{k!}A^k\right)P^{-1}=Pe^AP^{-1}\end{aligned}$$ □

**例題 24. 1**　**指数行列**

$A=\begin{bmatrix} 3 & -4 \\ 9 & -9 \end{bmatrix}$ のとき，$e^{tA}$ を求めよ．

**【解】**　$\varphi_A(x)=(x+3)^2$．　行列 $A$ の固有値は，$-3$，$-3$．

たとえば，$P=\begin{bmatrix} 2 & 1 \\ 3 & 1 \end{bmatrix}$，$P^{-1}=\begin{bmatrix} -1 & 1 \\ 3 & -2 \end{bmatrix}$ のとき，

$$J=P^{-1}AP=\begin{bmatrix} -3 & 1 \\ & -3 \end{bmatrix}$$

ゆえに，

$$e^{tJ}=\begin{bmatrix} e^{-3t} & te^{-3t} \\ & e^{-3t} \end{bmatrix}$$

したがって，

$$e^{tA}=e^{P(tJ)P^{-1}}=Pe^{tJ}P^{-1}$$
$$=\begin{bmatrix} 2 & 1 \\ 3 & 1 \end{bmatrix}\begin{bmatrix} e^{-3t} & te^{-3t} \\ & e^{-3t} \end{bmatrix}\begin{bmatrix} -1 & 1 \\ 3 & -2 \end{bmatrix}$$
$$=e^{-3t}\begin{bmatrix} 6t+1 & -4t \\ 9t & -6t+1 \end{bmatrix}$$

□

**$e^{tA}$ の計算**

$J=P^{-1}AP$　を求め，

$e^{tA}=e^{P(tJ)P^{-1}}=Pe^{tJ}P^{-1}$

## 演習問題

**24. 1**　次の行列 $A$ について，$e^{tA}$ を求めよ．

（1）$\begin{bmatrix} 2 & -12 \\ 6 & -15 \end{bmatrix}$　　（2）$\begin{bmatrix} -3 & 4 \\ -9 & 9 \end{bmatrix}$

**24. 2**　次の行列について，$e^{A+B}$，$e^Ae^B$ を計算し，比較せよ．

$$A=\begin{bmatrix} 0 & 0 \\ \alpha & 0 \end{bmatrix},\quad B=\begin{bmatrix} 0 & -\alpha \\ 0 & 0 \end{bmatrix}$$

**24. 3**　2 次正方行列 $A$ と $e^A$ の固有多項式について，次を示せ：

（1）$\varphi_A(x)=(x-\alpha)(x-\beta) \Longrightarrow \varphi_{e^A}(x)=(x-e^\alpha)(x-e^\beta)$

（2）$|e^A|=e^{\mathrm{tr}A}$（$\mathrm{tr}\,A=$ 行列 $A$ の対角成分の総和）

# §25 線形微分方程式

線形微分方程式も線形代数で

### 同次連立線形微分方程式

同次線形微分方程式

$$\frac{d\boldsymbol{x}}{dt} = A\boldsymbol{x} \qquad \cdots\cdots\cdots\cdots\cdots \text{Ⓐ}$$

の解を考える．理屈は同じなので，簡単のため，$\boldsymbol{x}$ が 2 次元ベクトル値関数，$A$ が 2 次正方行列の場合で記す．

**●ポイント** ―― **同次線形微分方程式の解空間**

> 同次線形微分方程式 $\dfrac{d\boldsymbol{x}}{dt} = A\boldsymbol{x}$ の解 $\boldsymbol{x}$ の全体(解空間)を，
>
> $$W = \left\{ \boldsymbol{x} \,\middle|\, \frac{d\boldsymbol{x}}{dt} = A\boldsymbol{x} \right\}$$
>
> とおく．いま，$\langle \boldsymbol{a}_1, \boldsymbol{a}_2 \rangle$ を 2 次元ベクトル空間 $\boldsymbol{C}^2$ の基底とし，
>
> $\boldsymbol{x}_{(i)}$ を，初期条件 $\boldsymbol{x}_{(i)}(0) = \boldsymbol{a}_i$ $(i = 1, 2)$ を満たす解
>
> とすれば，$\langle \boldsymbol{x}_{(1)}, \boldsymbol{x}_{(2)} \rangle$ は解空間 $W$ の基底である．
>
> したがって，解空間 $W$ は 2 次元ベクトル空間になる．

**証明**　微分方程式Ⓐの解 $\boldsymbol{x}_1, \boldsymbol{x}_2$ の一次結合 $s_1\boldsymbol{x}_1 + s_2\boldsymbol{x}_2$ は，明らかに，Ⓐの解になるから，$W$ はベクトル空間である．

いま，$\boldsymbol{x}$ をⒶの任意の解とする．$\langle \boldsymbol{a}_1, \boldsymbol{a}_2 \rangle$ は $\boldsymbol{C}^2$ の基底であったから，$\boldsymbol{x}(0) \in \boldsymbol{C}^2$ は，

$$\boldsymbol{x}(0) = s_1\boldsymbol{a}_1 + s_2\boldsymbol{a}_2 \qquad (s_1, s_2 \in \boldsymbol{C})$$

とかける．このとき，この $s_1, s_2$ を係数とする $\boldsymbol{x}_{(1)}, \boldsymbol{x}_{(2)}$ の一次結合

$$s_1\boldsymbol{x}_{(1)} + s_2\boldsymbol{x}_{(2)}$$

は，明らかに，Ⓐの解であり，初期値は，

$$\begin{aligned}(s_1\boldsymbol{x}_{(1)} + s_2\boldsymbol{x}_{(2)})(0) &= s_1\boldsymbol{x}_{(1)}(0) + s_2\boldsymbol{x}_{(2)}(0) \\ &= s_1\boldsymbol{a}_1 + s_2\boldsymbol{a}_2 = \boldsymbol{x}(0)\end{aligned}$$

よって，Ⓐの解の一意性から，

$$\boldsymbol{x} = s_1 \boldsymbol{x}_{(1)} + s_2 \boldsymbol{x}_{(2)}$$

したがって，$\boldsymbol{x}_{(1)}, \boldsymbol{x}_{(2)}$ は解空間 $W$ の**生成系**であることが分かった．

次に，$\boldsymbol{x}_{(1)}, \boldsymbol{x}_{(2)}$ が**一次独立**であることを示す．

$$s_1 \boldsymbol{x}_{(1)} + s_2 \boldsymbol{x}_{(2)} = \boldsymbol{0}$$

とおき，$t=0$ での値を考えると，

$$s_1 \boldsymbol{x}_{(1)}(0) + s_2 \boldsymbol{x}_{(2)}(0) = \boldsymbol{0} \qquad \therefore \quad s_1 \boldsymbol{a}_1 + s_2 \boldsymbol{a}_2 = \boldsymbol{0}$$

ところで，$\boldsymbol{a}_1, \boldsymbol{a}_2$ は一次独立だから，$s_1 = s_2 = 0$． □

▶**注** 次の定理が知られている：

**存在定理** $\boldsymbol{b} : I \to \boldsymbol{C}^2$ が連続ならば，区間 $I \subseteq \boldsymbol{R}$ の一点 $t_0 \in I$ での初期条件 $\boldsymbol{x}(t_0) = \boldsymbol{a}$ を満たす線形微分方程式

$$\frac{d\boldsymbol{x}}{dt} = A\boldsymbol{x} + \boldsymbol{b}(t)$$

の解 $\boldsymbol{x}(t)$ は，**ただ一つ**，**必ず**存在する．

### 基本解

$\langle \boldsymbol{x}_1, \boldsymbol{x}_2 \rangle$ が，同次線形微分方程式

$$\frac{d\boldsymbol{x}}{dt} = A\boldsymbol{x} \qquad \cdots\cdots\cdots\cdots\cdots\cdots\cdots\cdots \text{Ⓐ}$$

の解空間 $W$ の基底であるとき，$\boldsymbol{x}_1, \boldsymbol{x}_2$ を微分方程式Ⓐの**基本解**という．

指数行列 $e^{tA}$ は，つねに正則だから，

$$e^{tA} = [\ \boldsymbol{x}_{(1)}\ \ \boldsymbol{x}_{(2)}\ ]$$

とおけば，この列ベクトル $\boldsymbol{x}_{(1)}, \boldsymbol{x}_{(2)}$ は一次独立である．また，

$$\frac{d}{dt}(e^{tA}) = Ae^{tA}$$

であったから，列ベクトルでかけば，

$$\frac{d}{dt}[\ \boldsymbol{x}_{(1)}\ \ \boldsymbol{x}_{(2)}\ ] = A[\ \boldsymbol{x}_{(1)}\ \ \boldsymbol{x}_{(2)}\ ]$$

ゆえに，

$$\frac{d\boldsymbol{x}_{(i)}}{dt} = A\boldsymbol{x}_{(i)} \qquad (i = 1, 2)$$

よって，$\boldsymbol{x}_{(1)}, \boldsymbol{x}_{(2)}$ は，Ⓐの基本解である．

したがって，Ⓐの任意の解 $\boldsymbol{x}$ は，$\boldsymbol{x}_{(1)}, \boldsymbol{x}_{(2)}$ の一次結合でかける：

$$\boldsymbol{x} = c_1 \boldsymbol{x}_{(1)} + c_2 \boldsymbol{x}_{(2)} = \begin{bmatrix} \boldsymbol{x}_{(1)} & \boldsymbol{x}_{(2)} \end{bmatrix} \begin{bmatrix} c_1 \\ c_2 \end{bmatrix} = e^{tA} \boldsymbol{c}$$

したがって，

**●ポイント**　――――　**同次線形微分方程式の一般解**

$$\frac{d\boldsymbol{x}}{dt} = A\boldsymbol{x} \quad \Longrightarrow \quad \boldsymbol{x} = e^{tA} \boldsymbol{c} \qquad (\boldsymbol{c}\text{：任意の定ベクトル})$$

**非同次線形微分方程式**

$$\frac{d\boldsymbol{x}}{dt} = A\boldsymbol{x} + \boldsymbol{b}(t) \qquad \cdots\cdots\cdots\cdots \quad Ⓑ$$

を解こう．まず，$\boldsymbol{b}(t) = \boldsymbol{0}$ の場合，$\dfrac{d\boldsymbol{x}}{dt} = A\boldsymbol{x}$ の一般解は，$\boldsymbol{x} = e^{tA}\boldsymbol{c}$ であるから，**定数変化法**により，$\boldsymbol{c}$ を $t$ の関数と考えて，非同次方程式Ⓑの解を，$\boldsymbol{x} = e^{tA}\boldsymbol{c}(t)$ とおく．このとき，

$$\frac{d\boldsymbol{x}}{dt} = Ae^{tA}\boldsymbol{c}(t) + e^{tA}\frac{d\boldsymbol{c}}{dt}$$

を与えられた微分方程式Ⓑへ代入すると，

$$Ae^{tA}\boldsymbol{c}(t) + e^{tA}\frac{d\boldsymbol{c}}{dt} = Ae^{tA}\boldsymbol{c}(t) + \boldsymbol{b}(t)$$

$$\therefore \quad e^{tA}\frac{d\boldsymbol{c}}{dt} = \boldsymbol{b}(t) \qquad \therefore \quad \frac{d\boldsymbol{c}}{dt} = e^{-tA}\boldsymbol{b}(t)$$

$$\therefore \quad \boldsymbol{c}(t) = \int e^{-tA}\boldsymbol{b}(t)\,dt + \boldsymbol{k} \quad (\boldsymbol{k}\text{：任意の定ベクトル})$$

したがって，これを，$\boldsymbol{x} = e^{tA}\boldsymbol{c}(t)$ へ代入し，$\boldsymbol{k}$ をあらためて $\boldsymbol{c}$ とおけば，

**●ポイント**　――――　**非同次線形微分方程式の一般解**

$$\frac{d\boldsymbol{x}}{dt} = A\boldsymbol{x} + \boldsymbol{b}(t) \quad \Longrightarrow \quad \boldsymbol{x} = e^{tA}\left(\int e^{-tA}\boldsymbol{b}(t)\,dt + \boldsymbol{c}\right)$$

▶**注**　初期問題の解として，次のように記すこともある：

$$\boldsymbol{x}(t) = e^{(t-t_0)A}\boldsymbol{x}(t_0) + e^{tA}\int_{t_0}^{t} e^{-sA}\boldsymbol{b}(s)\,ds$$

**例題 25. 1**　　**連立線形微分方程式**

次の連立微分方程式を解け．

（1）$\begin{cases} \dfrac{dx}{dt} = 18x - 12y \\ \dfrac{dy}{dt} = 20x - 13y \end{cases}$　　（2）$\begin{cases} \dfrac{dx}{dt} = \quad y + \sin 2t \\ \dfrac{dy}{dt} = -x + \cos 2t \end{cases}$

**【解】**（1）$\boldsymbol{x}(t) = \begin{bmatrix} x(t) \\ y(t) \end{bmatrix}$,　$A = \begin{bmatrix} 18 & -12 \\ 20 & -13 \end{bmatrix}$

とおけば，与えられた微分方程式は，次のようにかける：

$$\frac{d\boldsymbol{x}}{dt} = A\boldsymbol{x}$$

たとえば，$P = \begin{bmatrix} 3 & 4 \\ 4 & 5 \end{bmatrix}$ のとき，$J = P^{-1}AP = \begin{bmatrix} 2 & \\ & 3 \end{bmatrix}$.

$$\therefore \quad e^{tJ} = \begin{bmatrix} e^{2t} & \\ & e^{3t} \end{bmatrix}$$

したがって，与えられた微分方程式の一般解は，

$$\boldsymbol{x} = e^{tA}\boldsymbol{c} = e^{P(tJ)P^{-1}}\boldsymbol{c} = P e^{tJ} P^{-1}\boldsymbol{c}$$

ここで，$P^{-1}\boldsymbol{c}$ をあらためて，$\begin{bmatrix} c_1 \\ c_2 \end{bmatrix}$ とおけば，

$$\begin{bmatrix} x \\ y \end{bmatrix} = \begin{bmatrix} 3 & 4 \\ 4 & 5 \end{bmatrix} \begin{bmatrix} e^{2t} & \\ & e^{3t} \end{bmatrix} \begin{bmatrix} c_1 \\ c_2 \end{bmatrix} = c_1 \begin{bmatrix} 3e^{2t} \\ 4e^{2t} \end{bmatrix} + c_2 \begin{bmatrix} 4e^{3t} \\ 5e^{3t} \end{bmatrix}$$

ゆえに，求める一般解は，

$$\begin{cases} x = 3c_1 e^{2t} + 4c_2 e^{3t} \\ y = 4c_1 e^{2t} + 5c_2 e^{3t} \end{cases}$$

（2）$\boldsymbol{x}(t) = \begin{bmatrix} x(t) \\ y(t) \end{bmatrix}$,　$A = \begin{bmatrix} 0 & 1 \\ -1 & 0 \end{bmatrix}$,　$\boldsymbol{b}(t) = \begin{bmatrix} \sin 2t \\ \cos 2t \end{bmatrix}$

とおけば，与えられた微分方程式は，次のようにかける：

$$\frac{d\boldsymbol{x}}{dt} = A\boldsymbol{x} + \boldsymbol{b}(t)$$

また，

$$e^{tA}=\begin{bmatrix} \cos t & \sin t \\ -\sin t & \cos t \end{bmatrix},\quad e^{-tA}=\begin{bmatrix} \cos t & -\sin t \\ \sin t & \cos t \end{bmatrix}$$

となるから，与えられた微分方程式の一般解は，

$$\begin{aligned}
\boldsymbol{x} &= e^{tA}\left(\int e^{-tA}\boldsymbol{b}(t)\,dt+\boldsymbol{c}\right)\\
&=\begin{bmatrix} \cos t & \sin t \\ -\sin t & \cos t \end{bmatrix}\left(\int\begin{bmatrix} \cos t & -\sin t \\ \sin t & \cos t \end{bmatrix}\begin{bmatrix} \sin 2t \\ \cos 2t \end{bmatrix}dt+\begin{bmatrix} c_1 \\ c_2 \end{bmatrix}\right)\\
&=\begin{bmatrix} \cos t & \sin t \\ -\sin t & \cos t \end{bmatrix}\left(\int\begin{bmatrix} \sin t \\ \cos t \end{bmatrix}dt+\begin{bmatrix} c_1 \\ c_2 \end{bmatrix}\right)\\
&=\begin{bmatrix} \cos t & \sin t \\ -\sin t & \cos t \end{bmatrix}\left(\begin{bmatrix} -\cos t \\ \sin t \end{bmatrix}+\begin{bmatrix} c_1 \\ c_2 \end{bmatrix}\right)\\
&=\begin{bmatrix} -\cos 2t \\ \sin 2t \end{bmatrix}+c_1\begin{bmatrix} \cos t \\ -\sin t \end{bmatrix}+c_2\begin{bmatrix} \sin t \\ \cos t \end{bmatrix}
\end{aligned}$$

ゆえに，求める一般解は，

$$\begin{cases} x=-\cos 2t+c_1\cos t+c_2\sin t \\ y=\sin 2t-c_1\sin t+c_2\cos t \end{cases}$$

□

## 演習問題

**25. 1** 次の連立微分方程式を解け．

(1) $\begin{cases} \dfrac{dx}{dt}=2x+4y \\ \dfrac{dy}{dt}=-x+6y \end{cases}$ (2) $\begin{cases} \dfrac{dx}{dt}=3x-2y+2e^t \\ \dfrac{dy}{dt}=4x-3y+4e^t \end{cases}$

**25. 2** 2階線形微分方程式 $y''-5y'+6y=0$ を，

$$\boldsymbol{x}=\begin{bmatrix} x_1 \\ x_2 \end{bmatrix}=\begin{bmatrix} y \\ y' \end{bmatrix}$$

とおき，連立線形微分方程式に帰着させることによって解け．

# 演習問題の解または略解

**1.1** $3x-5y=6,\ -4x+7y=-7 \qquad \therefore \quad x=7,\ y=3$

**1.2** $\left(\begin{bmatrix} 30^{\text{ km/h}} \\ 100\ \ \prime\prime \\ 60\ \ \prime\prime \end{bmatrix}, \begin{bmatrix} 0.9^{\text{ h}} \\ 1.3\ \prime\prime \\ 0.8\ \prime\prime \end{bmatrix}\right)=27^{\text{ km}}+130^{\text{ km}}+48^{\text{ km}}=205^{\text{ km}}$

**1.3** $\cos\theta=\dfrac{(\boldsymbol{a},\boldsymbol{b})}{\|\boldsymbol{a}\|\|\boldsymbol{a}\|}=\dfrac{9}{\sqrt{2}\sqrt{54}}=\dfrac{\sqrt{3}}{2} \qquad \therefore \quad \theta=\dfrac{\pi}{6}$

**2.1** $3X=-A+4B=-\begin{bmatrix} 1 & 6 & -1 \\ 0 & 1 & 2 \end{bmatrix}+4\begin{bmatrix} 1 & 3 & 2 \\ 3 & 4 & 5 \end{bmatrix}=\begin{bmatrix} 3 & 6 & 9 \\ 12 & 15 & 18 \end{bmatrix}$

$\therefore \quad X=\begin{bmatrix} 1 & 2 & 3 \\ 4 & 5 & 6 \end{bmatrix}$

**2.2** $a=1,\ b=2$

**2.3** $\begin{bmatrix} 2\times1+(-1)^2\times3 & 2\times1+(-1)^3\times3 & 2\times1+(-1)^4\times3 \\ 2\times2+(-1)^3\times3 & 2\times2+(-1)^4\times3 & 2\times2+(-1)^5\times3 \end{bmatrix}$

$=\begin{bmatrix} 2+3 & 2-3 & 2+3 \\ 4-3 & 4+3 & 4-3 \end{bmatrix}=\begin{bmatrix} 5 & -1 & 5 \\ 1 & 7 & 1 \end{bmatrix}$

**2.4** 略

**2.5** $B'=\dfrac{1}{2}(A+A')'=\dfrac{1}{2}(A'+A'')=\dfrac{1}{2}(A'+A)=B$

**3.1** (1) $\begin{bmatrix} 1 & 0 \\ 0 & 1 \end{bmatrix}$ (2) $\begin{bmatrix} a_1+sc_1 & b_1 & c_1 \\ a_2+sc_2 & b_2 & c_2 \\ a_3+sc_3 & b_3 & c_3 \end{bmatrix}$

(3) $[\,0\,]$ (4) $\begin{bmatrix} 6 & 8 & 2 \\ -9 & -12 & -3 \\ 18 & 24 & 6 \end{bmatrix}$

**3.2** (1) $\begin{bmatrix} 3 & 1 \\ -6 & -2 \end{bmatrix}$ (2) $\begin{bmatrix} a^n & 0 \\ 0 & b^n \end{bmatrix}$ (3) $\begin{bmatrix} a^n & na^{n-1} \\ 0 & a^n \end{bmatrix}$

▶**注** (1)のように，$A^2=A$ を満たす行列を**ベキ等行列**という．

（4） $A^2=\begin{bmatrix} 0 & 0 & 1 \\ 0 & 0 & 0 \\ 0 & 0 & 0 \end{bmatrix}$，$A^n=\begin{bmatrix} 0 & 0 & 0 \\ 0 & 0 & 0 \\ 0 & 0 & 0 \end{bmatrix}$ $(n \geqq 3)$

**3. 3** $A^2-(a+d)A+(ad-bc)E=A(A-(a+d)E)+(ad-bc)E$

$$=\begin{bmatrix} a & b \\ c & d \end{bmatrix}\begin{bmatrix} -d & b \\ c & -a \end{bmatrix}+\begin{bmatrix} ad-bc & 0 \\ 0 & ad-bc \end{bmatrix}=\begin{bmatrix} 0 & 0 \\ 0 & 0 \end{bmatrix}$$

**3. 4** $\alpha=a_1+a_2 i$，$\beta=b_1+b_2 i$ （$a_1, a_2, b_1, b_2$：実数）とすると，

$\alpha+\beta=(a_1+b_1)+(a_2+b_2)i$，$\alpha\beta=(a_1b_1-a_2b_2)+(a_1b_2+a_2b_1)i$

（1） $\begin{bmatrix} a_1 & a_2 \\ -a_2 & a_1 \end{bmatrix}=\begin{bmatrix} b_1 & b_2 \\ -b_2 & b_1 \end{bmatrix}$ より，$a_1=b_1$，$a_2=b_2$ $\therefore$ $\alpha=\beta$

（2） $\begin{bmatrix} a_1 & a_2 \\ -a_2 & a_1 \end{bmatrix}+\begin{bmatrix} b_1 & b_2 \\ -b_2 & b_1 \end{bmatrix}=\begin{bmatrix} a_1+b_1 & a_2+b_2 \\ -(a_2+b_2) & a_1+b_1 \end{bmatrix}$

（3） $\begin{bmatrix} a_1 & a_2 \\ -a_2 & a_1 \end{bmatrix}\begin{bmatrix} b_1 & b_2 \\ -b_2 & b_1 \end{bmatrix}=\begin{bmatrix} a_1b_1-a_2b_2 & a_1b_2+a_2b_1 \\ -a_2b_1-a_1b_2 & a_1b_1-a_2b_2 \end{bmatrix}$

**3. 5** （1） 求める行列を $X=\begin{bmatrix} x_{11} & x_{12} \\ x_{21} & x_{22} \end{bmatrix}$ とおき，$AX=XA$ より，

$\begin{bmatrix} x_{11} & x_{12} \\ 0 & 0 \end{bmatrix}=\begin{bmatrix} x_{11} & 0 \\ x_{21} & 0 \end{bmatrix}$ $\therefore$ $x_{12}=x_{21}=0$ ゆえに，$X$ は対角行列.

（2） $A=\begin{bmatrix} a_{11} & a_{12} \\ a_{21} & a_{22} \end{bmatrix}$，$X=\begin{bmatrix} x_{11} & 0 \\ 0 & x_{22} \end{bmatrix}$ に対して，$AX=XA$ より，

$\begin{bmatrix} a_{11}x_{11} & a_{12}x_{22} \\ a_{21}x_{11} & a_{22}x_{22} \end{bmatrix}=\begin{bmatrix} a_{11}x_{11} & a_{12}x_{11} \\ a_{21}x_{22} & a_{22}x_{22} \end{bmatrix}$ この等式が，すべての $a_{11}, a_{12}, a_{21}, a_{22}$

に対して成立する条件は，$x_{11}=x_{22}$ $\therefore$ $X=x_{11}E$ ：単位行列の定数倍

**4. 1** （1） $A\tilde{A}=(ad-bc)E$，$\tilde{A}A=(ad-bc)E$

$$\therefore \quad A^{-1}=\frac{1}{ad-bc}\tilde{A}=\frac{1}{ad-bc}\begin{bmatrix} d & -b \\ -c & a \end{bmatrix}$$

（2） （1）の結果を用いて，$B^{-1}=\begin{bmatrix} -4 & 3 \\ 3 & -2 \end{bmatrix}$，$C^{-1}=\begin{bmatrix} -5 & -7 \\ -3 & -4 \end{bmatrix}$

$(B^{-1})^{-1}=B$，$(BC)^{-1}=C^{-1}B^{-1}=\begin{bmatrix} -1 & -1 \\ 0 & -1 \end{bmatrix}$，$B^{-1}C^{-1}=\begin{bmatrix} 11 & 16 \\ -9 & -13 \end{bmatrix}$

**4. 2** （1） $B=\begin{bmatrix} 1 & -a \\ a & 1 \end{bmatrix}\begin{bmatrix} 1 & a \\ -a & 1 \end{bmatrix}^{-1}=\dfrac{1}{1+a^2}\begin{bmatrix} 1-a^2 & -2a \\ 2a & 1-a^2 \end{bmatrix}$

（2）$B=\begin{bmatrix} 1-\cos 2\theta & \sin 2\theta \\ -\sin 2\theta & 1-\cos 2\theta \end{bmatrix}\begin{bmatrix} 1+\cos 2\theta & -\sin 2\theta \\ \sin 2\theta & 1+\cos 2\theta \end{bmatrix}^{-1}$

$$=\begin{bmatrix} 0 & \tan\theta \\ -\tan\theta & 0 \end{bmatrix} \quad [\because \ 1+\cos 2\theta = 2\cos^2\theta]$$

**4. 3** $I=\begin{bmatrix} I_0 & O \\ O & I_0 \end{bmatrix},\ J=\begin{bmatrix} O & -J_0 \\ J_0 & O \end{bmatrix},\ K=\begin{bmatrix} O & -K_0 \\ K_0 & O \end{bmatrix},$

$I_0=\begin{bmatrix} 0 & -1 \\ 1 & 0 \end{bmatrix},\ J_0=\begin{bmatrix} 1 & 0 \\ 0 & -1 \end{bmatrix},\ K_0=\begin{bmatrix} 0 & 1 \\ 1 & 0 \end{bmatrix}$ とおけば,

$I^2=\begin{bmatrix} I_0{}^2 & O \\ O & I_0{}^2 \end{bmatrix}=\begin{bmatrix} -E & O \\ O & -E \end{bmatrix}=-E.$　他も同様.

**4. 4**（1）$\begin{bmatrix} B & D \\ O & C \end{bmatrix}\begin{bmatrix} B^{-1} & -B^{-1}DC^{-1} \\ O & C^{-1} \end{bmatrix}$

$$=\begin{bmatrix} BB^{-1}+DO & B(-B^{-1}DC^{-1})+DC^{-1} \\ OB^{-1}+CO & O(-B^{-1}DC^{-1})+CC^{-1} \end{bmatrix}=\begin{bmatrix} E & O \\ O & E \end{bmatrix}=E$$

（2）$A=\begin{bmatrix} B & D \\ O & C \end{bmatrix},\ B=\begin{bmatrix} 2 & 3 \\ 3 & 4 \end{bmatrix},\ C=\begin{bmatrix} 4 & -7 \\ 3 & -5 \end{bmatrix},\ D=\begin{bmatrix} 1 & 1 \\ 1 & 0 \end{bmatrix}$

とおき,（1）の結果を用いる.

$$A^{-1}=\begin{bmatrix} -4 & 3 & -17 & 23 \\ 3 & -2 & 14 & -19 \\ 0 & 0 & -5 & 7 \\ 0 & 0 & -3 & 4 \end{bmatrix}$$

**4. 5**（1）$[A\boldsymbol{b}_1\ A\boldsymbol{b}_2]$　　（2）$\begin{bmatrix} \boldsymbol{a}_1 B \\ \boldsymbol{a}_2 B \end{bmatrix}$

（3）$\begin{bmatrix} a_1b_1 & a_1b_2 \\ a_2b_1 & a_2b_2 \end{bmatrix}$　　（4）$\begin{bmatrix} A_{11}B_{11} & A_{11}B_{12}+A_{12}B_{22} \\ O & A_{22}B_{22} \end{bmatrix}$

**5. 1** 変形表は略す. 最終結果は, $\begin{bmatrix} 1 & 0 & 0 \\ 0 & 1 & 0 \\ 0 & 0 & 0 \end{bmatrix}$.

**5. 2** 最終結果：$\begin{bmatrix} c_1 & c_2 \\ b_1 & b_2 \\ a_1 & a_2 \end{bmatrix}$ 次のことが分かる：

「行基本変形 III は, 行基本変形 I, II の組み合せで表わされる」

**5. 3** 略

**6. 1**　例題 **6. 1** と同様.（1）　略　（2）　$\boldsymbol{b}=7\boldsymbol{a}_1-3\boldsymbol{a}_2$

**6. 2**　（1）　$x\boldsymbol{a}+y\boldsymbol{b}=\boldsymbol{0}$ を成分でかけば,

$$\begin{cases} ax+by=0 & \cdots ① \\ cx+dy=0 & \cdots ② \end{cases} \qquad \begin{matrix} ①\times d-②\times b: & (ad-bc)x=0 \\ ①\times c-②\times a: & (ad-bc)y=0 \end{matrix}$$

$$\therefore \quad ad-bc\neq 0 \iff x=y=0$$

（2）　$2\boldsymbol{a}+3\boldsymbol{d}=\boldsymbol{0}$, $4\boldsymbol{b}+3\boldsymbol{c}=\boldsymbol{0}$　に注目して,

$$\boldsymbol{e}=-\frac{4}{3}\boldsymbol{a}-\boldsymbol{b}=-\frac{4}{3}\boldsymbol{a}+\frac{3}{4}\boldsymbol{c}=2\boldsymbol{d}+\frac{3}{4}\boldsymbol{c}=2\boldsymbol{d}-\boldsymbol{b}$$

（3）　$\boldsymbol{a}=\begin{bmatrix} a_1 \\ a_2 \end{bmatrix}$, $\boldsymbol{b}=\begin{bmatrix} b_1 \\ b_2 \end{bmatrix}$, $\boldsymbol{c}=\begin{bmatrix} c_1 \\ c_2 \end{bmatrix}$ とする. たとえば, $\boldsymbol{a}, \boldsymbol{b}$ が一次独立ならば, $a_1b_2-b_1a_2\neq 0$ だから, $x\boldsymbol{a}+y\boldsymbol{b}+z\boldsymbol{c}=\boldsymbol{0}$　すなわち,

$$\begin{cases} a_1x+b_1y+c_1z=0 \\ a_2x+b_2y+c_2z=0 \end{cases}$$ は, $z\neq 0$ なる解をもつ.

**6. 3**　$\boldsymbol{a}_1=\begin{bmatrix} a_1 \\ a_1' \end{bmatrix}$, $\boldsymbol{a}_2=\begin{bmatrix} a_2 \\ a_2' \end{bmatrix}$ が一次独立ならば, $a_1a_2'-a_2a_1'\neq 0$　だから,

$[\,\boldsymbol{a}_1\ \boldsymbol{a}_2\,]^{-1}$ が存在する. よって, $A=O$.

**7. 1**　階段行列は, $B$, $C$.

**7. 2**　（1）　3　　（2）　2

**8. 1**　（1）　$(x, y, z)=(t+1,\ 2t-1,\ t)$

（2）　$(x, y, z)=(-3s+2t+3,\ s,\ t)$

（3）　$(x, y, z)=(2t-1,\ 3,\ t)$　　　（4）　解なし

**9. 1**　（1）　$\begin{bmatrix} -7 & 3 \\ -5 & 2 \end{bmatrix}$　　（2）　$\begin{bmatrix} 2 & -2 & -1 \\ -11 & 7 & 1 \\ -9 & 6 & 1 \end{bmatrix}$

**9. 2**　$A \overset{①}{\to} \begin{bmatrix} 2 & -3 \\ 0 & 1/2 \end{bmatrix} \overset{②}{\to} \begin{bmatrix} 2 & 0 \\ 0 & 1/2 \end{bmatrix} \overset{③}{\to} \begin{bmatrix} 1 & 0 \\ 0 & 1/2 \end{bmatrix} \overset{④}{\to} E$

①：2行＋1行×(−5/2)　　　②：1行＋2行×6

③：1行×1/2　　　　　　　④：2行×2

$\therefore \quad E_2(2\,;2)\,E_2(1\,;1/2)\,E_2(1,2\,;6)\,E_2(2,1\,;-5/2)\,A=E$

$\therefore \quad A=E_2(2,1\,;-5/2)^{-1}E_2(1,2\,;6)^{-1}E_2(1\,;1/2)^{-1}E_2(2\,;2)^{-1}$

$\quad =E_2(2,1\,;5/2)\,E_2(1,2\,;-6)\,E_2(1\,;2)\,E_2(2\,;1/2)$

$$=\begin{bmatrix}1 & 0\\ 5/2 & 1\end{bmatrix}\begin{bmatrix}1 & -6\\ 0 & 1\end{bmatrix}\begin{bmatrix}2 & 0\\ 0 & 1\end{bmatrix}\begin{bmatrix}1 & 0\\ 0 & 1/2\end{bmatrix}$$

**10. 1**　(1)　$|A|=-3$　　(2)　$|B|=2\times(-4)-7\times3=-29$

(3)　$|C|=100$　　(4)　$|D|=-116$

**10. 2**　$AB=\begin{bmatrix}aa'+bc' & ab'+bd'\\ ca'+dc' & cb'+dd'\end{bmatrix}$ だから，

$$|AB|=(aa'+bc')(cb'+dd')-(ab'+bd')(ca'+dc')$$
$$=ad(a'd'-b'c')-bc(a'd'-b'c')=(ad-bc)(a'd'-b'c')=|A||B|$$

**11. 1**　$|A|=1$　　**11. 2**　(1)　$abc$　　(2)　234

**11. 3**　行列の基本変形によって，0 でない小行列式の最大次数は変わらないので，〝行列 → 標準形〟(p. 45) なる基本変形を考えれば，題意は明らか．

**12. 1**　(1)　$(b-c)(c-a)(a-b)$　　(2)　$(a+b+c)(a^2+b^2+c^2)$

(3)　1 行 + 3 行 × 1 の後，1 行から $x-5$ をくくり出す．

$$|A|=(x-5)^2(x-6)$$

**12. 2**　(1)　$|B|=4$

(2)　$|A||B|=|AB|=\begin{vmatrix}-2a & 2b & 2c\\ 2a & -2b & 2c\\ 2a & 2b & -2c\end{vmatrix}=8abc|B|\quad\therefore\quad |A|=8abc$

**13. 1**　(1)　$A^{-1}=\dfrac{1}{|A|}\begin{bmatrix}\begin{vmatrix}2 & -1\\ 7 & 2\end{vmatrix} & -\begin{vmatrix}1 & -1\\ 4 & 2\end{vmatrix} & \begin{vmatrix}1 & 2\\ 4 & 7\end{vmatrix}\\ -\begin{vmatrix}5 & 1\\ 7 & 2\end{vmatrix} & \begin{vmatrix}3 & 1\\ 4 & 2\end{vmatrix} & -\begin{vmatrix}3 & 5\\ 4 & 7\end{vmatrix}\\ \begin{vmatrix}5 & 1\\ 2 & -1\end{vmatrix} & -\begin{vmatrix}3 & 1\\ 1 & -1\end{vmatrix} & \begin{vmatrix}3 & 5\\ 1 & 2\end{vmatrix}\end{bmatrix}'$

$$=\frac{1}{2}\begin{bmatrix}11 & -6 & -1\\ -3 & 2 & -1\\ -7 & 4 & 1\end{bmatrix}'=\frac{1}{2}\begin{bmatrix}11 & -3 & -7\\ -6 & 2 & 4\\ -1 & -1 & 1\end{bmatrix}$$

(2)　$A^{-1}=\begin{bmatrix}-25 & 13 & 9\\ 39 & -20 & -14\\ 6 & -3 & -2\end{bmatrix}$

**13. 2**　$\Longrightarrow$：$A^{-1}$ の成分が整数ならば，$|A^{-1}|$ は整数．$|A||A^{-1}|=|AA^{-1}|$ $=|E|=1$ より，$|A|=\pm1$．　$\Longleftarrow$：逆行列の公式より明らか．

**13. 3** (1) $(x, y, z) = (2, 3, 5)$

(2) $(x, y, z) = \left( \dfrac{(c-d)(d-b)}{(c-a)(a-b)},\ \dfrac{(d-c)(a-d)}{(b-c)(a-b)},\ \dfrac{(b-d)(d-a)}{(b-c)(c-a)} \right)$

**14. 1** (1) 実ベクトル空間になる. (2) たとえば, 2次正方行列と3次正方行列の和は定義されないので, ベクトル空間にはならない.

**14. 2** 次の理由で, (1)～(3)は, どれも, 部分空間にはならない.

(1) $\mathbf{0} \notin W$

(2) $\begin{bmatrix} 1 \\ 1 \end{bmatrix}, \begin{bmatrix} 1 \\ -1 \end{bmatrix} \in W$ であるが, $\begin{bmatrix} 1 \\ 1 \end{bmatrix} + \begin{bmatrix} 1 \\ -1 \end{bmatrix} = \begin{bmatrix} 2 \\ 0 \end{bmatrix} \notin W$

(3) $\begin{bmatrix} 1 \\ 0 \end{bmatrix} \in W$ であるが, $(-1)\begin{bmatrix} 1 \\ 0 \end{bmatrix} = \begin{bmatrix} -1 \\ 0 \end{bmatrix} \notin W$

**14. 3** (1) 部分空間になる.

(2) $E, -E$ は正則であるが, $E + (-E) = O$ は正則ではない.

**14. 4** (1), (2) ともに, 部分空間になる.

**14. 5** 上三角行列で同時に下三角行列でもある行列は対角行列だから, $W_1 \cap W_2$ は対角行列の全体. 任意の行列は, 上三角行列と下三角行列の和として表わされるから, $W_1 + W_2 = M(n, n ; \boldsymbol{R})$

**15. 1** (1) $\mathrm{rank}[\, \boldsymbol{a}_1 \ \boldsymbol{a}_2 \ \boldsymbol{a}_3 \,] = 2$ となり, 基底にならない.

(2) $\mathrm{rank}[\, \boldsymbol{a}_1 \ \boldsymbol{a}_2 \ \boldsymbol{a}_4 \,] = 3$ 基底になる. ゆえに, $\boldsymbol{b} = 5\boldsymbol{a}_1 - 3\boldsymbol{a}_2 + 2\boldsymbol{a}_4$.

**15. 2** $\begin{bmatrix} a & b \\ c & d \end{bmatrix}$ と $\begin{bmatrix} a \\ b \\ c \\ d \end{bmatrix}$ を同一視し, 変形表を作るとよい.

(1) $r = \dim W = 2$. たとえば, $\langle A_1, A_2 \rangle$ は $W$ の基底.

(2) たとえば, $\left\langle A_1,\ A_2,\ \begin{bmatrix} 1 & 0 \\ 0 & 0 \end{bmatrix}, \begin{bmatrix} 0 & 1 \\ 0 & 0 \end{bmatrix} \right\rangle$

**15. 3** $\boldsymbol{x} \in L(\boldsymbol{a}_1, \boldsymbol{a}_2)$ より, $\boldsymbol{x} = s_1\boldsymbol{a}_1 + s_2\boldsymbol{a}_2$ $\quad \therefore \quad x_1 + x_2 - 3x_3 = 0$

$\boldsymbol{x} \in L(\boldsymbol{b}_1, \boldsymbol{b}_2)$ より, $\boldsymbol{x} = t_1\boldsymbol{b}_1 + t_2\boldsymbol{b}_2$ $\quad \therefore \quad x_1 - x_2 + 5x_3 = 0$

これより, $x_1 = -x_3$, $x_2 = 4x_3$

$$\therefore \quad \boldsymbol{x} = \begin{bmatrix} x_1 \\ x_2 \\ x_3 \end{bmatrix} = x_3 \begin{bmatrix} -1 \\ 4 \\ 1 \end{bmatrix}$$ よって, $\left\langle \begin{bmatrix} -1 \\ 4 \\ 1 \end{bmatrix} \right\rangle$ は基底の一つ.

**15. 4**　$f(x)$，$f'(x)$，$f''(x)$，$f'''(x)$ を作り，$x=a$ とおいてみよ.

**16. 1**　(1)　$F(sX+tY)=A(sX+tY)-(sX+tY)A$

$=s(AX-XA)+t(AY-YA)=sF(X)+tF(Y)$　∴　線形写像である.

(2)　$F(O)=E\neq O$　∴　線形写像ではない.

(3)　$F(2E)=2^nE,\quad 2F(E)=2E$　∴　線形写像ではない.

**16. 2**　(1)　$\mathrm{Ker}\,F=\{f(x)\mid f''(x)=0\}=\{ax+b\mid a, b\in \boldsymbol{R}\}$

(2)　$\mathrm{Ker}\,F=\{f(x)\mid f(1)=0\}=\{(x-1)g(x)\mid g(x)\in P(\boldsymbol{R})\}$

**16. 3**　$\langle F(\boldsymbol{e}_1), F(\boldsymbol{e}_2)\rangle=\left\langle\begin{bmatrix}1\\2\end{bmatrix}, \begin{bmatrix}3\\7\end{bmatrix}\right\rangle$ ：$\mathrm{Im}\,F$ の(一つの)基底

$A\to\begin{bmatrix}1&0&5\\0&1&-1\end{bmatrix}$　∴　$\mathrm{rank}\,A=2.$　$\left\langle\begin{bmatrix}5\\-1\end{bmatrix}\right\rangle$ ：$\mathrm{Ker}\,F$ の基底

**16. 4**　(1)　$A=[\,\boldsymbol{a}_1\ \boldsymbol{a}_2\ \cdots\ \boldsymbol{a}_5\,]\to\begin{bmatrix}1&0&0&-2&-1\\0&1&0&-1&-2\\0&0&1&-2&-3\end{bmatrix}$

いま，$\boldsymbol{b}_1=\begin{bmatrix}2\\1\\2\\1\\0\end{bmatrix}$，$\boldsymbol{b}_2=\begin{bmatrix}1\\2\\3\\0\\1\end{bmatrix}$，$\boldsymbol{b}_3=\begin{bmatrix}1\\0\\0\\0\\0\end{bmatrix}$，$\boldsymbol{b}_4=\begin{bmatrix}0\\1\\0\\0\\0\end{bmatrix}$，$\boldsymbol{b}_5=\begin{bmatrix}0\\0\\1\\0\\0\end{bmatrix}$

とおく．$A\boldsymbol{x}=\boldsymbol{0}$ より，$\boldsymbol{x}=s\boldsymbol{b}_1+t\boldsymbol{b}_2$　∴　$r=\dim(\mathrm{Ker}\,F)=2$

∴　$\langle\boldsymbol{b}_1, \boldsymbol{b}_2\rangle$ は $\mathrm{Ker}\,F$ の一つの基底.

(2)　$\langle F(\boldsymbol{b}_3), F(\boldsymbol{b}_4), F(\boldsymbol{b}_5)\rangle=\langle\boldsymbol{a}_1, \boldsymbol{a}_2, \boldsymbol{a}_3\rangle$ は $\mathrm{Im}\,F$ の基底.

**16. 5**　$\dim V=\dim(\mathrm{Ker}\,F)+\mathrm{rank}\,F$　(次元定理)　による.

(1)　$F$：全射 $\Leftrightarrow$ $\mathrm{Im}\,F=W$ $\Leftrightarrow$ $\mathrm{rank}\,F=\dim(\mathrm{Im}\,F)=\dim W$

(2)　$F$：単射 $\Leftrightarrow$ $\mathrm{Ker}\,F=\{\boldsymbol{0}\}$ $\Leftrightarrow$ $\dim V=\mathrm{rank}\,F$

▶**注**　$\dim\{\boldsymbol{0}\}=0$

**17. 1**　(1)　$\begin{bmatrix}1&2\\3&5\end{bmatrix}^{-1}\begin{bmatrix}2&-1\\1&4\end{bmatrix}\begin{bmatrix}-1&1\\1&0\end{bmatrix}=\begin{bmatrix}21&-8\\-12&5\end{bmatrix}$

(2)　$\begin{bmatrix}-1&1\\1&0\end{bmatrix}^{-1}\begin{bmatrix}2&-1\\1&4\end{bmatrix}\begin{bmatrix}-1&1\\1&0\end{bmatrix}=\begin{bmatrix}3&1\\0&3\end{bmatrix}$

**17. 2**　(1)　$[\,1\quad x-a\quad (x-a)^2\,]=[\,1\quad x\quad x^2\,]P$ より，

$$P=\begin{bmatrix}1 & -a & a^2\\ 0 & 1 & -2a\\ 0 & 0 & 1\end{bmatrix}$$

（2）（i）$[\,F(1)\ \ F(x)\ \ F(x^2)\,]=[\,1\ \ x\ \ x^2\,]F_{\mathscr{A}}$ より，

$$F_{\mathscr{A}}=\begin{bmatrix}1 & -a & a^2\\ 0 & 1 & -2a\\ 0 & 0 & 1\end{bmatrix},\ F_{\mathscr{B}}=P^{-1}F_{\mathscr{A}}P=\begin{bmatrix}1 & -a & a^2\\ 0 & 1 & -2a\\ 0 & 0 & 1\end{bmatrix}$$

（ii）同様に，$G_{\mathscr{A}}=\begin{bmatrix}0 & 1 & 0\\ 0 & 0 & 2\\ 0 & 0 & 0\end{bmatrix}$，　$G_{\mathscr{B}}=\begin{bmatrix}0 & 1 & 0\\ 0 & 0 & 2\\ 0 & 0 & 0\end{bmatrix}$

**17. 3**　$B=P^{-1}AP=\begin{bmatrix}2 & 1\\ -1 & 0\end{bmatrix}^{-1}\begin{bmatrix}7 & 4\\ -1 & 3\end{bmatrix}\begin{bmatrix}2 & 1\\ -1 & 0\end{bmatrix}=\begin{bmatrix}5 & 1\\ 0 & 5\end{bmatrix}$

**18. 1**　（1）$\|\boldsymbol{a}-t\boldsymbol{b}\|^2=(\boldsymbol{a}-t\boldsymbol{b},\boldsymbol{a}-t\boldsymbol{b})=\|\boldsymbol{a}\|^2-2t(\boldsymbol{a},\boldsymbol{b})+t^2\|\boldsymbol{b}\|^2$

$$=(\|\boldsymbol{a}\|^2\|\boldsymbol{b}\|^2-(\boldsymbol{a},\boldsymbol{b})^2)/\|\boldsymbol{b}\|^2\geqq 0$$

$\therefore\ \ \|\boldsymbol{a}\|^2\|\boldsymbol{b}\|^2-(\boldsymbol{a},\boldsymbol{b})^2\geqq 0\qquad\therefore\ \ |(\boldsymbol{a},\boldsymbol{b})|\leqq\|\boldsymbol{a}\|\|\boldsymbol{b}\|$

等号成立は，$\boldsymbol{a}-t\boldsymbol{b}=\boldsymbol{0}$　すなわち，$\boldsymbol{a},\boldsymbol{b}$ が一次従属のとき.

（2）（i）（1）より明らか.

（ii）$(\|\boldsymbol{a}\|+\|\boldsymbol{b}\|)^2-\|\boldsymbol{a}+\boldsymbol{b}\|^2=2(\|\boldsymbol{a}\|\|\boldsymbol{b}\|-(\boldsymbol{a},\boldsymbol{b}))\geqq 0$

（3）$|a_1b_1+a_2b_2+\cdots+a_nb_n|\leqq\sqrt{a_1{}^2+a_2{}^2+\cdots+a_n{}^2}\sqrt{b_1{}^2+b_2{}^2+\cdots+b_n{}^2}$

**18. 2**　$(A,B)=2(\cos\alpha\cos\beta+\sin\alpha\sin\beta)=2\cos(\alpha-\beta)$

$$\cos\theta=\frac{(A,B)}{\|A\|\|B\|}=\frac{2\cos(\alpha-\beta)}{\sqrt{2}\sqrt{2}}=\cos(\alpha-\beta)\qquad\therefore\ \ \theta=\alpha-\beta$$

**18. 3**　（1）$(\boldsymbol{a},\boldsymbol{u}_i),(\boldsymbol{b},\boldsymbol{u}_i)$ を展開すれば明らか.

（2）$(\boldsymbol{a},\boldsymbol{b})$ を具体的に展開すれば明らか.

**18. 4**　（1）1°～3° は明らか.

4°　$f(x)\neq 0$ ならば，その点の近くで，つねに $f(x)^2>0$ だから，

$$(f(x),f(x))=\int_{-1}^{1}f(x)^2\,dx>0$$

（2）$\langle 1,x,x^2\rangle$ を，$\langle a_1(x),a_2(x),a_3(x)\rangle$ とおく.

$b_1(x)=a_1(x)=1$，$\|b_1(x)\|^2=\int_{-1}^{1}1^2\,dx=2\qquad\therefore\ \ u_1(x)=\dfrac{b_1(x)}{\|b_1(x)\|}=\dfrac{1}{\sqrt{2}}$

$(a_2(x),u_1(x))=0$，$b_2(x)=x-0\cdot\dfrac{1}{\sqrt{2}}=x$，$\|b_2(x)\|^2=\int_{-1}^{1}x^2\,dx=\dfrac{2}{3}$

$$\therefore \quad u_2(x)=\frac{b_2(x)}{\|b_2(x)\|}=\sqrt{\frac{3}{2}}\,x$$

$$(a_3(x),\,u_1(x))=\int_{-1}^{1}x^2\frac{1}{\sqrt{2}}dx=\frac{\sqrt{2}}{3},\quad (a_3(x),\,u_2(x))=0$$

$$\therefore \quad b_3(x)=x^2-\frac{\sqrt{2}}{3}\cdot\frac{1}{\sqrt{2}}-0\cdot\sqrt{\frac{3}{2}}\,x=x^2-\frac{1}{3}$$

$$\therefore \quad u_3(x)=\frac{b_3(x)}{\|b_3(x)\|}=\left(x^2-\frac{1}{3}\right)\Big/\sqrt{\frac{8}{45}}=\frac{3}{4}\sqrt{10}\left(x^2-\frac{1}{3}\right)$$

**19. 1**　$\|\boldsymbol{x}\pm\boldsymbol{y}\|^2=(\boldsymbol{x}\pm\boldsymbol{y},\,\boldsymbol{x}\pm\boldsymbol{y})=\|\boldsymbol{x}\|^2\pm((\boldsymbol{x},\boldsymbol{y})+\overline{(\boldsymbol{x},\boldsymbol{y})})+\|\boldsymbol{y}\|^2$

$\|\boldsymbol{x}\pm i\boldsymbol{y}\|^2=(\boldsymbol{x}\pm i\boldsymbol{y},\,\boldsymbol{x}\pm i\boldsymbol{y})=\|\boldsymbol{x}\|^2\mp i((\boldsymbol{x},\boldsymbol{y})-\overline{(\boldsymbol{x},\boldsymbol{y})})+\|\boldsymbol{y}\|^2$

を用いて容易に得られる.

**19. 2**　$F$ が線形写像であることは，容易に示すことができる.

$$(F(\boldsymbol{x}),F(\boldsymbol{x}))=\left(\boldsymbol{x}-\frac{2(\boldsymbol{x},\boldsymbol{a})}{(\boldsymbol{a},\boldsymbol{a})}\boldsymbol{a},\ \boldsymbol{x}-\frac{2(\boldsymbol{x},\boldsymbol{a})}{(\boldsymbol{a},\boldsymbol{a})}\boldsymbol{a}\right)$$

$$=(\boldsymbol{x},\boldsymbol{x})-\frac{4(\boldsymbol{x},\boldsymbol{a})}{(\boldsymbol{a},\boldsymbol{a})}(\boldsymbol{x},\boldsymbol{a})+\frac{4(\boldsymbol{x},\boldsymbol{a})^2}{(\boldsymbol{a},\boldsymbol{a})^2}(\boldsymbol{a},\boldsymbol{a})=(\boldsymbol{x},\boldsymbol{x})$$

**19. 3**　$E_{11}=\begin{bmatrix}1&0\\0&0\end{bmatrix}$，$E_{12}=\begin{bmatrix}0&1\\0&0\end{bmatrix}$，$E_{21}=\begin{bmatrix}0&0\\1&0\end{bmatrix}$，$E_{22}=\begin{bmatrix}0&0\\0&1\end{bmatrix}$ とおく.

(1)　$A=\begin{bmatrix}a&b\\0&c\end{bmatrix}=aE_{11}+bE_{12}+cE_{22}$ と**一意的に**かけるから,

$\langle E_{11},E_{12},E_{22}\rangle$ は $W$ の基底.

いま，$X=\begin{bmatrix}x_{11}&x_{12}\\x_{21}&x_{22}\end{bmatrix}$ とおけば,

$$(E_{11},X)=x_{11}=0,\quad (E_{12},X)=x_{12}=0,\quad (E_{22},X)=x_{22}=0.$$

$\therefore\quad X=\begin{bmatrix}0&0\\x_{21}&0\end{bmatrix}$，$W^{\perp}$ は，対角成分が 0 の下三角行列の全体.

(2)　同様に，$W^{\perp}$ は，交代行列の全体.

**19. 4**　$W_1$：$\boldsymbol{a}_1$ に平行な直線　　$W_1{}^{\perp}$：$\boldsymbol{a}_1$ に垂直な平面

$W_2$：$\boldsymbol{a}_2$ に平行な直線　　$W_2{}^{\perp}$：$\boldsymbol{a}_2$ に垂直な平面

とすると,

$W_1+W_2$　：$\boldsymbol{a}_1,\boldsymbol{a}_2$ を含む平面

$(W_1+W_2)^{\perp}$：$\boldsymbol{a}_1,\boldsymbol{a}_2$ を含む平面に垂直な直線

ゆえに，(1),(2) は**成立する**．また，$\boldsymbol{a}_1=-2\boldsymbol{a}_2+\boldsymbol{a}_3$ に注意すれば,

$$W_1 \cap (W_2 + W_3) = W_1,\quad (W_1 \cap W_2) + (W_1 \cap W_3) = \{\mathbf{0}\} + \{\mathbf{0}\} = \{\mathbf{0}\}$$

となり，（3）は**成立しない．**

**19. 5**　（1）　$\boldsymbol{a}_1 = \begin{bmatrix} -2 \\ 1 \\ 0 \end{bmatrix}$，$\boldsymbol{a}_2 = \begin{bmatrix} 1 \\ 0 \\ 1 \end{bmatrix}$，$\boldsymbol{b} = \begin{bmatrix} 1 \\ 2 \\ -1 \end{bmatrix}$ とおけば，

$\langle \boldsymbol{a}_1, \boldsymbol{a}_2 \rangle$ は $W$ の基底．$\langle \boldsymbol{b} \rangle$ は，$W^{\perp}$ の基底になる．

$\boldsymbol{a} = s_1\boldsymbol{a}_1 + s_2\boldsymbol{a}_2 + t\boldsymbol{b}$ より，$s_1 = 3$，$s_2 = 5$，$t = 2$.

$$\therefore\quad p(\boldsymbol{a}) = s_1\boldsymbol{a}_1 + s_2\boldsymbol{a}_2 = \begin{bmatrix} -1 \\ 3 \\ 5 \end{bmatrix}$$

（2）　$P = [\, p(\boldsymbol{e}_1)\ \ p(\boldsymbol{e}_2)\ \ p(\boldsymbol{e}_3) \,] = \dfrac{1}{6}\begin{bmatrix} 5 & -2 & 1 \\ -2 & 2 & 2 \\ 1 & 2 & 5 \end{bmatrix}$

$P^2 = P$，$P' = P$ は，具体的計算で容易に確認できる．

**▶注**　〝正射影〟の意味から，$P^2 = P$ は明らか．

**20. 1**　（1）　$\lambda_1 = 3$，$s\begin{bmatrix} 1 \\ 2 \end{bmatrix}$　；　$\lambda_2 = 9$，$s\begin{bmatrix} 1 \\ -1 \end{bmatrix}$　　$(s \neq 0)$

（2）　$\lambda_1 = \lambda_2 = 3$，$s\begin{bmatrix} 1 \\ 0 \end{bmatrix}$　　（3）　$\lambda_1 = i$，$s\begin{bmatrix} 1 \\ -i \end{bmatrix}$　；　$\lambda_2 = -i$，$s\begin{bmatrix} 1 \\ i \end{bmatrix}$

（4）　$\lambda_1 = 3$，$\begin{bmatrix} 1 \\ -2 \\ 3 \end{bmatrix}$　；　$\lambda_2 = 4$，$\begin{bmatrix} 0 \\ 1 \\ -1 \end{bmatrix}$　；　$\lambda_3 = 5$，$\begin{bmatrix} 1 \\ -1 \\ 1 \end{bmatrix}$

（5）　$\lambda_1 = \lambda_2 = 4$，$\begin{bmatrix} 2 \\ 1 \\ 0 \end{bmatrix}$，$\begin{bmatrix} 1 \\ 0 \\ 1 \end{bmatrix}$　；　$\lambda_3 = 3$，$\begin{bmatrix} 1 \\ 1 \\ -2 \end{bmatrix}$

**20. 2**　$\varphi_A(x) = |\, xE - A \,|$

$$\doteqdot \begin{vmatrix} x - a_{11} & 0 - a_{12} \\ 0 - a_{21} & x - a_{22} \end{vmatrix} = \begin{vmatrix} x & 0 \\ 0 & x \end{vmatrix} + \begin{vmatrix} -a_{11} & 0 \\ -a_{21} & x \end{vmatrix} + \begin{vmatrix} x & -a_{12} \\ 0 & -a_{22} \end{vmatrix} + \begin{vmatrix} -a_{11} & -a_{12} \\ -a_{21} & -a_{22} \end{vmatrix}$$

$$= x^2 - (a_{11} + a_{22})x + |A| = x^2 - (\mathrm{tr}\, A)x + |A|$$

**20. 3**

$$\boldsymbol{x} - \frac{2(\boldsymbol{x}, \boldsymbol{a})}{(\boldsymbol{a}, \boldsymbol{a})}\boldsymbol{a} = \lambda\boldsymbol{x} \qquad \cdots\cdots\cdots\cdots \quad (*)$$

$$\left(\boldsymbol{a}, \boldsymbol{x} - \frac{2(\boldsymbol{x}, \boldsymbol{a})}{(\boldsymbol{a}, \boldsymbol{a})}\boldsymbol{a}\right) = (\boldsymbol{a}, \lambda\boldsymbol{x}) \qquad \therefore\quad (\lambda + 1)(\boldsymbol{x}, \boldsymbol{a}) = 0$$

（i）$(\boldsymbol{x}, \boldsymbol{a}) \neq 0$ のとき：$\lambda = -1$

（$*$）より，$\boldsymbol{x} = \dfrac{(\boldsymbol{x}, \boldsymbol{a})}{(\boldsymbol{a}, \boldsymbol{a})}\boldsymbol{a} \,/\!/\, \boldsymbol{a}$

（ii）$(\boldsymbol{x}, \boldsymbol{a}) = 0$ のとき：

（$*$）より，

$\lambda = 1$．$\boldsymbol{x}$ は任意．

以上から，線形変換 $F$ の固有値は，1 と $-1$．

$-1$ に対する固有ベクトル … $\boldsymbol{a}$ に平行な $\boldsymbol{0}$ 以外の任意のベクトル

1 に対する固有ベクトル … $\boldsymbol{a}$ に垂直な $\boldsymbol{0}$ 以外の任意のベクトル

**21. 1**　対角化可能なのは，(1)，(3)，(4)，(6)．$P^{-1}AP$ の一例を示す．

(1)　$\dfrac{1}{3}\begin{bmatrix} 2 & 1 \\ 1 & -1 \end{bmatrix}\begin{bmatrix} 5 & -1 \\ -2 & 6 \end{bmatrix}\begin{bmatrix} 1 & 1 \\ 1 & -2 \end{bmatrix} = \begin{bmatrix} 4 & \\ & 7 \end{bmatrix}$

(2)　$\varphi_A(x) = (x-5)^2$，$\dim W(5) = 2 - \operatorname{rank}(A-5E) = 2-1 = 1$

(3)　$\begin{bmatrix} 1 & 1 & -1 \\ -1 & -2 & 3 \\ 1 & 1 & -2 \end{bmatrix}\begin{bmatrix} 4 & 0 & -1 \\ -3 & 1 & 5 \\ -2 & -2 & 7 \end{bmatrix}\begin{bmatrix} 1 & 1 & 1 \\ 1 & -1 & -2 \\ 1 & 0 & -1 \end{bmatrix} = \begin{bmatrix} 3 & & \\ & 4 & \\ & & 5 \end{bmatrix}$

(4)　$\dfrac{1}{3}\begin{bmatrix} -1 & 1 & -1 \\ 4 & -1 & 1 \\ 3 & 0 & 3 \end{bmatrix}\begin{bmatrix} 6 & -1 & 1 \\ 3 & 2 & 3 \\ -1 & 1 & 4 \end{bmatrix}\begin{bmatrix} 1 & 1 & 0 \\ 3 & 0 & 1 \\ -1 & -1 & 1 \end{bmatrix} = \begin{bmatrix} 2 & & \\ & 5 & \\ & & 5 \end{bmatrix}$

(5)　$\varphi_A(x) = (x-5)^3$，$\dim W(5) = 3 - \operatorname{rank}(A-5E) = 3-1 = 2$

(6)　$\dfrac{1}{4}\begin{bmatrix} -2 & 2 & 2 \\ 1 & i & -i \\ 1 & -i & i \end{bmatrix}\begin{bmatrix} 2 & -1 & 1 \\ 0 & 2 & 1 \\ -1 & 0 & 3 \end{bmatrix}\begin{bmatrix} 0 & 2 & 2 \\ 1 & 1-i & 1+i \\ 1 & 1+i & 1-i \end{bmatrix}$

$= \begin{bmatrix} 3 & & \\ & 2+i & \\ & & 2-i \end{bmatrix}$

**21. 2**　行列 $A$ を対角化してから，

$$A^n = \begin{bmatrix} 2 & 1 \\ -1 & -1 \end{bmatrix}\begin{bmatrix} 4^n & \\ & 5^n \end{bmatrix}\begin{bmatrix} 1 & 1 \\ -1 & -2 \end{bmatrix} = 4^n\begin{bmatrix} 2 & 2 \\ -1 & -1 \end{bmatrix} + 5^n\begin{bmatrix} -1 & -2 \\ 1 & 2 \end{bmatrix}$$

**21. 3**　$\alpha = 0.02$，$\beta = 0.09$ とおく．（文字の方が考えやすい！）

(1)　$\begin{bmatrix} x_0 \\ y_0 \end{bmatrix}$：現在の人口　　$\begin{bmatrix} x_{n+1} \\ y_{n+1} \end{bmatrix} = \begin{bmatrix} 1-\alpha & \beta \\ \alpha & 1-\beta \end{bmatrix}\begin{bmatrix} x_n \\ y_n \end{bmatrix}$

(2)　$A = \begin{bmatrix} 1-\alpha & \beta \\ \alpha & 1-\beta \end{bmatrix}$ の固有値は，$1-\alpha-\beta$ と 1．行列 $A$ を対角化してから，

$$\begin{bmatrix} x_n \\ y_n \end{bmatrix} = \begin{bmatrix} 1-\alpha & \beta \\ \alpha & 1-\beta \end{bmatrix}^n \begin{bmatrix} x_0 \\ y_0 \end{bmatrix}$$

$$= \begin{bmatrix} 1 & \beta \\ -1 & \alpha \end{bmatrix} \begin{bmatrix} (1-\alpha-\beta)^n & 0 \\ 0 & 1^n \end{bmatrix} \cdot \frac{1}{\alpha+\beta} \begin{bmatrix} \alpha & -\beta \\ 1 & 1 \end{bmatrix} \begin{bmatrix} x_0 \\ y_0 \end{bmatrix}$$

$$\xrightarrow{(n\to\infty)} \begin{bmatrix} 1 & \beta \\ -1 & \alpha \end{bmatrix} \begin{bmatrix} 0 & 0 \\ 0 & 1 \end{bmatrix} \cdot \frac{1}{\alpha+\beta} \begin{bmatrix} \alpha & -\beta \\ 1 & 1 \end{bmatrix} \begin{bmatrix} x_0 \\ y_0 \end{bmatrix} = \frac{x_0+y_0}{\alpha+\beta} \begin{bmatrix} \beta \\ \alpha \end{bmatrix}$$

よって，都市部：郊外 $=\beta:\alpha=9:2$ に近づく．

**22. 1** （1） $\varphi_A(x)=(x-4)^3$． 固有値4に対する固有ベクトル $\boldsymbol{p}_1$ を1列にもつ正則行列の一つ $P_0=\begin{bmatrix} 2 & 1 & 0 \\ 1 & 0 & 1 \\ 1 & 1 & 0 \end{bmatrix}$ をとると，

$$P_0^{-1}AP_0=\begin{bmatrix} 4 & \begin{matrix} 2 & -1 \end{matrix} \\ \begin{matrix} 0 \\ 0 \end{matrix} & \boxed{B} \end{bmatrix} \quad \text{ただし，} B=\begin{bmatrix} 3 & 1 \\ -1 & 5 \end{bmatrix}.$$

$\varphi_B(x)=(x-4)^2$． 固有値4に対する $B$ の固有ベクトルを1列にもつ正則行列の一つを $Q=\begin{bmatrix} 1 & 1 \\ 1 & 0 \end{bmatrix}$ とおき，$P=P_0\begin{bmatrix} 1 & \begin{matrix} 0 & 0 \end{matrix} \\ \begin{matrix} 0 \\ 0 \end{matrix} & \boxed{Q} \end{bmatrix}=\begin{bmatrix} 2 & 1 & 1 \\ 1 & 1 & 0 \\ 1 & 1 & 1 \end{bmatrix}$ とおけば，

$$P^{-1}AP=\begin{bmatrix} 4 & 1 & 2 \\ & 4 & -1 \\ & & 4 \end{bmatrix}$$

（2） $\varphi_A(x)=(x-4)(x-3)^2$． 固有値4および3に対する固有ベクトル $\boldsymbol{p}_1, \boldsymbol{p}_2$ を1列，2列とする正則行列として，たとえば，

$$P=\begin{bmatrix} 1 & 1 & 1 \\ 0 & 1 & 0 \\ 1 & 0 & 0 \end{bmatrix} \text{ をとると，} P^{-1}AP=\begin{bmatrix} 4 & 0 & 1 \\ & 3 & -1 \\ & & 3 \end{bmatrix}$$

**22. 2** $\varphi_A(x)=(x-i)^2$． 固有値 $i$ に対する固有ベクトルを1列にもつユニタリー行列として，たとえば，$U=\dfrac{1}{\sqrt{5}}\begin{bmatrix} 1 & 2 \\ 2 & -1 \end{bmatrix}$ をとると，

$$U^{-1}AU=\begin{bmatrix} i & 5 \\ & i \end{bmatrix}$$

**22. 3** （1） $\varphi_A(x)=q(x)\,\mu_A(x)+r(x)$ （$r(x)$ は，$\mu_A(x)$ より低次）

とおく．このとき，$\mu_A(A)=O$ より，

$$O=\varphi_A(A)=q(A)\,\mu_A(A)+r(A)=r(A)$$

$\mu_A(x)$ の次数の最小性から，$r(x)=0$　　$\therefore\quad \varphi_A(x)=q(x)\,\mu_A(x)$

（2）　$\mu_A(x)$ は，$\varphi_A(x)=(x-\alpha)^3$ の約数 1，$x-\alpha$，$(x-\alpha)^2$，$(x-\alpha)^3$ のどれか．一つ一つ試してみる．（戸別訪問）

$$(A-\alpha E)^2=\begin{bmatrix} 0 & 0 & 1 \\ & 0 & 0 \\ & & 0 \end{bmatrix}\neq O \qquad \therefore\quad \mu_A(x)=(x-\alpha)^3$$

同様に，

$$\mu_B(x)=(x-\alpha)^2(x-\beta),\quad \mu_C(x)=(x-\alpha)(x-\beta)$$

（3）　任意の多項式 $f(x)$ について，$P^{-1}f(A)\,P=f(P^{-1}AP)$ だから，次より明らか：

$$f(A)=O \iff P^{-1}f(A)\,P=O \iff f(P^{-1}AP)=O$$

（4）　（2）の $\mu_C(x)$ の結果は，次のように一般化される：

〝対角行列の最小多項式は重解をもたない〞

このことと，$\mu_A(x)=\mu_{P^{-1}AP}(x)$ より，明らか．

▶**注**　この（4）の**逆も成立する**ことが知られている．ゆえに，

〝対角化可能　⇔　最小多項式は重解をもたない〞

**22. 4**　$B=P^{-1}AP=\begin{bmatrix} \alpha & * & * \\ & \beta & * \\ & & \gamma \end{bmatrix} \Longrightarrow f(B)=\begin{bmatrix} f(\alpha) & * & * \\ & f(\beta) & * \\ & & f(\gamma) \end{bmatrix}$

$P^{-1}f(A)\,P=f(P^{-1}AP)=f(B)$ だから，

$$\varphi_{f(A)}(x)=\varphi_{f(B)}(x)=|\,xE-f(B)\,|=(x-f(\alpha))(x-f(\beta))(x-f(\gamma))$$

**23. 1**　$U=\dfrac{1}{\sqrt{5}}\begin{bmatrix} 2 & i \\ i & 2 \end{bmatrix}$，$U^*AU=\begin{bmatrix} 5 & \\ & 5i \end{bmatrix}$

**23. 2**　（1）　$U=\dfrac{1}{2}\begin{bmatrix} 1-i & 1-i \\ -\sqrt{2} & \sqrt{2} \end{bmatrix}$，$U^*AU=\begin{bmatrix} 2-\sqrt{2} & 0 \\ 0 & 2+\sqrt{2} \end{bmatrix}$

（2）　$U=\dfrac{1}{\sqrt{6}}\begin{bmatrix} \sqrt{2} & 0 & 2i \\ \sqrt{2}\,i & \sqrt{3} & 1 \\ -\sqrt{2} & -\sqrt{3}\,i & i \end{bmatrix}$，$U^*AU=\begin{bmatrix} 3 & & \\ & 3 & \\ & & 9 \end{bmatrix}$

**23. 3**　（1）　$T=\dfrac{1}{5}\begin{bmatrix} 4 & -3 \\ 3 & 4 \end{bmatrix}$，$T'AT=\begin{bmatrix} 15 & \\ & -10 \end{bmatrix}$

（2）　$T=\frac{1}{3}\begin{bmatrix} 1 & -2 & 2 \\ 2 & 2 & 1 \\ -2 & 1 & 2 \end{bmatrix}$，$T'AT=\begin{bmatrix} -2 & & \\ & 7 & \\ & & 7 \end{bmatrix}$

**23. 4**　$P=\begin{bmatrix} 1 & 0 \\ -2 & -1 \end{bmatrix}$，$P^{-1}AP=\begin{bmatrix} 7 & 1 \\ & 7 \end{bmatrix}$

**23. 5**　（1）　$(U^*AU)^*(U^*AU)=U^*A^*UU^*AU=U^*A^*AU=U^*AA^*U$
$=(U^*AU)(U^*AU)^*$

（2）　変換ユニタリー行列を $U=[\,\boldsymbol{u}_1\ \boldsymbol{u}_2\ \cdots\ \boldsymbol{u}_n\,]$ とする．

$A[\,\boldsymbol{u}_1\ \cdots\ \boldsymbol{u}_n\,]=[\,\boldsymbol{u}_1\ \cdots\ \boldsymbol{u}_n\,]\begin{bmatrix} \lambda_1 & & \\ & \ddots & \\ & & \lambda_n \end{bmatrix}$　この両辺の各列を比較して，

$A\boldsymbol{u}_i=\lambda_i\boldsymbol{u}_i$．よって，$\boldsymbol{u}_i$ は $\lambda_i$ に対する固有ベクトルだから，題意の通り．

**23. 6**　（1）　$|A|=|A^*|=|\bar{A}'|=|\bar{A}|=\overline{|A|}$　　$\therefore$　$|A|$ は実数

（2）　$(\bar{A})^*=\overline{(\bar{A})'}=\overline{A^*}=\bar{A}$

$(A')^*=(\overline{A'})'=(A^*)'=A'$

$(A^{-1})^*=(A^*)^{-1}=A^{-1}$

**23. 7**　$A\boldsymbol{x}=\lambda\boldsymbol{x}$（$\boldsymbol{x}\neq\boldsymbol{0}$）とする．

（1）　$\lambda\bar{\lambda}(\boldsymbol{x},\boldsymbol{x})=(\lambda\boldsymbol{x},\lambda\boldsymbol{x})=(A\boldsymbol{x},A\boldsymbol{x})=(\boldsymbol{x},A^*A\boldsymbol{x})=(\boldsymbol{x},\boldsymbol{x})$

$\therefore$　$|\lambda|^2=\lambda\bar{\lambda}=1$

（2）　$\lambda(\boldsymbol{x},\boldsymbol{x})=(\lambda\boldsymbol{x},\boldsymbol{x})=(A\boldsymbol{x},\boldsymbol{x})=(\boldsymbol{x},A^*\boldsymbol{x})$
$=(\boldsymbol{x},-A\boldsymbol{x})=(\boldsymbol{x},-\lambda\boldsymbol{x})=-\bar{\lambda}(\boldsymbol{x},\boldsymbol{x})$　　$\therefore$　$\lambda=-\bar{\lambda}$

**24. 1**　（1）　$P=\begin{bmatrix} 3 & 4 \\ 2 & 3 \end{bmatrix}$，$J=P^{-1}AP=\begin{bmatrix} -6 & \\ & -7 \end{bmatrix}$

$$e^{tA}=Pe^{tJ}P^{-1}=\begin{bmatrix} 3 & 4 \\ 2 & 3 \end{bmatrix}\begin{bmatrix} e^{-6t} & \\ & e^{-7t} \end{bmatrix}\begin{bmatrix} 3 & -4 \\ -2 & 3 \end{bmatrix}$$
$$=\begin{bmatrix} 9e^{-6t}-8e^{-7t} & -12e^{-6t}+12e^{-7t} \\ 6e^{-6t}-6e^{-7t} & -8e^{-6t}+9e^{-7t} \end{bmatrix}$$

（2）　$P=\begin{bmatrix} 2 & 1 \\ 3 & 2 \end{bmatrix}$，$J=P^{-1}AP=\begin{bmatrix} 3 & 1 \\ & 3 \end{bmatrix}$

$$e^{tA}=Pe^{tJ}P^{-1}=\begin{bmatrix} 2 & 1 \\ 3 & 2 \end{bmatrix}\begin{bmatrix} e^{3t} & te^{3t} \\ & e^{3t} \end{bmatrix}\begin{bmatrix} 2 & -1 \\ -3 & 2 \end{bmatrix}=e^{3t}\begin{bmatrix} -6t+1 & 4t \\ -9t & 3t+1 \end{bmatrix}$$

**24. 2**　$A+B=\begin{bmatrix} 0 & -\alpha \\ \alpha & 0 \end{bmatrix}$，$e^{A+B}=\begin{bmatrix} \cos\alpha & -\sin\alpha \\ \sin\alpha & \cos\alpha \end{bmatrix}$

$$e^A e^B=\begin{bmatrix} 1 & 0 \\ \alpha & 1 \end{bmatrix}\begin{bmatrix} 1 & -\alpha \\ 0 & 1 \end{bmatrix}=\begin{bmatrix} 1 & -\alpha \\ \alpha & 1-\alpha^2 \end{bmatrix}$$

▶**注**　本問は，〝$AB=BA \Longrightarrow e^{A+B}=e^A e^B$〟の反例．

**24. 3**　$A$ を三角化して，$B=\begin{bmatrix} \alpha & * \\ & \beta \end{bmatrix} \Longrightarrow e^B=\begin{bmatrix} e^\alpha & * \\ & e^\beta \end{bmatrix}$

（1）　$B=P^{-1}AP$ のとき，$e^B=P^{-1}e^AP$.

$$\therefore\quad \varphi_{e^A}(x)=\varphi_{e^B}(x)=(x-e^\alpha)(x-e^\beta)$$

（2）　$|e^A|=|e^B|=e^\alpha e^\beta=e^{\alpha+\beta}=e^{\mathrm{tr}B}=e^{\mathrm{tr}A}$

**25. 1**　（1）　$A=\begin{bmatrix} 2 & 4 \\ -1 & 6 \end{bmatrix}$，$P=\begin{bmatrix} 2 & -1 \\ 1 & 0 \end{bmatrix}$，$J=\begin{bmatrix} 4 & 1 \\ & 4 \end{bmatrix}$

$$\boldsymbol{x}=Pe^{tJ}P^{-1}\boldsymbol{c}=\begin{bmatrix} 2 & -1 \\ 1 & 0 \end{bmatrix}\begin{bmatrix} e^{4t} & te^{4t} \\ & e^{4t} \end{bmatrix}\begin{bmatrix} c_1 \\ c_2 \end{bmatrix}=c_1e^{4t}\begin{bmatrix} 2 \\ 1 \end{bmatrix}+c_2e^{4t}\begin{bmatrix} 2t-1 \\ t \end{bmatrix}$$

（2）　$\boldsymbol{x}=e^{tA}\left(\int\begin{bmatrix} 2e^{-t}-e^t & -e^{-t}+e^t \\ 2e^{-t}-2e^t & -e^{-t}+2e^t \end{bmatrix}\begin{bmatrix} 2e^t \\ 4e^t \end{bmatrix}dt+\begin{bmatrix} c_1 \\ c_2 \end{bmatrix}\right)$

$$=\begin{bmatrix} 2e^t-e^{-t} & -e^t+e^{-t} \\ 2e^t-2e^{-t} & -e^t+2e^{-t} \end{bmatrix}\left(\begin{bmatrix} e^{2t} \\ 2e^{2t} \end{bmatrix}+\begin{bmatrix} c_1 \\ c_2 \end{bmatrix}\right)$$

$$=\begin{bmatrix} e^t \\ 2e^t \end{bmatrix}+c_1\begin{bmatrix} 2e^t-e^{-t} \\ 2e^t-2e^{-t} \end{bmatrix}+c_2\begin{bmatrix} -e^t+e^{-t} \\ -e^t+2e^{-t} \end{bmatrix}$$

**25. 2**　$\dfrac{d}{dt}\begin{bmatrix} x_1 \\ x_2 \end{bmatrix}=\begin{bmatrix} 0 & 1 \\ -6 & 5 \end{bmatrix}\begin{bmatrix} x_1 \\ x_2 \end{bmatrix}$　とかける．

$$\begin{bmatrix} y \\ y' \end{bmatrix}=e^{tA}\boldsymbol{c}=Pe^{tJ}P^{-1}\boldsymbol{c}=\begin{bmatrix} 1 & 1 \\ 2 & 3 \end{bmatrix}\begin{bmatrix} e^{2t} & \\ & e^{3t} \end{bmatrix}\begin{bmatrix} c_1 \\ c_2 \end{bmatrix}$$

$$=c_1\begin{bmatrix} e^{2t} \\ 2e^{2t} \end{bmatrix}+c_2\begin{bmatrix} e^{3t} \\ 3e^{3t} \end{bmatrix}\qquad\therefore\quad y=c_1e^{2t}+c_2e^{3t}$$

―― 解答終り ――

# 索　引


### い・う・え

一次結合　*34*
一次従属，一次独立　*35, 90*
一般解（連立１次方程式の）　*50*
　　（線形微分方程式の）　*173*
ヴァンデルモンドの行列式　*78*
上三角行列　*11*
エルミート行列　*162*

### か

解空間（連立１次方程式の）　*93*
　　（線形微分方程式の）　*171*
階数（行列の）　*40*
　　（線形写像の）　*108*
階段行列　*42*
解の存在条件（連立１次方程式の）　*50*
核（線形写像の）　*107*
型（行列の）　*8*

### き

基底（ベクトル空間の）　*96*
基底変換　*116*
基本解（連立１次方程式の）　*108*
　　（同次線形微分方程式の）　*172*
基本行列　*30*
基本変形（行列の）　*31*
逆行列　*22, 81*
行（行列の）　*8*
行基本変形　*29*
共役転置行列　*130*
行列　*8*
行列式の定義　*66*

### く・け・こ

クラメルの公式　*84*
計量ベクトル空間　*120*
ケーリー・ハミルトンの定理　*156*
交角（二つのベクトルの）　*6, 121*
交空間　*93*
固有空間　*142*
固有多項式　*143*
固有値，固有ベクトル　*142*
固有方程式　*143*

### さ・し

最小多項式　*158*
座標（ベクトルの基底に関する）　*102*
サラスの展開　*65*
三角化（行列の）　*152*
三角不等式　*127*
次元定理　*109*
指数行列　*167*
自然内積　*121, 124*
シュミットの直交化法　*125*
シュワルツの不等式　*127*
小行列式　*71*
ジョルダン行列（２次の）　*163*

### す・せ・そ

数ベクトル　*3*
正規行列　*160*
正規直交基底　*125*
生成系　*93*
正則（行列が）　*21, 55*
成分（行列の）　*8*
　　（ベクトルの基底に関する）　*102*

積(行列の) 15
線形写像 104
線形微分方程式 171
像(線形写像の) 107

**た・ち・て・と**

対角化(行列の) 147
対角化可能条件 149
対角行列，対角成分 11
対称行列 12
単位行列 16
置換 66
直和 93
直交行列 131
直交変換 128
直交補空間 133
テープリッツの定理 160
転置行列 12
取り替え行列(基底の) 116
トレース 122

**な・の**

内積 5, 120
ノルム 6, 121

**は・ひ・ふ・へ**

反エルミート行列 165
表現行列(線形写像の) 112
標準形(行列の) 45
符号(置換の) 66
部分空間 92
フロベニウスの定理 158
分割(行列のブロック——) 23
ベキ等行列 176
ベクトル空間(の公理系) 89

**ゆ・よ**

ユニタリー行列 131
ユニタリー変換 128

余因子(余因数)，余因子展開 71

**れ・わ**

零因子 16
列(行列の) 8
列基本変形(行列の) 31
和空間 93

## 記　号

$A'$ ($A$の転置行列) 12
$A^*$ ($A$の共役転置行列) 130
$A^{-1}$ ($A$の逆行列) 21
$E$ (単位行列) 16
$\mathrm{tr}\,A$ (行列$A$のトレース) 122
$e^A$ (行列$A$の指数行列) 167
$\mathrm{rank}\,A$ (行列$A$の階数) 40
$\mathrm{rank}\,F$ (線形写像$F$の階数) 108
$\boldsymbol{R}^n$ (実(数)ベクトル空間) 90
$\boldsymbol{C}^n$ (複素(数)ベクトル空間) 90
$M(m, n\,;\boldsymbol{R})$ (実$(m, n)$行列の全体) 90
$P(n, \boldsymbol{R})$ ($n$次以下の実係数多項式の全体) 91
$P(\boldsymbol{R})$ (実係数多項式の全体) 91
$\mathrm{Ker}\,F$ (線形写像$F$の核) 107
$\mathrm{Im}\,F$ (線形写像$F$の像) 107
$W_1 \cap W_2$ ($W_1, W_2$の交空間) 93
$W_1 + W_2$ ($W_1, W_2$の和空間) 93
$W_1 \oplus W_2$ ($W_1, W_2$の直和) 93
$L(\boldsymbol{a}, \boldsymbol{b})$ ($\boldsymbol{a}, \boldsymbol{b}$の生成する部分空間) 93
$\dim W$ ($W$の次元) 98
$(\boldsymbol{a}, \boldsymbol{b})$ ($\boldsymbol{a}, \boldsymbol{b}$の内積) 5, 121
$\|\boldsymbol{a}\|$ ($\boldsymbol{a}$のノルム・長さ) 6, 121
$W^\perp$ ($W$の直交補空間) 132
$|A|$, $\det A$ (行列$A$の行列式) 62
$W(\lambda)$ (固有空間) 142
$\varphi_A(x)$ ($A$の固有多項式) 143
$\mu_A(x)$ ($A$の最小多項式) 158

## 著者紹介


こ でら へい ぢ
小 寺 平 治

1940 年　東京都に生まれる
1964 年　東京教育大学理学部数学科卒業．同大学院数学専攻博士課程を経て，
　　　　愛知教育大学助教授・同教授を歴任
現　在　愛知教育大学名誉教授
専　攻　数学基礎論・数理哲学
主　著　『明解演習 線形代数』共立出版
　　　　『明解演習 微分積分』共立出版
　　　　『明解演習 数理統計』共立出版
　　　　『クイックマスター線形代数 改訂版』共立出版
　　　　『クイックマスター微分積分』共立出版
　　　　『なっとくする微分方程式』講談社
　　　　『ゼロから学ぶ統計解析』講談社
　　　　『テキスト 微分積分』共立出版
　　　　『テキスト 微分方程式』共立出版
　　　　『テキスト 複素解析』共立出版
　　　　『はじめての統計 15 講』講談社
　　　　『はじめての線形代数 15 講』講談社
　　　　『新統計入門』裳華房
　　　　『リメディアル 大学の基礎数学』裳華房
　　　　『これでわかった！ 微分積分演習』共立出版
　　　　『ゲンツェン 数理論理学への誘い』現代数学社



**テキスト 線形代数**

2002 年 10 月 20 日　初版 1 刷発行
2024 年 2 月 20 日　初版 25 刷発行

著　者　小寺平治　© 2002

発行者　南條光章

発　行　**共立出版株式会社**

東京都文京区小日向 4 丁目 6 番19号
電話　東京(03)3947-2511 番（代表）
郵便番号112-0006
振替口座 00110-2-57035 番
URL　www.kyoritsu-pub.co.jp

印　刷　中央印刷株式会社

製　本　協栄製本

検印廃止
NDC 411.3

ISBN 978-4-320-01710-8

一般社団法人
自然科学書協会
会員

Printed in Japan

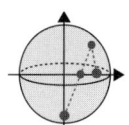